만에 수고하셨다. 이때 사용한 유기그릇은 여전히 식품영양학과에 남아 있다. 이러한 일은 염초애, 전희정이 조교 생활을 할 때 일어났던 한편의 소중한 역사이다.

한 선생님께서는 출강하시는 동안 외국에서 온 외교관의 부인에게 이조 궁중요리를 지도하기도 하셨다. 머리에 상궁들이 치장하는 첩지를 하고 한복을 곱게 차려 입고 강의하시던 모습은 옛날 조리실의 모습과 함께 지워지지 않는 한 폭의 그림이다. 사진을 찍으려 하면 화를 내면서 찍지 못하도록 엄호령을 치셔서 사진을 남기지 못한 것이 지금까지도 아쉽다. 요즈음처럼 디지털카메라나 휴대 전화가 있었다면 상황은 아주 달랐겠지만 말이다. 한 선생님이 대학에서 우리를 가르치고 출강하신 것은 우리들의 스승이셨던 김병설 선생님께서 초대 총장이셨던 임숙제 총장님과 의논하여 1955년부터 이루어진 일이었다. 한 선생님께서는 그때부터 12년간 출강하시다가 몇 년 쉬신 후 1972년 1월에 작고하셨다.

김병설 선생님은 1945년 해방 후 상해에서 한국으로 오신 다음 한국동란 이전부터 가정학과 교수로 있으면서 오랫동안 과장으로 계시다가 가정학과가 가정대학이 되면서 1976년에 가정대학장으로 재임하셨다. 서양음식, 중국음식 등의 이론과 실습을 지도하심에도 유독 궁중음식을 배워야 한다는 말씀과 "우리 대학은 엄비께서 세운 대학이라 지금 살아계신 한희순 상궁께서 강의할 수 있는 것이므로 잘 배워 두라."고 하셨던 선견지명이 있는 스승님을 자랑스럽게 생각한다. 당신께서는 외국 생활을 많이 하셔서 외국조리를 가르쳐 주셨지만, 한국조리 특히 궁중음식을 지도해 주시려고 많은 노력을 하시면서 가정대학, 식품영양학과가 발전할 수 있도록 여러 대학의 선생님을 초청하여 강의나 특강을 개설해 주셨던 분이셨다.

숙명대학의 초창기 전문부가 시작될 때 그해 졸업생이었던 김경진 선생님은 진명여고에서 오랫동안 음식을 가르치고 성신여자대학을 거쳐 우리 대학에 오신 후, 가정학과 한국조리를 가르치셨다. 본래 양반가의 따님이었던 선생님은 학업 성적이 우수할 뿐 아니라 모든 면에서 뛰어난 인물로 평가받던 중, 숙대가 60년대 후반 슬픈 역사의 한 페이지인 숙대 분규 때 졸업생으로 동창회장을 역임한 인연을 시작으로 숙대의 교수가 되셨다. 선생님은 서울 양반가의 맏이로 태어나 반가음식에 권위가 있으면서 신세대 교육을 받은 어르신으로 우리에게 음식의 새로운 면을 지도해 주셨다.

예를 들어 한희순 선생님이 가르쳐 주신 구절판은 색색의 식품을 가늘게 썰고 모든 재료를 익혀 색스럽게 담아냈지만, 김경진 선생님의 구절판은 오이를 익히지 않고 생으로 채 썰어 새콤하고 단맛이 나도록 살짝 무쳐 가지런히 담는 형태였다. 볶음밥이나 비빔밥을 담을 때에도 한 선생님은 대접에 섞인 밥을 주걱으로 얌전하게 담으셨지만, 김 선생님은 예쁜 형틀에 밥을 담아 그릇에 엎어 담고 위에 여러 가지 고명을 색스럽게 놓는 법을 가르치셨다.

오랜 시간이 흐르면서 가사과가 가정학과 그리고 가정대학의 식품영양학과로 확대·발전되면서 궁중음식과 더불어 반가음식의 명맥을 잇는 강의가 생겨났다. 그 후로는 우리 후배들이 전통음식과 외국음식의 지도자가 될 수 있도록 육성하는 데 심혈을 기울이고 있다.

염초애 선생님은 1954년에 대학 입학 후 계속 남아 교수로 재직하시면서 한희순 선생님에게 궁중음식을 그대로 전수받은 선배님이다. 염 선생님은 조리실습실에서 후배들을 가르치고 조리생교육의 일환인 궁중음식 지도자의 시간을 즐기다가 정년 퇴임 후 오래 생존하지 못하여 써 놓은 원고로 책 한 권 내지 못하고 가게 되어 몹시 아쉬운 마음이다. 선생님께서는 "전 선생이 책 앞의 머리말을 써 주어야 한 선생님과의 관계가 증명된다."라는 말씀을 여러 번 하셨다.

식품과 한국음식을 담당하는 후배 한영실 교수는 염초애 선배님 이후 한국 전통음식을 지도하면서 옛 스승이신 김경진 선생님이 하셨던 당부, "한국 전통음식이 세계음식이 되는 연구를 하라."는 말을 잊지 않았다. 한영실 교수는 평생교육원의 조리지도 과정을 연구원으로 확장하고 초대 원장을 맡으면서 숙명여대 총장을 역임하고 연구원의 발전과 한국 전통음식의 발전을 위한 노력을 하고 있다.

이 책의 필자는 1956년 입학하여 한희순 선생님, 김병설 선생님에게 많은 것을 배웠으나 외국 생활과 유학을 통해 프랑스음식과 후식 등을 배워 숙대에서 서양음식을 지도하고 단체급식을 담당하였다. 당시 염초애 선생님께서 한국 전통음식을 지도하고 있던 때라 외국조리를 담당했으나, 선생님께서 돌아가신 후 우리 대학의 한국음식연구원에서 10여 년간 후진과 한국음식의 세계화를 위해 노력 중이다.

숙명 언덕에 입학하여 졸업하고 조교 생활과 강사 생활 그리고 영국, 미국, 프랑스에서 유학하고 외국 생활을 하면서 배우고 교수로 경험한 생활을 참고하여 자랑스러운 우리 전통음식의 계승과 발전을 위해 좋은 길잡이가 되기를 바라면서 이제야 스승님과 선배님에게 배웠던 것을 지침서로 정리해 본다. 이 책의 1부는 '한국 전통음식과 세계화의 이해'라는 이론편으로 정리하였다. 2부는 '한국 전통음식의 실제'라는 실전편으로 정리하여 한희순 선생님이 지도하셨던 레시피를 주로 하여 실습하기 쉽도록 기록하고 세계화를 위한 응용 사진 등을 참고로 제시하였다. 이 책에 수록된 조리 방법에서 1컵은 200cc를 의미하고 1큰술은 15cc, 1작은술은 5cc를 뜻한다. 분량은 한그릇음식이나 4~5인분 정도를 만들 수 있게 적었다.

사진에는 김언정 선생이 도움을 주었고 원고 정리 및 진행에는 이나영 선생이 수고해 주었다. 건강을 위한 약선음식을 지도하는 이선미 선생은 팁 원고 작성에 조력해 주었다. 또한 연구원에서 강사로 학생들을 지도하면서 많은 도움을 준 후배들과 제자들에게 감사드린다. 책을 발간할 때마다 격려와 도움을 주시는 교문사 류제동 사장님과 양계성 전무님, 편집부에 계신 여러분께도 감사를 드린다.

2014년 10월

전희정

전통음식이란 무엇인가

전통음식이란 특정 지역에서 생활하는 사람들이 생명을 유지하고 활동하기 위하여 오랫동안 계속적으로 소비하고 준비해 온 음식을 일컫는다. 여기서 '오랫동안'의 기준에 대해서는 의견 차가 있겠으나, 첫 번째 세대인 자식과 두 번째 세대인 손자대를 거쳐 한 세기가 지났을 때 '우리 조상들이 먹어 오던'이란 표현을 들을 수 있는, 적어도 100년 이전부터 먹어 온 음식을 전통음식이라고 표현할 수 있다. 특정 지역의 기후와 풍토에서 생산되는 식품은 사회적·경제적·종교적·정치적 영향을 받아 섭취 행위로 이루어지기 때문에, 세계에는 형태가 다른 수많은 종류의 전통음식이 존재한다.

한국은 삼면이 바다로 된 반도로, 사계절이 있는 온대기후 지역의 농산물과 수산물을 이용한 음식이 주를 이룬다. 종교적으로는 불교와 유교의 영향이 지배적이다. 빈곤 국가에서 중진국 수준으로 발전된 시기는 1900년대이다. 이후 산업의 발달과 민주국가로의 발돋움으로 삶의 질이 향상되고 생활의 발전을 도모하려는 욕구에서 여러 가지 사회 구조의 변화와 더불어 식생활이 변화하였다.

지구촌의 유대와 문화 교류가 빈번해지면서 조용한 아침의 나라인 우리 한국의 기름기 적은 음식이 세계에 알려지고 있다. 우리 음식은 칼로리는 적으면서 영양소가 많이 함유되어 있고, 경제적인 면에서 훌륭하며 아름다운 담음새가 돋보인다.

한국의 식생활문화는 민족 특유의 문화양식 속에서 중요한 역할을 담당해 왔다. 식생활문화는 '식'과 관계된 주위 환경과 사항에 따라 전래되면서 사회의 변천에 따라 달라져 왔다. 여기서 식생활문화란 음식의 선택에서부터 조리 방법과 식사 방법, 식사 횟수, 식사 시간, 식사 도구, 식사 공간, 제공하는 음식과 양에 이르기까지 여러 양상을 포함하는 것이다.

오랜 역사 속에서 21세기를 살고 있는 우리 민족이 한국의 전통음식을 세계에 보급하기 위해서는, 우리의 식생활문화 변천과 음식을 이해하고 세계에서 들어오는 식품과 식생활이 우리 전통음식과 조화를 이룰 수 있는 방안을 연구해야 할 것이다. 또한 다른 나라의 식사 방법을 연구하여 우리 음식이 세계인들에게 용인되기 위해서는 어떤 방법을 강구해야 하는지 알아야 한다.

차 례

1부

한국의 전통음식과
세계화의 이해

한국 식생활문화의 시대적 변화

오늘날 한국 식생활문화가 형성되기까지의 과정은 전혀 간단하지 않다. 식생활은 시대의 흐름에 영향을 받는다. 한국은 우리 고유의 식생활문화를 형성해 온 국가로 지금부터 선사시대와 고조선의 식생활부터 부족국가시대, 삼국시대, 통일신라시대, 고려시대, 조선시대, 개화기, 현대의 식생활에 이르기까지 나타난 생활 모습과 환경의 변화를 살펴보도록 한다.

1. 선사시대와 고조선의 식생활

구석기시대

한반도에서 발견된 연모인 주먹도끼, 뾰족한 석기, 망치 등의 타석기는 짐승의 이빨이나 뿔 또는 뼈로 만들어져 있다. 이러한 골각제품은 약 250만 년 전의 것으로 알려졌다. 그 당시의 식생활을 가늠해 보면 대개 수렵과 어로, 채집을 통해 식자재를 획득했을 것이다. 들짐승과 산짐승을 사냥하고, 산야에 자생하는 식용식물이나 열매를 섭취하고, 바닷가나 강가에서 잡은 조개나 물고기 등의 자연식품을 먹으면서 이동생활을 하였을 것이다. 구석기시대 중기 유적검은모루동굴, 퇴적층에는 타고 남은 짐승의 뼈 등이 남아 있다. 불을 이용하여 고기를 굽는 최초의 조리를 시작한 것이다.

신석기시대

기원전 6000년경에는 마제석기와 토기가 등장하였다. 신석기시대 사람들은 어로 중심의 생활을 하였다. 우리나라의 강변 혹은 바다에서 가까운 곳에는 조개무지가 남아 있고, 신석기시대 말기부터 청동기시대에 이르기까지 괭이·가래·호미·돌칼·갈돌·돌도끼·돌작살·돌혹·돌창 등이 출토되었다. 이를 통해 당시 사람들이 농경과 목축을 하고 토기에 음식을 끓여 먹었음을 알 수 있다윤서석, 1999년. 이 시대의 유물이나 유적을 통해 알 수 있는 식생활문화 관련 내용을 살펴보면 다음과 같다.

잡곡 재배와 농업의 시작 유적에서 출토된 유물인 농업 용구와 되, 기장으로 판명된 낱알 등으로 미루어 볼 때 기장, 조, 수수 등 잡곡 재배가 벼농사보다 약 1000~2000년 정도 앞서 시작되었을 것으로 추정할 수 있다.

벼농사의 도입과 전파 인류가 잡곡 재배를 시작한 이후, 2000년이 지난 기원전 1000년경에는 벼·잡곡·콩류의 오곡이 결합 재배되었다. 관련 유물이 경기도 김포군과 평양시의 삼석구역, 남경유적의 탕화미립에서 출토된 점으로 볼 때 이 시기에 벼농사가 전파되었을 것이다. 벼농사는 기원전 10세기를 전후로 하여 북쪽의 평양 근교 중부지역과 경기도 남쪽의 전남 무안군 근교에서 시행되었다. 우리나라 곳곳에서 출토된 벼는 모두 자포니카Japonca종으로 밝혀져 있다.

조리 가공용구인 갈판과 갈돌 갈판과 갈돌은 초기 농경시대부터 사용되었으며, 농업이 확장되던 신석기시대 후기에 전면적으로 사용되었다. 갈판과 갈돌의 사용은 벼농사와 곡류 및 잡곡을 재배하던 청동기시대에 감소하기 시작하여, 초기 철기시대부터 급격히 줄어들었다. 갈판과 갈돌은 돌확이나 절구로 발전하면서 바뀌어 갔다.

갈판과 갈돌

고대 농경시대의 음식 고대 농경시대의 음식으로는 술, 미숫가루, 떡, 군밤, 죽 등이 있다. 옛날 사람들은 잡곡으로 자연 발효술을 빚거나, 익어 떨어진 과일에서 자연 발효된 과일주를 얻었다. 또한 갈돌로 갈아 벗긴 낱알을 돌판이나 토기에 볶아 익혀 갈아 만든 미숫가루, 돌판에 지지는 떡전병형, 잿불에 구운 밤, 구운 떡, 시루에 찐 음식, 토기에 끓인 된 죽 등을 먹었다.

2⟩ 부족국가시대의 식생활

우리나라의 철기문화는 기원전 4세기경에 시작되어 기원전 1세기경 한漢나라에서 낙랑군을 설치하던 시기에 들어와 전국에 급속히 전파되었다.

이 시기에 부여, 고구려, 예, 옥저, 삼한 등 연맹왕국이 세워졌다. 철기시대의 주 산업은 농업으로 철기로 농기구를 만들어 농업기술이 발달하였다. 이에 따라 곡식의 생산량이 증가하고, 온갖 발효식품과 맥적이 등장하였다.

보리농사의 전파

농경생활이 정착되던 시기에, 우리의 벼농사가 이주 집단을 따라 일본에 상륙하였다. 이때부터 일본의 벼농사기원전 300~200년경 규슈 북쪽 지역에서 시작가 발달하기 시작하였다.

어촌의 형성

어업을 전문으로 하는 어촌이 형성되고, 곳곳에 농사와 어업을 함께하는 반농반어半農半漁의 촌락이 만들어졌다. 어패류는 중요한 식량으로 자리 잡았다.

어로 용구로는 찌르개살, 작살돌작살, 뼈작살, 그물 등이 있었다. 그물을 망추로 물속에 고정하고 고기를 모이게 하는 망어법도 나타났다.

사람들은 작살법, 낚시법, 화살촉으로 잡는 중실법 등을 사용하여 하천과 바다에서 물고기를 잡았다. 이 시기에 조개류인 꼬막, 고둥, 전복, 홍합, 굴, 다슬기, 성게, 상어뼈, 돌고래뼈 등이 발견된 것으로 볼 때 생선과 조개류가 식량으로 이용되었음을 알 수 있다.

식용식물의 이용

산야에 자생하던 식용식물 중 건강에 좋은 것을 발견하여 이용하였다. 단군신화에 쑥과 마늘, 달래류가 언급되었고, 부여에서 백성들이 마를 재배하였다. 이 시기에는 죽을 끓여 먹으며 몸을 윤택하게 하고 기를 보양했다. 산나물과 과일밤, 배, 잣, 도토리, 머루, 산딸기 등도 식용하였다.

수렵과 가축

원시생활에서부터 사육용구가 쓰였음을 유적을 통해 알 수 있다. 연맹왕국시대의 각 나라 문헌에 의하면 부여에는 군왕이 있고 그 아래 여섯 종류의 관직이 있었다. 관직의 호림이 마가馬加·우가牛加·저가豬加·구가狗加인 것을 볼 때, 이 시기에 이미 가축을 기르고 있었음을 알 수 있다.

발효식품의 가공

당시 주 산업이 농업이었으므로 잡곡으로 빚은 술과 쌀로 빚은 술이 존재했을 것이다. 청동기시대에 이미 콩을 재배하고, 소금을 제조하였다는 점과 가공에 필요한 항아리가 여러 곳에서 발견되는 정황으로 미루어 볼 때, 당시 사람들은 술 빚는 솜씨를 활용하여 메주를 쑤거나 장을 가공하는 기술을 가지고 있었을 것이다.

채소절임을 만들 때에도 죽순, 달래, 더덕, 도라지, 고비, 고사리와 같은 것을 단독으로 절이기보다는 수육류를 절일 때 함께 섞어 먹었을 것으로 추정된다.

3、삼국시대·통일신라시대의 식생활

밀의 재배

고구려·백제·신라가 공존하던 삼국시대와, 통일 신라시대에는 쌀의 생산량이 증가하고 밥 짓기가 일반화되었다. 특히 보리, 밀, 조, 기장, 수수와 같은 잡곡과 콩, 팥, 녹두 같은 주요 곡물이 증산되었다. 우리나라의 밀 재배는 전한대前漢代에 중국에서 들어온 밀이 유입되면서부터 시작되었다. 백제시대의 군창지에서는 밀이 쌀, 보리, 녹두, 귀리, 콩, 팥 등과 함께 출토되었다. 출토량은 쌀, 보리, 녹두 다음으로 많았다. 삼국시대에 이미 밀 농사를 짓고 있었다윤서석, 1999년.

식생활 기본양식의 정립

이 시기에는 장醬, 시豉, 초醋, 젓갈, 김치와 같은 식품가공법이 보편화되어 밥과 반찬이라는 식생활의 기본양식이 정립되었다. 발효음식으로 발전하던 장, 시, 해醢와 같은 음식은 연중 즐기는 가공식품으로 일반화되었다. 장, 술, 식초, 기름, 소금과 파, 마늘과 같은 채소가 공존하였으므로 나물을 무치거나 볶아 먹었음을 예상할 수 있다.

주방용구와 조리법의 발전

주방용구가 발전하고 증숙 전용의 시루와 무쇠솥이 발전하면서 자숙요리인 밥과 증숙요리인 떡이 일반화되었다. 곡물음식의 이용은 상용·잔치·의례음식을 발전시켰다. 밥, 죽 등은 상용음식으로 널리 이용되었고 떡은 잔치나 의례의 선물음식으로 구분되었다. 구이, 찜, 무침 같은 조리식품은 반찬으로 분류되었다.

구이요리로는 맥적貊炙이 있었다. 우리나라는 시루를 이용해 찐 밥, 찐 떡을 일반적으로 먹고 고기, 생선 등머니께 감사드리고 산모의 건강을 기원하기 위해 흰밥과 미역국을 준비하였다. 최근에는 극히 일부만을 제외한 대부분의 산모가정에서 삼신상차림을 하지 않고, 흰쌀밥에 미역국을 준비하여 산모가 잘 먹을 수 있도록 한다.

또한 삼칠일이라고 하여 출생 후 21일이 되는 날에는 대문에 걸어 놓았던 '외부인 출입금지'를 의미하는 금줄을 떼고 출입을 허락하며 축하의 의미로 가족끼리 백설기를 나누어 먹었다. 근래에 들어서는 산모가 병원에서 해산하고 며칠 간 건강 회복 기간을 갖기 때문에 금줄을 거는 풍습이 거의 사라졌다.

남아·여아 돌복

백일

백일에는 출생 후 100일이 지난 아기의 무병장수를 기원하는 의미로 백설기, 액을 물리친다는 붉은색의 팥고물을 묻힌 찰수수경단과 오색송편을 준비하여 이웃과 나누어 먹었다. 백설기 등을 받는 사람은 장수의 의미를 담아서 실타래와 돈 등으로 답례하였다. 백일에 떡과 음식을 나누는 풍습은 오늘날까지도 이어지고 있다.

첫돌

아이가 태어난 지 1년이 되면 첫돌을 축하하기 위하여 흰밥, 미역국, 푸른나물미나리나물, 백설기, 붉은 팥고물을 묻힌 찰수수경단, 오색송편을 준비한다. 첫돌에는 돌상을 차려 돌잡이를 한다. 미나리나물은 사철 수명이 길기를 바라는 염원에서 만드는 것이고, 백설기는 신성을 의미하는 흰색의 의례음식이다. 아기의 축하례에서는 신성한 의미를 지닌 백설기를 으뜸으로 꼽았다. 돌상에는 백설기, 찰수수경단, 오색송편, 붉은 실로 맨 날 미나리, 희고 굵은 무명 타래실, 책과 붓, 돈,

흰쌀을 놓았다. 첫돌을 맞은 아이가 남자아이일 때는 활을 놓아 차리기도 했다.

생일

우리 조상들은 가족의 생일에 밥, 미역국, 좋아하는 여러 가지 음식을 차려 축하해 주었다. 이는 첫돌부터 죽을 때까지 성장과 생존, 건강과 가정의 행복을 위한 문화적인 행사로 이어지고 있다. 과학이 발달한 오늘날에도 이러한 전통은 이어지고 있다. 사람들은 가족 간 생활에 대한 감사한 마음 등을 소중히 이어받고, 키우고 가르쳐 준 부모님의 고마움에 보답하는 마음으로 축하례를 한다. 따로 잔칫상을 마련하는 생일로는 육순·이순六旬·耳順, 환갑·회갑還甲·回甲, 61세 생일, 진갑進甲, 62세 생일, 미수美壽, 66세 생일, 칠순七旬, 고희·종심, 70세 생일, 희수喜壽, 77세 생일, 팔순·산수八旬·傘壽, 80세 생일, 미수米壽, 88세 생일, 졸수卒壽, 90세 생일, 백수白壽, 99세 생일가 있다.

관례

관례冠禮는 어른이 되는 의식을 의미한다. 남자는 상투를 틀고 관을 씌운다는 뜻의 관례를 하고, 여자는 머

리를 올려 쪽을 지고 비녀를 꽂는다는 뜻으로 계례笄禮를 하였다. 최근에는 성년식을 통해 성인으로서의 자부심과 책임을 일깨우고 성년이 되었음을 축하·격려한다.

혼례

혼례婚禮란 혼일을 할 때 수반되는 모든 의례나 절차를 의미한다. 혼례에 사용하는 음식과 상차림을 살펴보면 다음과 같다.

교배상 교배상交拜床은 지역과 가정에 따라 조금씩 다르게 차리나 일반적으로는 비슷하다. 붉은색의 높은 다리가 있는 큰상을 펴고 사과나무, 매나무, 동백나무를 꽂아 상의 좌우에 놓고 촛대 한 쌍과 청동색 초를 켠다. 봉황새를 의미하는 닭은 암탉과 수탉을 목만 내놓고 보자기에 싸서 놓는다. 차리는 식품으로는 쌀, 팥, 콩, 밤, 대추, 곶감, 삼색과일, 떡편떡이 있다. 또한 숭어 한 쌍을 쪄서 신랑 것은 입에 밤을 물리고 신부 것은 대추를 물려 담는다.

주례자의 지휘에 따른 대례가 끝나면 친척과 이웃들을 초청하여 국수 잔치를 베푼다. 이러한 예식은 전통 혼례의 대례이다. 오늘날에는 예식장에서 주례를 모시고 신부는 드레스를 입고 신랑은 턱시도를 입고 신식 혼례인 예식을 치른다.

큰상 혼례식이 끝나면 신랑 신부에게 큰상을 차려 축하하는데 높이 고이도록 음식을 담아서 보기 좋도록 나란히 진열하듯 각색 과일과 과자, 어육을 고루 차린다. 과자로는 유밀과, 강정, 다식, 숙실과, 당속, 전과를 놓고 소담한 떡류편, 편육, 전유어, 적 등을 높이 쌓아 두 줄로 놓는다. 신랑 신부 바로 앞에는 먹을 수 있는 음식이 놓인 입맷상신부가 처음 받는 상을 차린다. 이렇게 차

입맷상

혼례의 절차

의혼議婚 혼인을 의논하는 절차이다.

납채納采 신랑 집에서 신부 집으로 허혼을 감사한다는 편지와 함께 신랑의 사주단자를 신부 집에 보내면 신부 집과 신랑 집에서 택일하여 알린다.

납폐納幣 친영 전 신랑 집에서 신부 집으로 함에 채단과 혼서지를 넣어 함진아비에게 지워 보내는 일이다. 최근에는 혼인 전날 저녁, 신랑 친구들을 함진아비로 보내는 것이 통례가 되어 있다. 신부 집에서는 대청에 상을 놓고 홍보를 펴서 두른 후, 떡 시루를 올려놓고 함이 도착하면 상 위에 놓았다가 방으로 들인다.

친영親迎 혼례에서 가장 중요한 절차로, 신랑이 신부를 맞이하기 위해 신부 집으로 장가를 들어가 정해진 시각이 되면 전안례와 초례를 지내는 것이다. 전안례는 신랑이 목기러기를 신부 어머니께 드리고 장인에게 재배한 후 초례함에 차려 놓은 교배상에서 상견례를 한다. 이 상견례는 주례의 지시에 따라 신랑은 서쪽에 서고 신부는 동쪽에 서서 서로 바라보며 진행된다. 신부 옆에는 수모壽母가 양옆에서 신부를 부축하여 큰절을 잘 할 수 있도록 도우며 술잔도 전해 준다. 술을 따른 뒤에는 신랑이 먼저 절한 다음 신부가 큰절하고 술잔을 세 번씩 교환하여 따른다. 이때 신랑은 술을 마시고 신부는 잔에 입만 댔다가 수모에게 주기도 한다. 이렇게 신랑과 신부가 술잔을 나누는 것은 합근례合卺禮라는 의식으로 부부가 하나 되었다는 의미를 가진다.

린 고인음식은 상을 물린 후, 상자나 보기 좋은 그릇에 담아 신랑의 친척이나 신부의 부모님사돈께 봉송으로 보낸다. 혼례식이 끝나고 첫날밤을 친정에서 보낼 때에는 간단한 주안상을 차려 주기도 한다.

첫날밤을 지낸 아침에는 일찍부터 초조반을 차려 깨죽, 잣죽, 떡국 등을 차려 먹는다. 신랑 신부는 3일간 신부 집에서 지낸 후 신랑을 따라 신행, 즉 시집을 간다. 요즈음에는 결혼식을 하고 신혼여행에서 돌아온 후 부모님과 별도로 살림을 차리는 등 위와 같은 절차를 따르지 않는 경우가 많다.

이바지음식·폐백 신부는 시가에 갈 때 이바지음식과 폐백음식을 만들어 간다. 지역이나 가문에 따라 음식의 종류가 달라지기는 하지만 대개 청주술, 고임대추,

이바지음식

쇠고기로 만든 약포나 편포를 준비한다. 편포 대신 폐백닭을 준비하는 경우도 있다. 요즈음에는 결혼식을 마치고 바로 신부가 시댁 어른께 절을 올리면 시어머니는 대추와 밤을 치마폭에 던져 주며 "아들, 딸 많이 나아서 잘 길러라." 하고 덕담을 한다.

음식은 폐백이 끝나면 봉송으로 시댁으로 보내지며 혼인 후 사돈이 되면 여러 가지 좋은 음식을 주고받는 것이 풍속이다. 이바지음식은 때에 따라 그 종류가 달라지나 혼례 후 시부모님과 친척들이 한자리에 모여 먹으며 즐겁게 지낼 수 있도록 한다. 이바지·폐백음식은 과하게 준비하지 않도록 유의해야 한다.

회갑례

회갑례回甲禮는 자식이 부모의 60회 생신, 즉 회장을 맞아 연회를 베푸는 것을 말한다. 이때 혼례상과 고배상을 차리고 자손들이 부모에게 술잔을 올린다. 헌주獻酒가 끝나면 친척과 부모님의 친구분들께 국수와 좋은 음식을 대접한다.

고배상에 차리는 음식의 종류와 품수의 높이 등에 관한 규정은 없으나, 가정 형편에 따라 높이와 가짓수를 정한다. 부모님 앞에 먹을 수 있는 음식을 담은 입맷상도 차린다. 대개 생과류, 견과류, 조과류, 떡류병과류 등을 보기 좋게 색 맞추어 놓는다.

최근에는 수명의 연장으로 장수하는 시대가 되어 회갑례를 치르는 경우가 많이 줄었다. 대신 좋은 곳으로 여행을 보내 드리거나, 오랫동안 부모님이 살아계셨을 경우 회혼례 등을 마련하는 경우가 많다.

회혼례

회혼례回婚禮는 혼인하여 만 60년을 해로한 부모의 결혼 기념예식을 말한다. 회혼례에서는 자녀가 있고 유복

한 부부가 신랑과 신부의 복장을 하고 자손에게 축복을 받는다. 이때 의식과 잔칫상차림은 혼례와 같이한다. 회혼례에서는 집안의 대소사를 의논하거나 친지, 이웃 등과 음식도 같이 먹으며 부부를 축하해 준다.

상례

상례喪禮는 시대, 가문의 종교에 따라 그 절차가 많이 달라진다. 우리나라는 유교에서 전해지는 상례의 절차를 밟아, 망인을 입관하기까지 여러 절차를 거친다. 이외에도 불교, 기독교, 토속신앙 등 본인이 가진 종교에 따라 망자를 좋은 곳으로 안내하는 예를 지킨다.

출상할 때의 절차와 봉분의 절차가 다소 변하고 화장으로 모시는 경우도 많아졌기 때문에 제물의 결정이나 제사 때 장만하는 음식에 다소 변화가 생겼다. 오늘날에는 옛날과 같이 상례 후 방문한 친척과 친지에게 가정에서 준비한 음식을 대접하기보다는, 식당이나 음식점에 준비를 맡기는 경우가 많다.

제례

제례祭禮는 조상에게 제사를 지내는 의례를 의미한다. 제례의 종류로는 소상, 대상, 기제사, 정월 초하루·8월 보름의 차례, 돌아가신 전날에 지내는 시제, 종친이 모여서 지내는 묘제 등 여러 종류가 있다.

제사상은 대개 4열 혹은 5열로 진설한다. 4열과 5열의 차이는 탕의 있고 없음에 따른다. 제사상에 영정이 있는 곳을 1열로 하여 5열까지 설명하면 다음과 같다. 1열에는 밥, 술잔, 수저, 국을 놓고 2열에는 국수, 고기, 적, 생선, 떡을 놓는다. 3열에는 탕, 4열에는 포, 침채, 숙채, 젓갈을 두고 5열에는 생과, 조과를 놓는다.

사회계층별 음식

옛날 한국사회에는 양반·중인·서민·농민·상인이라는 일상생활의 계층이 있어, 식생활에 그 차이가 두드러졌다. 궁궐에서는 궁중음식을 먹고, 사대부 집안에서 반가음식을 발전시켰다. 중인이나 상인들은 서민음식을 먹었고, 지역마다 향토음식, 절이나 종교 등에서 먹는 사찰음식이 각각 발전하였다.

1. 궁중음식

궁중음식이란 궁궐 안에 있는 모든 사람이 일반적으로 먹는 음식을 통틀어 일컫는 말이다. 궁중음식은 또다시 궁인들이 임금님을 위해서 매일같이 차리는 수라상, 궁내의 여러 행사 때 차려 먹는 음식, 궁궐 안의 사람들이 먹는 음식으로 나누어졌다.

궁중음식에 관한 내용을 여러 문헌을 통해 살펴보면 다음과 같다.

- 궁중에서는 평일에 대전·중전·대비전·대왕전·대비전마다 일상적으로 아침과 저녁에는 수라상, 이른 아침에는 초조반상, 점심에는 낮것상을 올렸다. 이러한 일상적인 상차림은 주방 상궁들이 담당했다. 탄일, 회갑, 세자 책봉, 존호를 올리는 행사, 외국 사신을 면접할 때, 기로소에서 베푸는 연회 등 왕족의 경사 시 차리는 진연상, 가례 때 차리는 고배상, 제례상 역시 마찬가지였다.
- 《산가요록山家要錄》전순의, 1460년은 최초 식품고전이다. 이 책은 식품조리사 연구를 할 때 매우 중요한 자료로 15세기 궁중식품술, 장류의 가공 과정을 기록하고 있다. 책의 저자 전순의는 조선시대 세종·문종·단종·세조 때 활약했던 궁중의 어의였다. 전순의는 1466년에 세조의 명에 따라 식이요법에 관한 내용을 담은 의서《식료찬요食療纂要》를 편찬하였다.
- 진연에서 의례를 거행하는 절차를 기록한 책으로는 《진연의궤進宴儀軌》, 《진찬의궤進饌儀軌》, 《진작의궤進爵儀軌》 등이 있다. 궁중의 잔치는 진연도감進宴都監에서 계획·실행하였다.

누어진다. 일상생활에서 끼니마다 먹는 상차림으로는 밥과 찬을 차리는 반상이 있다. 밥 대신 죽을 차리고, 김치로 나박김치나 동치미, 보드라운 찬을 놓는 상차림은 죽상이라고 한다. 또한 국수나 만두·떡국을 차리는 면상, 만두상, 떡국상이 있다.

손님을 대접할 때에는 평소보다 더 많은 종류의 음식을 올리는 교자상차림을 한다. 주로 술과 안주를 차리는 주안상차림도 있다. 술 대신 차와 다과를 놓는 것은 다과상차림이라고 한다.

오늘날 한국에는 온돌생활에서 기인한 좌식상차림과 의자생활의 연장인 입식상차림이 공존하고 있다. 식탁상차림은 신을 신고 자리에 앉아 식사하는 경우와, 신을 벗고 의자에 앉아 식사하는 것으로 나누어진다. 좌식상차림과 식탁상차림은 편리성과 공간활용 면에서 차이가 있다. 때문에 요즘에는 전통적인 좌식 상차림을 입식상차림에 재현하거나, 그릇의 수를 줄여 음식을 한두 접시에 간편하게 담기도 한다.

한때는 입식상차림이 우리의 전통적인 상차림이었다. 고구려 통구通溝 무용총 벽화에는 앉아 있는 사람

한희순 선생님(중요무형문화재 제38호 조선왕조 궁중음식 기능보유자)께서 1961년에 차린 9첩 반상

의 모습과 함께 상다리가 긴 상에 음식이 놓여 있다. 고려시대 송나라의 서긍이 쓴 《고려도경》에는 겸상차림이 등장한다. 허나 그것이 입식상차림이었는지 좌식상차림이었는지는 알 수 없다.

조선시대의 여러 궁중 연회 기록에는 왕족은 음식을 높이 고인 고배상과 곁반에 더운 탕, 차 등을 따로 받고 높은 고관들은 외상차림이고 아래 직급은 겸상이라는 기록이 남아 있는데 상의 종류로 보아 좌식상차림임을 알 수 있다.

서민들의 일상식은 유교사상의 영향을 받아 어른과 남자를 존중하여 반드시 외상차림의 좌식상을 차렸다. 한상차림 음식의 내용을 적은 것은 오늘날 식단食單이라 한다. 이는 세계 공통어로 메뉴Menu라고 하는데, 조선시대에는 '음식발기飮食件記' 또는 '찬품단자饌品單子'라고 불렀다.

1 반상차림

일반적으로 식사할 때 밥, 국, 김치와 찬을 한군데 차리는 상차림을 반상차림이라고 한다. 이러한 반상은 받은 사람에 따라 그 명칭이 달라진다. 나이 어린 사람에게 내는 것은 '밥상'이고, 어른에게 내는 것은 '진짓상'이 된다. 임금님을 위한 밥상은 '수라상'이라고 부른다. '수라'는 고려시대 몽골의 공주가 우리나라 임금님과 혼인한 연고를 일컬는 데에서 유래되었다.

반상은 찬품의 가짓수에 따라 3첩 반상, 5첩 반상, 7첩 반상, 9첩 반상으로 나누어진다. 예전에는 궁중에서만 12첩 반상을 차릴 수 있었다. 민가에서는 9첩 반상까지만 차릴 수 있게 제한하고 있었다.

반상을 실제로 살펴보면 3첩 반상 역시 찬품이 많은 편이다. 기본으로 놓는 밥, 국, 김치, 청장을 제외하

고 쟁첩에 담는 찬품이 세 가지 정도 되면 한 끼 식사에 충분한 밥상을 차릴 수 있다.

반상의 음식과 식기의 구성

상차림의 기본음식은 밥, 국湯, 김치, 청장이다. 3첩이 5첩이 되면 김치 한 가지가 추가되거나 장류도 한 가지를 더 올린다.

반상기로는 밥주발周鉢, 여자용 밥그릇인 바리鉢伊, 국을 담는 탕기湯器, 면·숭늉·떡국 등을 담는 대접大楪, 찌개를 담는 조치보鳥致甫, 김치를 담는 보시기甫兜基, 간장·초장·고추장을 담는 종자鍾子, 전·구이·나물·장아찌

등 찬을 담는 작고 납작하며 운두와 뚜껑으로 된 쟁첩이 있다. 쟁첩은 그릇 중에 가장 많은 수를 차지한다. 여기에 수저가 조합되어 첩수에 따라 쟁첩의 개수가 정해지면서 최소한의 식기가 구성된다.

이외에도 작고 큰 합은 밥, 떡, 약식, 면, 찜 등을 담는 그릇으로 쓰인다. 반병두리는 뚜껑이 없고 그릇의 아랫부분과 윗부분이 층을 이루게 되어 있으며, 동네잔치에 두루 쓰이는 요긴한 그릇이다.

찬이나 과일, 떡을 담는 접시 역시 크고 작은 것들이 있다. 음식을 많이 담거나 덥히는 데 사용하는 놋으로 만든 양푼은, 주방이나 상 주위에서 흔히 쓰였다. 주전자나 술병, 찻잔 등을 상으로 나르거나 놓는 데 쓰이는 크고 작은 쟁반은 유기·사기·목기·유리 등으로 만들어졌다.

반상의 배선법

배선법은 음식을 상에 배열하는 방법을 말한다. 우리나라의 전통적인 상차림에서는 독상外상을 차리는 것이 원칙이었으나 대가족제도에서는 겸상을 차리거나 가족끼리 두레반 형식으로 밥상을 차리는 경우도 있었다. 외상 때와 겸상, 여러 명이 먹는 두레반상에서는 음식의 종류와 가짓수에 따라 배선을 달리한다.

외상 차리기 상의 오른쪽에 수저 한 벌을 놓는다. 숟가락은 앞쪽으로 젓가락은 숟가락 뒤쪽으로 나란히 하여 상 끝에서 2cm 정도 나가도록 한다. 앞줄의 왼쪽에는 밥을 놓고, 오른쪽에는 국을, 국 뒤에는 찌개를 놓는다. 간장, 초장, 초고추장, 초젓국 등을 담은 종지는 밥, 국 뒤에 순서대로 놓는다.

김치 보시기는 상의 맨 뒷줄 왼쪽부터 깍두기, 배추김치, 동치미, 나박김치의 순으로 놓는다. 찬을 담은

첩수에 따른 반상의 구성

구분	조리법	3첩	5첩	7첩	9첩	12첩
기본음식	밥, 수라	1	1	1	1	2
	국, 탕	1	1	1	1	2
	찌개, 조치	−	택1	1	2	2
	찜, 선	−	−	1	1	1
	전골	−	−	1	1	1
	김치류	1	2	2	3	3
	장류	1	2	2~3	2~3	3
찬품	구이, 적(더운구이)		택1	택1	택1	1
	구이, 적(찬구이)	택1				1
	조림			1	1	1
	전유어	−	1	1	1	1
	숙채	택1	택1		1	1
	생채			1	1	1
	장아찌, 장과			1	1	1
	젓갈	택1	택1	1	1	1
	마른찬, 자반			1	1	1
	편육, 수육	−	−	택1	택3	1
	별찬, 회	−	−	−	−	1
	별찬, 수란	−	−	−	−	1

시금치 원산지는 아프가니스탄 주변의 중앙아시아이다. 이란 지방에서는 오래전부터 시금치를 재배해 왔다. 시금치는 회교도에 의하여 동서양으로 전파되고, 11~16세기에 걸쳐 유럽의 여러 나라로 퍼져 나갔다. 동양의 경우 7세기경 한나라시대의 중국에 전파되었다. 시금치는 내한성이 강해 시베리아같이 추운 지역에서도 잘 자라는 이른 봄의 신선채소이다. 조선시대 중종 22년1527년에 최세진이 쓴 《훈몽자회訓蒙字會》를 보면 채소류의 하나로 시금치를 소개하고 있다. 우리나라에 시금치가 들어온 것은 늦어도 조선시대 초기일 것으로 추정된다.

미나리 우리나라 전역에서 자생하는 채소로, 오세아니아를 제외한 아시아 전역에서 생장한다. 미나리의 원산지는 아시아이며 온대 기후부터 열대 기후까지 널리 분포되어 있다. 중국에서는 기원전 2183~771년의 하나라·은나라·주나라 때부터 양쯔 강 유역을 중심으로 하여 논미나리밭이 많이 있었다고 전해진다. 기원전 480년의 여씨 춘추시절의 기록에도 미나리에 관한 내용이 남아 있다.

부추 동부 아시아가 원산지로 일본, 중국, 한국, 인도, 네팔, 태국, 필리핀에서 주로 재배된다. 동양에서는 중국, 한국, 일본에서만 식용하고 서양에서는 재배하지 않는다. 부추는 기원전 11세기 중국의 서주시대 때 제사에 사용되었다고 한다. 우리나라에서 부추를 식용한 역사는 매우 오래되었을 것으로 추측되지만, 1236년에 쓰인 《향약구급방》이 최초의 기록이다. 일본의 기록을 살펴보면 1세기경 《신선자경》에 등장하고, 이후 《본초화명本草花名》에 부추가 등장한다.

상추 원종은 유럽과 아프리카 북부, 아시아 서부지역에 두루 분포되어 있다. 식물육종학자이자 유전학자인 바빌로프는 중국, 인도, 서아시아, 지중해 지역을 상추의 원생 중추라고 보았다vavilov, 1935년. 보스왈트는 터키, 이란, 남부 소련 등 지중해 동부의 근동지역이 상추의 발상지라고 추정하였다Boswelt, 1945년. 우리나라는 오래전 중국으로부터 줄기상추가 도입·재배되었고, 1890년경 서구 문물이 들어오면서 일본에서 잎상추가 들어와 널리 재배되었다. 그 후 주한미군이 군납을 위해 1960년경 결구상추를 들여와 해마다 그 수가 증가하고 있다.

대파·쪽파 파는 내한성·내서성이 강한 채소로 시베리아부터 남쪽의 한대지방까지 분포되어 있다. 파의 원산지는 중국 서부라고 하지만 아직 야생종이 발견되지 않았다. 파는 고대 중국에서 재배되어 고려 이전에 우리나라에 들어온 것으로 추정된다. 쪽파는 중국의 기원전부터 재배되었고, 《당본초》에 그 기록이 남아 있다. 쪽파의 재배지는 주로 중국 남부에 분포되어 있으며, 동남아시아의 여러 나라에서도 재배지를 찾아볼 수 있다. 일본의 《왜명류취소倭名類聚抄》10세기에도 파의 명칭이 나와 있다. 파는 우리나라에 약 1500년 전 전파된 것으로 추정되는데, 지정학적으로 볼 때 그보다 시기가 앞선 것으로 생각할 수도 있다.

무 우리나라에 도입된 시기는 분명하지 않으나, 일본은 도입 시기를 1250년 전으로 보고 중국은 2400년 전으로 보고 있으므로, 지정학적으로 짐작할 때 기원전에 도입되었을 확률이 높다. 고려시대 《향약구급방》1236년에 나타난 채소의 기록 중에 무가 등장하고, 《농상집요農桑輯要》1372년에도 무가 기록되어 있다. 허균 1569~1618년은 중국을 왕래하면서 얻은 지식으로 《한정록閑情錄》의 치농편에 채소 재배에 관한 내용을 상세히 기록하였다. 백세당1629~1703년이 쓴 《색경穡經》1676년의 하권에는 무의 파종 시기가 2월·4월·6월·7월로 나타나 있고, 수확 과정이 상세하게 적혀 있다. 이를 통해 당시 파가 매우 중요한 채소였음을 알 수 있다.

당근 인류가 처음 당근을 이용한 것은 로마시대이다. 당근의 야생종은 유럽과 아프리카 및 아시아에 걸쳐 분포되어 있으나 원산지는 아프가니스탄이라는 것이 정설이다. 유럽에서는 12~13세기 아랍으로부터 당근을 도입하여 12세기에 스페인, 13~14세기에 이탈리아, 14세기에 네덜란드·독일·프랑스, 15세기에 영국에서 재배를 시작하였다. 동양의 경우에는 원나라1280~1367년 초기에 중앙아시아로부터 중국 회람을 거쳐 화북지방에 당근을 도입하여 널리 재배하였다. 개량 품종의 효시가 된 것은 네덜란드에서 17~18세기에 발달한 종이다. 우리나라는 당근의 재배 역사가 짧은 편이다. 당근은 우리에게 비교적 새로운 채소로 도입 시기와 경로가 분명하지 않다. 당근은 19세기 이후 한국의 궁중 요리에 이용되었다.

고추 원산지는 열대 아메리카로 재배 고추의 원생종은 미국 남부에서 아르헨티나 사이에 분포되어 있다. 1492년 콜럼버스가 제1회 항해를 할 때, 미대륙으로부터 고추의 과실을 스페인으로 가져왔다. 스페인 사람들은 중남미 고추의 다양한 이름을 유럽에 전파했는데, 그중 칠리chili가 지금까지 전해진다. 인도에는 1542년에 고추가 전파되었다. 인도의 환경은 고추의 원산지와 비슷하여 재배가 쉬웠다. 17세기경에 인도와 동남아시아에서 여러 품종이 재배되면서 두 지역이 세계적인 생산지가 되었다. 이것이 중국에 전파된 시기

는 명조 말경이다. 일본에는 1542년 포르투갈인에 의해 담배와 함께 전파되었다는 남방도입설과, 임진왜란 때 장수로 우리나라에 왔던 가등청정이 가져갔다는 북방도입설이 있다. 광해군 6년1614년에 이수광이 쓴 《지봉유설》에는 고추에 관한 남만초의 기록이 남아 있다. 고추가 우리나라에 도입된 시기는 임진왜란1592~1598년 이전으로 추정된다. 그 후 고추는 남만초, 왜초, 남초, 당초 등으로 다양하게 기록되었다.

오이 원산지는 아프리카라는 설이 있으나, 인도 서북부나 히말라야 산록지대에서 비롯되었다는 설이 가장 유력하다. 재배종의 출현은 3000년 전으로, 그 후 기원전 2세기에 장건에 의해 페르시아에서 중국으로, 또다시 유럽으로 전해졌다. 《고려사》를 보면 통일신라시대 때 오이와 참외를 재배한 기록이 있다. 《해동역사》의 기록 등으로 볼 때 오이는 1500년 전 중국을 거쳐 우리나라에 들어온 것으로 추정된다. 북중국형 오이는 한나라 때 지중해나 서아시아로부터 비단길을 거쳐 북중국에 전파되었고, 그곳에서 생태가 분화된 후 한국으로 전래되었다. 한편 남중국형 오이는 미얀마 등 동남아시아와 윈난성雲南省을 거쳐 남중국에 전파되어 생태가 분화된 후 한국으로 전래되었다. 《조선농회보》1910년에는 우리나라에 도입된 오이의 품종 일곱 가지에 대한 온상육모 재배와 직파 재배의 시험 보고 기록이 남아 있다. 그 후 1950년대에는 1대 교배종으로 청장오이가 육성되어 재배되기 시작하였다.

가지 모양과 크기가 다양하다. 가지의 원래 종은 인도 동부의 야생종solanum insanus으로 추정된다. 가지는 595년경 인도에서 아라비아로 전래된 후, 다시 스페인으로 전파되었으며, 13세기 이후 유럽에 도입되었다. 이

를 넣어 끓이고 산적, 전유어, 두부부침, 돔배기산적상어고기 등과 각색 나물을 함께 낸다. 일반적인 비빔밥처럼 고추장이 아니라 간장에 비벼 먹는 밥이다.

통영비빔밥 바다의 도시 통영에서 만들어진 비빔밥으로, 바다 향기가 가득한 톳·청각·돌미역·파래·조갯살·홍합 등이 고명으로 올라간다. 통영비빔밥에는 미역과 파래·두부를 넣고 끓인 국이나, 무와 고기를 넣고 합장·멸장으로 간을 한 국을 곁들인다.

해주비빔밥 황해도의 진미로 손꼽힌다. 예부터 전주·진주·해주비빔밥을 전국 3대 비빔밥이라 불렀는데, 분단 이후 남한에서 해주비빔밥을 찾아보기가 힘들어졌다. 해주비빔밥은 해주교반이라고도 하며 맨밥 대신 기름에 볶아 소금으로 간을 한 밥에 즉석에서 익힌 콩나물과 가늘게 찢은 닭고기를 나물과 함께 내는 것이 특징이다. 밥을 볶을 때는 돼지비계 기름을 사용하여, 먹는 사람으로 하여금 황해도의 혹독한 추위를 이길 수 있도록 하였다.

함경도닭비빔밥 온면과 닮은 음식으로, 무친 닭고기를 얹은 밥에 뜨거운 국물을 부어 먹는다. 함경도음식은 간이 짜지 않은 대신 마늘이나 고추 등 양념을 강하게 쓴다. 양념 중 하나인 다대기도 이 지방에서 유래되었다. 닭고기는 필수 아미노산이 풍부하며 소화가 잘 되는 보양식이다. 함경도닭비빔밥은 미리 육수를 부어 놓지 않으며, 식사할 때 육수를 조금씩 끼얹어 먹는다.

평양비빔밥 쌀밥에 쇠고기 또는 돼지고기를 넣는 것이 특징이며, 숙주나물·미나리·고사리·도라지·달걀·

잘게 부순 김 등 갖은 양념을 넣어 만든다. 고기 중 절반은 채 썰어 양념하여 볶고, 나머지는 다져서 양념하여 따로 볶아 고추장에 곁들여 낸다. 곁들이는 맑은 장국에는 잘게 썬 지단을 띄운다.

해초비빔밥 남해안의 섬 일대에서 즐겨 먹는 비빔밥이다. 여기에 들어가는 재료는 기름에 볶거나 무치지 않아 열량이 낮다. 또한 비빔밥 한 그릇에 녹조류·갈조류·홍조류라는 세 가지 해초류가 다양하게 들어가서, 한 번에 여러 가지 영양소를 섭취할 수 있다는 장점이 있다.

산채비빔밥 산으로 둘러싸인 지방에서는 먹는 비빔밥으로, 산에서 나는 여러 가지 산나물과 채소를 이용하여 맛있게 무친 나물을 밥에 얹어서 먹는다. 충청도에서 주로 먹는 음식으로 사찰음식으로 손꼽히는 비빔밥이다.

죽·미음·응이

죽은 곡물의 5~8배 정도 되는 물을 넣고 오랫동안 끓여 걸쭉하고 끈기가 많게 호화시킨 유동식으로, 일찍부터 발달한 주식의 한 종류이다. 쌀알을 그대로 끓이는 옹근죽과 쌀알을 반 정도 갈아 만드는 원미죽, 완전히 곱게 갈아 끓이는 무리죽이 있다. 흔히 만드는 종류로는 흰죽, 두태죽콩죽, 장국죽, 어패류죽, 매끄럽게 만드는 비단죽 등이 있다.

죽은 아픈 사람을 위한 병인식인 이전에 보양식과 별미로 먹었다. 첫날밤을 보낸 신랑 신부에게 대접한 음식도 바로 죽이다. 궁중에서는 임금님이 탕약을 드시지 않는 날, 초조반으로 죽을 올리기도 했다. 곡물로만 쑤는 죽으로는 잣죽, 깨죽, 호두죽, 녹두죽, 콩죽,

옥수수죽, 타락죽, 은행죽, 행인죽 등이 있다. 표고, 애호박, 호박, 아욱, 방풍잎 등 채소류를 많이 넣는 죽도 있다. 이외에도 생선·조개·전복·문어 등 어패류를 이용하여 전복죽·어죽·홍합죽·백합죽·문어죽을 만들고 쇠고기·닭고기 등의 부재료를 넣어 죽을 끓이기도 한다.

한국 전통음식에는 죽 외에도 유동식인 미음과 응이가 있다. 미음은 죽과 달리 곡물의 10배 정도 되는 물을 넣고 푹 고아 체에 밭친 것으로, 젖먹이도 먹을 수 있게끔 건더기가 없도록 만든 것이다. 응이는 녹두·갈근·연근 등의 곡물을 곱게 갈아 전분을 가라앉혀 말렸다가, 녹말을 물에 풀어 익힌 다음 고운 죽처럼 끓인 것으로 마실 수 있을 정도의 유동식이다. 옛날에는 젖이 부족하거나 어머니가 없는 아기의 식사, 병식에 많이 이용되었다.

죽상은 반상과 달리 상차림이 비교적 간단하다. 죽·미음·응이 등으로 상을 차릴 때에는 죽과 함께 부드럽게 만든 마른찬, 동치미, 나박김치 등을 차린다. 또한 맑은 조치와 젓국, 조치 등을 놓기도 한다.

국수

국수는 주식의 한 종류로, 옛날에는 이것을 귀한 음식으로 여겨 잔치 때 접대용으로 이용하였다. 오늘날에는 일상적으로 국수를 먹으며, 그 종류와 재료가 다양해졌다. 국수의 재료 중에서 가장 많이 사용되는 밀은, 기원전 7세기경 메소포타미아의 야생종 밀이 실크로드를 거쳐 중국에 전해지고, 밀로 만든 분식이 전국시대에 보급되어 송대960~1279년에 이르러 국수가 요리의 한 종류로서 독립하게 되었다. 국수는 중국 전역에 보급되어 대중적인 식품으로 자리 잡았고, 고려시대에 우리나라로 들어와 절에서 먹기 시작하였다.

우리나라의 국수의 종류는 어떤 곡식을 사용해서 만들었느냐에 따라 밀국수, 메밀국수, 녹말국수, 강랑옥수수가루국수, 칡국수, 도토리국수 등으로 나누어진다. 국수는 고유의 우리말로, 중국에서 국수를 면麵이라 하였기에 우리나라에서도 면이라 부르게 된 것이다.

국수의 종류는 크게, 따뜻한 국물에 마는 온면과 찬 육수와 동치미국물을 섞는 냉면, 국물을 쓰지 않고 만드는 비빔국수로 나눌 수 있다. 삶아서 만드는 국수는 또다시 제물국수와 건진국수로 나누어진다. 제물국수는 국물 삶은 물을 국수와 함께 먹는 것으로 칼국수류를 뜻하며, 제물칼국수라고도 부른다. 건진국수는 국수를 삶아 찬물에 씻어 건진 것으로, 국물에 넣어 먹거나 양념에 비벼 먹는다. 건진국수의 종류로는 비빔국수, 냉면, 온면, 콩국수 등이 있다.

떡국·만두

떡국은 주식으로 먹는 흰 떡가래를 둥글게 혹은 어슷하게 타원형으로 썰어 육수에 넣고 끓인 것이다. 예부터 정초에는 절식으로 밥 대신 흰 떡국을 끓여 먹었다. 유명한 떡국으로는 개성의 조랭이떡국과, 충청도에서 멥쌀가루로 떡가래를 만들고 썰어 바로 끓이는 생떡국이 있다. 오늘날에는 떡과 만두를 섞어 끓이는 경우가 흔하다.

만두의 피는 밀가루를 반죽하고 밀어서 만든다. 메밀가루를 반죽하여 메밀만두를 만들기도 한다. 궁중에서는 만두를 해삼 모양으로 빚은 규아상과, 피를 네모나게 만들고 소를 넣어 네모로 빚은 편수를 만들기도 했다. 평안도에서는 둥근 껍질에 소를 많이 넣고 커다란 만두를 빚기도 했다. 만두는 떡국, 밥, 국수와 함께 한국 전통음식의 주식 중 하나이다.

만두는 중국에서 들어 온 말로 그 기원이 한 시대

와 맞먹는다. 시대에 따라 만두를 적는 한자는 모두 달랐다. 그 유래에는 여러 가지 설이 있다. 17세기 중국의 《거가필용居家必用》에 등장하는 만두饅頭는 밀가루를 발효시켜 고기와 채소를 소로 만들어 시루에 둥글게 쪄낸 것이다. 이는 우리가 오늘날 먹는 만두와는 다르며, 최초의 한글 조리서인 《음식디미방》에 등장하는 상화와 같다. 이를 통해 우리는 만두가 상화霜花란 이름으로 고려시대에 우리나라로 들어왔음을 알 수 있다.

2、부식

국·탕

국과 탕은 찬으로서 거의 매끼마다 주식의 으뜸인 밥과 함께 상에 오르는 기본 찬물이다. 육류를 이용한 국으로는 갈비탕, 설렁탕, 곰탕, 육개장 등이 있다. 국에 사용되는 육류의 부위는 쇠고기의 양지머리·사태·우둔살 등의 살코기와, 갈비·꼬리·사골 등의 뼈와 양, 곱창 등의 내장류가 국에 이용되고 있다. 해장국을 끓일 때에는 선지까지 재료로 사용한다. 국은 어패류·채소류·해조류 등 거의 모든 재료를 이용하고 한 가지나 몇 가지 재료를 어울리도록 사용하여 만들기도 한다. 밥과 김치만으로 간단한 국밥 상차림을 내는 경우도 있다.

국의 재료와 종류를 선정할 때에는 계절이나 밥의 종류, 찬의 내용과 가짓수를 고려하여 그 맛과 어울리도록 한다. 또한 영양 섭취에 균형이 잡히도록 식품을 배합한다. 국은 크게 맑은국, 토장국, 곰국, 냉국찬국으로 나누어진다. 맑은국은 소금이나 청장집간장으로 간을 맞추고 여러 가지 건더기를 넣어 끓인 것이다. 토장국은 된장, 고추장, 고춧가루를 써서 간을 맞추어 여러 가지 건더기를 넣어서 끓인다. 곰국은 곰탕이나 설렁탕처럼 오랫동안 고아 내는 국을 의미하며 소금이나 청장으로 간을 맞춘다. 냉국은 여름철 오이, 미역, 다시마, 가지, 우무 등을 넣은 것으로 약간 신맛이 나서 차게 식힌 맑은 물에 청장으로 간을 맞춘 것이다. 냉국은 끓이지 않고 날로 먹는 것과, 익힌 것을 차게 양념하여 찬국에 넣어 입맛을 산뜻하게 돋우는 것이 있다.

조치·찌개·감정

조치란 찌개를 일컫는 궁중 용어이다. 조치와 찌개는 국보다 건더기가 많고 국물이 적은 것이 특징이다. 조치의 종류로는 된장조치, 고추장조치, 젓국조치 등이 있다. 조치의 간을 맞출 때에는 맑은 집간장청장, 된장, 고추장, 새우젓 등을 쓴다. 보통 조치가 국보다 간이 센 편이다. 된장조치는 쌀뜨물에 된장으로 간을 맞춘 후 채소나 육류를 넣어 끓이는 것으로 된장맛을 살리는 것이 중요하다. 고추장조치는 쌀뜨물에 고추장과 청장으로 간을 맞추고 두부, 생선류, 버섯, 호박 등을 넣어 된장보다 얼큰한 맛이 나게 끓인 것이다. 조치는 부식으로 밥상에 오르기도 하지만, 술안주로도 많이 이용된다. 젓국조치는 쌀뜨물에 새우젓으로 간을 맞춘 것으로 주로 달걀, 명란젓, 두부 등을 넣고 순한맛으로 끓이는 경우가 많다.

찌개는 된장찌개, 고추장찌개, 맑은 찌개로 나누어진다. 된장찌개는 우리나라 사람들이 가장 좋아하는 음식으로 된장맛에 따라 찌개의 맛이 달라진다. 건더기로 두부, 풋고추, 호박, 멸치, 쇠고기 등을 이용한다 해도 된장맛을 살려야 하기 때문에 짜지 않고 잘 뜬 된장을 사용해야 한다. 충청도 지방에서는 겨울철 담북장·청국장과 김치를 넣고 끓이는 담북장찌개, 청국장찌개를 즐겨 먹는다. 고추장찌개는 건더기로 두부나 채소, 생선을 주재료로 하여 맵게 끓인 국으로 매운탕 혹은 매운탕찌개라고 한다. 맑은 찌개는 소금이나 새우젓으로 간을 맞추고 두부 토막, 무, 조개류 등을 넣어 담백한 맛을 낸 찌개이다. 감정이란 용어는 궁중에서 쓰인 음식용어로 찌개를 의미하지만 고추장이나 고춧가루로 조미한 것을 뜻한다. 감정은 웅어, 병어, 꽃게, 민어, 조기 등을 이용한 것이 많다. 또는 국물을 자작하게 끓일 때 많이 이용한다.

지짐이

지짐이는 탕이나 찌개보다 물을 적게 넣어 끓이는 음식을 말한다. 지짐이는 오이, 무, 호박, 우거지, 김치와 마른 생선, 암치, 대구, 갈치, 고등어, 방어 등 제철 생선을 조미료와 향신 채소에 같이 물기가 질척하고 건더기가 무르게 익히는 조리법으로 고기를 넣을 수도 있고 없이도 만들며 고명을 넣어 화려하게 꾸미지 않으나 실용적으로 찬으로 이용할 수 있는 조리법이다. 이것은 일반적인 서민음식으로 더러 전유어를 뜻하기도 하나, 그와는 만드는 방법이 다르다. 찌개보다는 간을 적게 하고 탕보다는 물을 적게 넣어 심심하다고 할 정도로 끓이는 것으로, 음식을 쉽게 익혀서 만드는 방법이다. 지짐이의 종류로는 오이지짐이, 무지짐이, 무암치왁저지, 호박지짐이, 우거지지짐이, 생선지짐이 등 서민음식이 대부분이다.

전골

전골煎骨은 채소와 육류 등 여러 가지 재료를 생으로 넣어 끓이는 음식이다. 전골은 조리 시 국물이 탁해지는 것을 막기 위하여 미리 육수양지머리 국물를 우려내어 쓴다. 건더기 중 익히는 데 시간이 걸리는 것은 미리 삶거나 전을 부쳐 색을 맞춰 담는다. 육수에 맑은 청장으로 간을 하여 끓인다. 전골은 화로 위에 올려놓거나 상 옆에서 전골틀을 올려놓고 즉석에서 만들어 먹는 것이 보통이다.

전골의 종류로는 여러 가지 해산물을 섞어 만드는 해물전골, 여러 가지 부위의 고기를 채소와 함께 만드는 쇠고기전골, 곱창전골, 여러 종류의 버섯을 색색의 채소와 고기를 섞어 만드는 버섯전골, 낙지전골, 송이전골, 두부에 다진 쇠고기 양념한 것을 끼워 채소와 함께 담아 끓이는 두부전골, 여러가지 재료를 넣어 끓인 갖은 전골 등이 있고 도미면과 신선로도 전골류에 속한다.

근래에는 여러 종류의 식재료가 들어가고 국물을 넉넉히 부어 끓이는 찌개를 전골이라고 부르고 있다. 하지만 원래 전골은 즉석에서 일부를 덜어 먹으면서 다시 국물을 붓기도 하고, 준비해 놓은 건더기를 더 넣어 먹기도 하는 즉석조리 음식이다.

전골의 기원은 확실하지 않으나, 상고시대에 진중 군사들은 머리에 쓰던 철관을 벗어 고기나 생선 같은 음식을 끓일 때 아무렇게나 넣어 먹는 것이 하나의 습관이 되었다고 한다. 여염집에서 냄비를 전립 모양으로 만들어 고기와 채소를 넣고 끓여 먹던 것이 전골이 되었다는 설도 있다. 16세기의 이토정 선생이 고기와 생선을 얻으면 철관을 벗고 끓여 먹어 그의 별호가 '철관자鐵冠子'가 되었다는 이야기도 전해진다.

옛날에는 고기를 구워 넣는 일종의 구이전골지짐전골, 볶음전골만을 전골로 생각했으나, 개화기에 접어들면서 구이전골과 냄비전골과 의미가 뒤섞이게 되었다. 궁중음식에 전골이 등장한 것은 1868년 고종 5년 11월 《진찬의궤》이다.

찜·선

찜은 수증기를 이용하여 찜통에 재료를 익히는 것으로, 생선을 통으로 썰어 양념하여 익힐 때나 새우·조개·떡·만두를 찔 때 주로 이용한다. 찜은 육류·어패류·채소류를 적은 양의 국물과 함께 익혀 끓이는 찜과, 찜통에 넣고 수증기로 익히는 찜으로 나누어진다.

끓이는 찜은 비교적 질긴 부위, 즉 고기와 뼈가 같이 붙은 쇠갈비·쇠꼬리·사태·닭고기·돼지갈비 등의 주재료를 약한 불에 서서히 익혀 연하게 만들 때 쓰는 방법이다. 호박이나 김치, 통배추 등을 자르거나 속을 채워 국물에 익히는 음식도 찜 또는 선이라고 칭한다. 증기로 찌는 찜은 생선·새우·조개 등을 재료로 하여 모양을 고정한 음식으로, 쇠고기나 고명을 부재료로 얹어 모양을 내서 찐다.

선膳은 정성을 들여 음식을 만드는 찜요리의 으뜸이다. 선은 적은 양의 국물에 끓이는 법과 찜통에서 익히는 법으로 나누어진다. 생선을 손질하여 소를 넣고 말거나, 두부를 으깨어 조미하여 찌는 것 역시 선의 일종이다. 또한 호박, 오이, 가지, 배추 등의 채소를 이용하여 다진 쇠고기와 부재료를 소로 하고 켜켜이 채운 다음 장국을 부어 잠깐 끓이거나 찜통에 찌거나 소스를 뿌려서 만들기도 한다. 두부선은 으깬 두부에 다진 닭 살코기를 양념하여 섞고 가늘게 채 썬 여러 색의 고명을 얹고 쪄서 먹기 좋은 크기로 썬 것이다.

볶음

볶음은 식품을 손질하여 먹기 좋은 크기로 잘라 간을 맞추고, 적은 양의 기름에 볶아서 쟁첩이나 접시에 담아낸 것이다. 주로 잔멸치나 채 썬 마른오징어, 연한 육류, 갖은 열매채소 등을 식용유·참기름 등을 이용하여 번철에 볶아 낸다. 이 방법은 물을 많이 넣지 않

는다. 볶음 중 가장 습윤한 종류라고 해도 탕이나 찌개처럼 물이 많지는 않다.

나물숙채, 생채, 기타 채

나물은 상차림에 꼭 필요한 찬품으로 재료에 따라 조리 방법과 양념이 조금씩 달라진다. 나물의 조리 방법은 물에 데쳐서 양념에 무치는 방법, 볶아서 익히는 방법으로 나누어진다.

익히는 방법은 숙채熟菜라고 하는데 이 방법을 이용하면 계절마다 나는 채소의 성성함을 그대로 살릴 수 있다. 숙채의 재료는 시금치나 무, 감자, 깻잎 등 수많은 잎채소, 뿌리채소이다. 숙채는 이러한 채소를 끓는 물에 데치거나 볶아서 양념에 무치고 연하게 만드는 것이다.

생채生菜는 나물을 익히지 않고 날로 무친 것이다. 생채는 주로 초간장, 초고추장, 겨자즙에 무쳐 먹는다. 생채의 재료는 무, 배추, 상추, 오이, 미나리, 더덕, 산나물, 도라지 등 날로 먹을 수 있는 채소이다. 이외에도 재료를 생으로 혹은 익혀서 함께 어우러지도록 볶는 방법이 있다. 재료를 생으로 조리하는 채로는 잡

삼색나물

채, 월과채, 죽순채, 탕평채, 겨자채 등이 있다. 바다에서 나는 미역·파래·톳 등 해조류나 오징어·조개·새우 등을 데쳐 한데 넣어 무치기도 한다. 이러한 채 역시 생채라고 할 수 있다.

예부터 우리 조상들은 제사상에 나물을 꼭 올렸다. 제사 때 쓰는 나물은 삼색나물이라 하여 세 종류의 채소를 이용하였다. 삼색나물은 뿌리채소와 줄기채소, 잎채소로 구성되었다. 뿌리채소의 종류에는 도라지, 더덕 등이 있으며 이는 조상을 의미한다. 줄기채소의 종류에는 고사리, 고비, 고구마줄기 등이 있으며 당대를 의미한다. 잎채소의 종류에는 시금치, 취나물 등이 있으며 후대를 의미한다.

조림·조리개·초

조림은 반상에 오르는 일반적인 찬이다. 조림에는 생선조림, 육류조림 등이 있다. 생선류와 육류조림은 우리가 쉽게 접하는 찬품이다. 어패류를 조린 삼합장과는 조림 중에서도 귀한 찬품에 속한다. 또한 채소류의 색을 살리면서 간을 약간 세게 하여 밑반찬으로 먹는 채소조림도 있다.

조리개는 궁중에서 쓰는 말로 조림을 의미한다. 맛이 담백한 흰살 생선은 간장으로 조리는데, 간장이 끓을 때 생선을 넣어 장국을 위로 끼얹으면서 익히면 살이 부서지지 않고 생선 특유의 맛을 살릴 수 있다. 붉은살 생선이나 비린내가 많이 나는 것은 고춧가루나 고추장, 매운 고추 등을 넣어 특유의 비린내를 없애면서 양념이 살에 스미도록 조린다. 수조육류는 결합조직이 있어 다소 질기므로, 물을 붓고 끓인 다음 간장을 붓고 조린다. 마른 생선은 물에 불린 다음 간을 한 국물에 조린다.

초炒는 원래 볶는다는 것을 의미했으나, 우리나라에서는 조림처럼 조리다가 마무리할 무렵 녹말을 풀어 넣어 국물을 엉키게 하면서 윤기가 나게 만든 것을 뜻한다. 초의 종류에는 전복초, 홍합초, 해삼초, 패주초 등이 있다.

전유어·전야

전유어·전야는 번철에 적은 양의 기름을 두르고 지지는 조리법이다. 전유어, 전유아, 전냐, 전야, 전 등으로 부른다. 궁중에서는 전유화煎油花나 전유어라 하였으며, 일반인들은 부침개라고도 불렀다. 제사에 쓰이는 전유어는 간남肝南, 간납, 간랍이라고도 하였다. 전유어는 대개 세 종류 이상을 만들어 한 그릇에 어울리게 담는다. 밀가루 대신 메밀가루를 묻혀 부친 간전과, 달걀물 대신 밀가루즙을 묻혀서 지지는 연근전도 있다. 전유어·전야는 우리나라의 독특한 음식으로 기름에 튀기는 것보다 저열량의 음식을 만들 수 있다.

전유어·전야는 재료로 육류, 어패류, 채소류 등을 이용한다. 모든 재료는 얇게 저미거나 다져 반대기로 만들고 적당한 크기를 정해 소금과 후추로 밑간한 다음 밀가루와 달걀 푼 것을 입혀 번철에 지진다. 밀가

모둠전

루와 달걀 푼 것은 한꺼번에 미리 묻히지 말고, 지진 후 채반에 꺼내 한 김 식혀 담아야 달걀물이 벗겨지지 않는다.

지짐은 밀가루나 달걀물을 입히지 않고, 빈대떡이나 파전처럼 재료에 밀가루나 곡류를 곱게 간 것, 감자 등을 섞고 갈아서 지져 내는 것이다. 지짐은 섞는 재료와 크기를 각각 다르게 할 수 있다. 맛 역시 조금씩 달라 고장을 대표하는 음식이 되기도 한다. 평안도에서는 녹두를 갈아서 빈대떡을 만들어 먹고, 부산 동래에서는 파전을 부쳐 먹는다. 전을 얌전히 접어서 지지는 안동파전은 나름의 모양과 맛을 지니고 있다.

전유어를 부칠 때 유의 사항
- 육류, 어패류, 채소 등 어느 재료든 전유어를 만들 수 있다. 신선한 재료를 택하여 밑손질을 하고 일정한 두께로 얇게 저미거나 썰어 포로 뜨거나, 가늘고 작은 것은 뭉쳐지는 재료를 섞어 지진다.
- 준비된 재료가 아무 맛이 나지 않을 때는 소금과 후춧가루로 밑간을 한다.
- 소수의 전유어를 제외하고 거의 모든 전유어는 재료에 밀가루를 얇게 묻힌 후에 풀어둔 달걀물에 담갔다가 번철에 기름을 두르고 지진다. 밀가루를 묻힐 때는 한꺼번에 묻혀 놓지 않는다.
- 전유어를 지질 때는 뜨겁게 달구어진 번철에 기름을 두르고 중불에서 약하게 양면을 고루 지지도록 한다.
- 지져 낸 전유어는 채반이나 평평한 그릇에 덜어내어 한 김 식힌 다음, 접시나 다른 그릇에 옮겨 담아야 구부러지지 않고 편편한 모양이 유지되어 보기 좋고, 달걀물이 쉽게 벗겨지지 않는다.
- 전유어는 한 가지만 만드는 것보다는 두세 가지 이상을 만들어 한 데 어우러지도록 담는 편이 좋다.
- 전통적으로 전유어는 밥을 위한 찬류에만 속하는 것으로 이용되었으나, 세계화 추세에 따라 전채류appetizer나 주요리로도 나갈 때가 있어 전유어의 크기나 두께를 달리하면 널리 이용할 수 있다.

구이

구이는 여러 가지 조리법 중 가장 오래된 것이다. 원시시대에 불을 이용하기 시작할 때부터 먹었던 구이는 특별한 기구가 필요하지 않고 음식을 불에 쬐기만 하면 된다. 우리의 전통적인 고기구이는 맥적貊炙에서 유래된다. 진晉나라의 수신기 기록에 의하면 맥은 중국의 동북지방이나 고구려를 가리키며, 맥적은 고구려의 고기구이를 가리킨다. 《예기禮記》에는 '범적무장凡炙無醬'이라 하여 "이미 조미되어 있으니 먹을 때 일부러 장에 찍어 먹을 필요가 없다."고 되어 있다. 이것은 오늘날 쇠고기구이로 발전하였다.

《원행을묘정리의궤園行乙卯整理儀軌》1795년에 등장하는 수라상 구성을 보면, 구이를 적炙과 구이炙伊 두 가지로 나누어 기록한 것을 알 수 있다. 구이란 그 근원으로 볼 때, 꼬챙이에 꿰거나 하여 석쇠·적쇠로 불에 직접 굽는 적과, 꼬챙이를 쓰지 않고 철판이나 돌 위에 간접적으로 굽는 구이로 나눌 수 있다. 이후 적과 구이를 관습적으로 구분·이용하면서 두 명칭은 뒤섞이고 말았다. 적은 산적을 가리키는 말로 쓰였으나, 때로는 적과 구이가 아울러 사용되기도 하였다. 날고기에 소금을 쳐서 직접 불에 굽는 것을 방자구이라 하는데, 조선시대의 요리서에는 이것이 등장하지 않는다.

본래 고기구이는 갈비, 염통 등을 양념하여 그대로 불에 굽는 것이다. 정육을 저며 잘게 칼질하여 양념한 다음 직화에 쬐어 굽는 것은 너비아니라 하였다. 너비아니는 구이의 궁중 용어로 오늘날에는 불고기를 뜻하는 말로 쓰인다. 불고기는 일본인들이 우리나라에 들어와서 고기를 불에 굽는 것을 보고 만들어 낸 말로, 쇠고기구이를 의미하였다.

제사상이나 큰상에 올라가는 구이는 적炙으로 부른다. 혼인이나 회갑의 큰상에는 황색·홍색·청색의 3색

종이를 주름잡아 곱게 감아서 장식한다. 구이의 종류로는 소금구이, 간장구이, 양념고추장구이, 초구이, 기름구이 등이 있다. 구이에 이용되는 재료로는 쇠가리쇠갈비, 쇠고기, 돼지고기, 돼지가리돼지갈비, 꿩, 닭, 소내장, 편육, 생선, 뱅어포, 북어, 더덕, 김 등이 있다.

적

적炙은 육류나 어패류를 불과 좀 떨어뜨려 굽는 것이다. 처음에 적은 꼬챙이를 이용하는 것과 그렇지 않은 것이 혼동되어 있었으나, 후대에 와서 차츰 조리 방법을 구별하여 지금은 여러 가지 재료를 썰어서 갖은 양념을 한 다음 꼬챙이에 꿰어서 구운 음식을 뜻한다.

적의 종류에는 산적과 누름적, 지짐, 누름적누르미이 있다. 산적은 날것의 재료를 양념하여 꼬챙이에 꿴 다음, 양념장을 발라가며 석쇠에 구운 것이다. 누름적은 양념하여 익힌 고기와 채소를 꼬챙이에 번갈아 꿰어 구운 음식으로 누름적, 화양적이 있다. 누름적을 낼 때는 꼬챙이를 빼도 상관없으며, 초간장을 곁들여 낸다. 지짐누름적은 꼬챙이에 재료를 꿴 다음 전을 부치듯 밀가루와 달걀을 차례로 묻혀 번철에 지지는 누름적이다. 지짐누름적에는 두릅적, 김치적이 있다.

예부터 적은 제사상에 꼭 올리는 제물이었다. 그중 첫째로 꼽히는 적은 육적이고, 다음으로 꼽히는 것은 어적, 소적두부를 양념하여 꼬챙이에 꿰어 구운 음식 등이 있다. 또한 봉적이라 하여 닭이나 꿩에 통으로 양념을 발라 굽기도 하였다. 때로는 제적돼지고기, 족적, 향누르미도라지, 박오가리 채소를 만들기도 했다.

편육

편육片肉은 쇠고기나 돼지고기를 덩어리째 푹 삶아, 베보자기에 싸서 무거운 것으로 눌러 굳힌 다음 얇게 썬 것이다. 주로 양념장이나 새우젓국을 찍어 먹는다. 편육의 재료는 쇠고기의 양지머리·사태·업진·우설·우랑·우신·쇠머리와, 돼지고기의 삼겹살·어깻살·머리 부위가 적당하다. 예부터 가정에서는 잔치가 있거나 음식을 많이 만들어야 할 때, 양지머리나 사태를 덩어리째 삶아 국수장국의 국물을 만들고, 건더기를 저며 편육을 만들었다. 돼지고기 편육은 새우젓과 함께 배추김치에 싸 먹으면 맛이 잘 어울린다. 최근에는 이것을 보쌈이라고 하여 음식점에서 판매하고 있다.

족편·묵

족편足片은 소의 족, 가죽, 꼬리, 힘줄, 사태 등에 물을 넣고 오래 끓인 것이다. 이렇게 하면 젤라틴 성분이 녹아 죽처럼 되는데, 일부 건더기를 칼로 다져 다시 넣고 네모난 그릇에 부어 석이채·지단채·실고추 등을 뿌려 묵처럼 굳힌 음식이다. 쇠머리·돼지머리로 편육을 만들 때에는, 머리를 털 없이 깨끗이 면도하고 귀지를 파고 이빨을 손질하여 깨끗이 씻은 후, 앞머리 부분에 상처를 내지 않고 뒤통수를 쪼개 물에 넣고 2~3시간 푹 곤다. 잔뼈와 큰뼈도 모두 꺼내 껍질에 쌓아 넣듯이 살조각을 모두 싸 넣고, 베보자기에 싸서 무거운 것으로 눌러 식힌 다음 편육으로 썰면 문양이 있는 맛있는 편육이 된다. 이때 마늘, 통후추, 흰파 뿌리 등을 넣어 끓이면 누린내가 나지 않는다.

묵은 전분을 죽처럼 쑤어 그릇에 붓고 응고시킨 것으로 청포묵, 메밀묵, 도토리묵 등이 있다. 묵은 양념간장, 채소와 함께 무친다. 메밀묵은 겨울철 배추김치나 상추 또는 청채소를 잘게 썬 것과 함께 무치기도 한다. 청포묵은 쇠고기채나 다진 쇠고기 볶은 것에 미나리, 달걀지단, 김, 숙주나물, 실고추 등을 섞어 초장에 무쳐 탕평채로 만든다. 해안이나 섬에서 만들어 먹는 박대묵은 생선껍질을 오랫동안 끓인 다음 묵처럼 굳혀 양념장에 무친 것이다.

회·숙회

회膾는 물고기나 고기·생선·채소 등을 날로 먹는 것 이다. 육류회의 종류로는, 쇠고기의 연한 살코기를 먹 는 육회와 간·천엽·양 등을 이용한 내장육회·갑회가 있다. 어패류 중에서는 민어·광어 등의 신선한 생선 과, 굴·해삼·멍게 등을 날것으로 먹는다. 회로 먹는 것은 무엇보다 신선한 재료를 써야 하고, 재료를 정갈 하게 다루어야 한다.

숙회熟膾는 고기·생선·채소 등을 살짝 데쳐 익힌 회 로, 초간장·초고추장·겨자즙·소금기름 등에 찍어 먹 는다. 어채는 흰살생선을 끓는 물에 살짝 익혀내는 숙 회인데, 저민 생선에 가볍게 녹말을 발라 데쳐야 매끄 러운 식감이 나며 본연의 맛을 잃지 않는다. 오징어, 문어, 낙지, 새우 등도 익혀서 숙회로 먹는다. 채소로 숙회를 만들 때에는 미나리, 오이, 실파, 두릅, 표고 등 이 주로 쓰인다.

해물숙회

포·마른안주

포는 고기를 양념하여 말린 것으로, 육포와 어포로 나누어진다. 육포는 주로 쇠고기를 간장으로 조미하 여 말린 것이고, 어포는 생선을 통째로 말리거나 살을 떠서 대개 소금으로 조미하여 말린 것이다. 육포는 우 둔살이나 홍두깨살을 결대로 얇게 떠서 간장에 설탕, 후춧가루 등을 넣고 조미하여 채반에 널어 말린 것이 다. 쇠고기를 곱게 다져서 조미하면 말린 편포를 만들 수 있다. 또한 대추편포, 칠보편포, 작은 포쌈도 만들 어 먹는데 이것은 최고급 술안주나 혼례 때 폐백음식 으로도 쓰인다. 예전에는 노루고기나 생치로 포를 만 들었으나 지금은 귀한 편이다. 색과 맛, 모양이 아름 다운 것으로 그릇에 담을 때에는 흔히 구절판을 이용 한다.

조선시대의 잔치 기록을 보면 포를 절육截肉이라 하 여 육포와 문어, 오징어 등을 모양내어 썰어 꽃모양· 잎모양·새모양을 만들어 장식하고 안주로 사용했다. 그 외에도 홍어, 상어, 오징어, 전복, 문어, 꿩 등을 말 려서 썼다.

튀각·부각

튀각은 호두, 다시마 등을 기름에 튀긴 것이다. 부각 은 재료를 그대로 풀칠하여 말렸다가 필요할 때 튀겨 먹는 밑반찬이다. 부각의 재료는 김, 깻잎, 동백잎, 감 자 등이 있다. 튀김과 부각은 제철이 아닐 때 별미로 먹는 음식으로, 튀김 요리가 없는 우리나라 찬품 중 드물게 기름을 섭취할 수 있는 음식이다. 이것을 그릇 에 담을 때에는 튀각과 부각, 호두튀김 등을 조화롭게 담아 먹는다. 바삭하게 부서지는 식감이 특색이 있다.

자반·장아찌·정과

자반은 물고기를 소금에 절이거나 해초 또는 나물에 간장이나 찹쌀풀을 발라 말려 짭짤하게 만든 것을 굽거나 기름에 튀긴 것이다. 자반 중에서도 가장 대표적인 것으로는 고등어자반, 준치자반, 해초·김자반 등이 있다. 장아찌는 무, 배추, 오이, 깻잎, 마늘, 마늘종 등을 간장, 고추장, 된장 등에 담아 발효시켜 먹는 저장식품이다. 이 밖에도 짧은 시간에 만들 수 있는 장과인 무갑장과·오이갑장과 등과 고추장으로 맛을 들여 밑반찬으로 먹는 더덕장아찌·마늘종장아찌·굴비장아찌 등 여러 종류의 저장식품이 있다.

쌈

쌈은 김구이나 상추잎, 쑥갓, 배춧잎, 취나물, 찐 호박잎, 생미역 등에 밥과 찬을 싸서 먹는 것이다. 우리나라 사람들은 예부터 밥을 다른 재료에 사서 먹는 식습관을 가지고 있었다. 주로 쇠고기구이, 갈비구이, 섭산적, 생선회 등을 상추나 깻잎, 실파 등에 싸서 먹었다. 최근에는 여러 가지 잎채소가 많이 나와 치커리, 시소, 당귀잎, 겨자잎 등에 쌈을 싸 먹기도 한다.

장류

장류는 한국 전통음식의 맛을 내는 재료로, 음식에 짠맛을 더할 때 소금 대신 이용하여 간간한 맛의 기본을 잡아 준다. 장은 주로 발효과정을 거쳐 만들어진

장의 기초, 메주

메주는 간장, 된장, 고추장의 기초가 되는 재료이다. 콩으로 메주라는 발효식품을 만든 후, 필요한 여러 재료를 넣으면 여러 가지 장이 만들어진다.

메주는 그해 흰콩을 수확한 후, 10월 말 경에서 11월 사이 입동을 전후하여 만든다. 메주를 담글 때에는 콩을 씻어 하룻밤 정도 물에 불려 충분히 삶아야 한다. 보통 5시간 이상 삶으며, 불그스름하고 끈적끈적한 누런물이 나오면 손으로 콩을 으깨 본다. 이때 쉽게 으깨지면 뜸을 푹 들인다. 처음에는 화력을 강하게 하고 차츰 중불로 삶다가 나중에 약한 불로 뜸을 들인다. 익은 콩은 소쿠리에 쏟아 콩물을 뺀다. 콩물은 두었다가 묵은 된장에 혼합해서 이용해도 좋다.

메주 만들기

메주는 삶은 콩이 식기 전에 만든다. 콩을 절구에 넣고 빻아 네모난 메주를 만든다. 만들어야 할 양이 많을 때에는, 삶은 콩을 자루에 담아 발로 밟아 으깨거나 나무틀에 으깨 네모나게 만들

기도 한다. 콩소두 1말7.2~8kg을 이용하면 메주 3~5개평균 4개를 만들 수 있다. 완성된 메주는 볏짚을 깔고 그 위에서 꾸덕꾸덕하게 말린 다음 띄우기 시작한다.

메주 띄우기발효하기

메주는 하나하나 볏짚에 묶어 따뜻한 방18~20℃에 매달아 2~3달 동안 바싹 말린다. 처음 10일이 지나면 메주 뜨는 냄새가 나고 흰 곰팡이가 끼면서 메주가 발효된다. 발효시키는 동안 볏짚이나 공기에서 미생물이 섞여 들어가 콩의 성분을 분해하는 단백질 분해효소와 전분분해효소를 분비하여 맛과 향을 더한다. 좋은 메주는 겉이 단단하고 곰팡이가 흰색이나 노란색을 띤다. 속에 검은색이나 푸른빛이 도는 곰팡이가 생겼다면 잡균이 번식한 것이다. 메주는 붉은빛이 도는 황색이나 밝은 갈색이 나게 뜬 것이 좋다. 재래식 메주는 일반적으로 쪼갰을 때 약간 검은색을 띤다.

씻어 말리기

간장을 만들기 바로 직전 음력 정월 말에서 3월초 사이2월에서 4월에 메주를 씻어서 햇볕에 말린다. 그것을 소금물에 담가 충분히 우러난 후 메주 찌꺼기가 남지 않게 국물만 걸러 간장으로 쓴다. 건더기는 모아 두었다가 소금으로 간을 맞추어 으깨어 담는 것이 된장이다.

다. 장의 종류에는 된장, 간장, 고추장, 막장, 쌈장 등이 있다. 우리나라의 전통 발효식품 장은 오랜 세월을 두고 식용되었다. 이것은 각 가정에서 음식의 간을 맞추고 조화로운 맛을 내는 조미료로서 중요한 식품의 위치를 차지하고 있다. 현대에 와서는 장을 공장에서 생산하고 있다.

우리나라에서 장류를 처음 식용한 기록은 《삼국사기》, 《삼국유사》 등에서 찾을 수 있다. 이를 통해 우리는 삼국시대 이전 장류가 존재했다는 것을 추정할 수 있다. 장은 삼국시대 이후, 고려시대와 조선시대를 거쳐 다양한 형태로 발전하여 오늘날 음식문화에 중요한 발효식품으로 자리 잡아 그 존재 가치를 인정받고 있다. 장의 명칭은 시대와 지역에 따라 조금씩 달라졌다.

김치

김치는 널리 알려진 한국 전통음식으로 세계에서 손꼽히는 건강식품이다. 예부터 김치는 채소를 발효시켜 만든 것으로, 1년 내내 밥상에 꼭 올라오는 찬품이다. 배추나 무 등의 채소와 여러 가지 양념이 혼합되어 발효되는 동안, 유산균이 생성되어 독특한 산미와 매운맛이 난다. 김치는 요구르트를 자주 먹지 않는 우리나라 사람들의 비타민과 유산균 섭취를 돕는 식품으로, 소화와 정장작용에 효능이 좋고, 섬유소가 많이 들어있어 장 내 노폐물 배설에도 더없이 유익하다.

겨울철 김장으로 배추김치, 백김치, 보김치, 동치미, 갓김치, 총각김치 등을 담으면 장기간 보존이 가능하다. 김치는 건강 면에서나 경제적인 면에서 훌륭한 음식이다. 장기간 보관하지 않는 김치로는 봄철의 나박김치·봄동김치·돌나물김치와, 여름철의 열무김치·배추김치·오이김치·부추김치가 있다.

젓갈

젓갈은 소금을 이용하여 어패류를 염장하는 대표적인 저장식품이다. 어패류의 단백질 성분이 분해되면서 생기는 감칠맛과 특유의 향은 다른 식품을 조리할 때에도 많이 이용된다. 이것은 밑반찬과 김장김치에 넣거나 탕이나 조치, 나물, 찜에 소금 대신 쓰인다.

젓갈류 중에서 작은 생선이나 새우, 멸치 등은 아미노산과 칼슘의 급원이 되며 김치의 부재료로 이용된다. 젓갈 중 명란젓, 오징어젓, 창난젓, 어리굴젓, 조개젓은 찬품으로 이용된다. 또한 어패류 외에도 수조육류로 만드는 어육장魚肉醬이 있다. 어육장은 귀하게 여기는 전통 조미료이다.

젓갈을 담그는 방법으로는 소금에만 절이는 방법, 소금과 술·기름·천초 등을 섞어 담그는 방법, 소금과 누룩에 담그는 법, 소금·고춧가루·엿기름·조밥이나 찹쌀밥에 가자미를 담가 식해食醢로 만드는 방법, 간장에 담가 게장으로 만드는 방법이 있다. 함경도에서 발달한 가자미식해, 도루묵식해, 동태식해는 생선뿐 아니라 무를 많이 넣기 때문에 추운 겨울 김치 대용으로 먹는다. 간장을 조미료로 하여 게장을 담그기도 한다.

소금의 사용량은 때에 따라 달리한다. 재료의 30%를 소금으로 사용할 수도 있고, 20~25% 정도를 사용하기도 한다. 이렇게 소금의 양은 여러 가지로 달라지는데, 최근에는 소금의 섭취량을 줄이기 위해 재료의 10% 정도 소금을 넣어 담그기도 한다.

3〉간식과 후식

떡

떡은 곡류의 가루나 낱알을 익혀서 부수적인 재료와

더불어 만드는 전통음식이다. 이것은 명절음식, 통과 의례음식 무속의례음식, 제사음식 등으로 이용되었다. 떡은 농사를 지어 얻은 곡식인 쌀, 기장, 수수, 조, 콩, 팥 등으로 만든다. 그 외의 잡곡도 떡을 만드는 데 많이 이용된다. 최근에는 서양의 케이크만큼 다양한 맛과 모양의 떡이 개발되어 널리 이용된다.

떡은 병餅이라고도 부르며, 찐 떡은 증병蒸餅이라 하며, 쪄서 치는 떡은 도병搗餅이라고 한다. 가루를 반죽하여 기름에 지지는 떡은 전병煎餅으로 화전, 주악, 부꾸미가 이에 속한다. 또한 떡을 쌀가루로 반죽하여 모양이 나게 손으로 빚는 떡으로 송편, 경단, 단자 등이 있다.

조선시대 떡의 종류는 약 240여 종이었다. 그중 찌는 떡이 100종 정도로 가장 많고, 치는 떡은 40여 종, 지지는 떡이 40여 종, 삶는 떡이 12종이었다.

찌는 떡 중에서도 그 종류가 가장 다양한 것은 설기떡류였다. 이렇듯 일상에서 쉽게 해 먹는 떡 외에도 좋은 날이 되면 두텁떡, 석탄병, 도행조화고복령떡, 승검초설기승검초편, 도행병, 잡과병, 쑥구리를 만들어 먹고는 했다.

치는 떡의 대표적인 예는 인절미이다. 인절미는 고물에 따라 팥인절미, 깨인절미 등으로 나누어진다. 쌀에 부재료를 섞어 찌는 쑥인절미, 수리취인절미도 있다. 단자는 들어가는 재료에 따라 쑥단자, 각색단자, 도행단자, 육자단자, 밤단자, 건시단자, 은행단자 등으로 나누어진다.

지지는 떡에는 부꾸미, 화전, 주악, 등이 있다. 계절에 따라 봄에는 진달래화전, 초여름에는 장미꽃전, 가을에는 국화꽃전·맨드라미꽃전 등을 해 먹었다. 대표적인 삶은 떡은 자그마하고 둥글게 만드는 경단이다. 대표적인 빚는 떡은 송편으로, 지역마다 향토적인 송편이 전해진다.

한과

한과는 가공하여 만든 과일 대용품이란 뜻의 조과造菓라고도 하며, 우리말로는 과줄이라고 한다. 외래 과자가 들어오면서 구별을 위해 한과라고 일컫기 시작하였다. 한과의 종류는 크게 유밀과, 유과, 다식, 정과, 엿강정, 과편, 숙실과, 엿류로 나눌 수 있다.

유과 밀가루나 쌀가루를 적당한 모양으로 빚어 말린 후 기름에 튀겨서 꿀이나 조청을 발라 깨나 곡류튀김을 바른 것이다. 깨강정, 세반강정, 산자, 빈사과 등이 있다.

유밀과 밀가루나 쌀가루를 반죽하여 일정한 틀이나 모양으로 빚어서 튀기고 집청한 것으로 약과, 만두과, 매작과 등이 있다.

다식류 여러 가지 가루재료를 꿀이나 엿으로 반죽하며 다식판에 박아낸 것이다. 송화다식, 흑임자다식, 승검초다식, 녹말다식, 진말다식, 밤다식, 쌀다식 등이 있다.

정과 익힌 과일의 뿌리 등을 조청이나 꿀에 조린 것으로 연근, 생강, 행인, 도라지, 무, 모과, 동아, 귤 등이 있다.

과편 과실이나 열매를 삶아 거른 즙에 녹말가루를 섞어 익히거나 단독으로 설탕이나 꿀을 넣어 엉기게 한 후 먹기 좋은 크기로 썬 것이다. 오미자편, 앵두편, 모과편 등이 있다.

숙실과 과실이나 열매를 찌거나 삶아서 꿀에 조린 것으로 밤초, 대추초, 율란, 조란, 생강란, 호박란 등이 있다.

엿강정 여러 가지 곡식과 견과류를 조청 또는 물엿에 버무려 서로 엉기도록 한 뒤 반대기를 지어서 약간 굳었을 때 작은 크기로 썰어 먹기 편하도록 만든 것이다. 깨엿강정, 들깨강정, 잣박산, 호두엿강정, 땅콩엿강정, 콩엿강정 등이 있다.

한국 전통음식의 양념

양념과 고명

1、양념

양념藥念은 식품의 고유한 맛을 살리면서 특유의 향을 살리는 재료를 통틀어 부르는 말이다. 서양에서는 음식의 맛을 돕기 위해 첨가하는 일체의 재료를 조미료라 하고, 매운맛이나 향기가 나는 음식의 풍미를 더하기 위해 첨가하는 재료를 향신료로 구분한다. 우리나라는 아직 조미료와 향신료의 구분이 뚜렷하지 않으며, 양념이란 단어로 통틀어 표현한다.

우리나라의 양념을 조미료와 향신료로 구분하면 소금, 장간장, 고추장, 된장, 식초, 꿀, 설탕 등이 조미료가 될 것이다. 향신료에는 향미를 목적으로 하는 것으로 들깻잎·미나리 등이 속할 것이다. 매운맛을 목적으로 하는 신미료는 고추·후추·겨자 등이 될 것이다. 이외에도 명확한 구분이 어려운 기름류·젓갈류는 특성상 조미료에 해당한다. 이처럼 양념은 기본적인 짠맛·신맛·단맛을 내는 조미료와, 향미·매운맛을 내는 향신료로 나누어진다. 조미료와 향신료 모두 음식의 맛을 내고 풍미를 더하는 역할을 한다.

조미료의 발상은 신석기시대부터 시작되었을 것이다. 신석기인들은 불을 발견하면서 구이, 찜 등의 조리법을 익히고 소금의 짠맛, 과일의 신맛과 단맛, 식물 열매의 매운맛과 기름맛 등을 조미료로 하여 음식의 맛을 냈을 것이다.

향신료는 음식에 향기, 색깔, 매운맛을 더하는 것인데, 이 중에서 특히 중요한 것은 매운맛이다. 우리나라 사람들은 예부터 매운맛을 좋아하였다. 건국신화에 마늘 이야기가 등장하는 것, 문헌에 향신료에 대한 기록이 적지 않게 남아 있는 것으로 그것을 미루어 짐작할 수 있다. 향신료는 인도, 동남아시아에서 많이 이용하기로 유명하다. 향신료의 원료가 되는 열대식물이 많이 나는 것도 여러 이유 중 하나일 것이다. 우리나라에서 어떻게 해서 매운 향신료를 많이 이용하게 되었는지는 알 수 없다. 하지만 오래전부터 향신료를 이용하고 있었다는 사실은, 고려시대 때 오신채·오훈채라 하여 부추·염교·파·생강·마늘 등을 이용하여 음식을 만들었다는 것에서 알 수 있다. 이외에도 고수, 호유, 미나리, 갓, 겨자, 순무 등을 이용했다는 것을 기록을 통해 알 수 있다. 이들 대부분은 날것으로 썰거나 다지거나 그대로 이용하였다. 저장할 수 있도록 가루로 만들어 이용한 것은 산초와 겨자에 지나지 않았다.

산초와 겨자를 향신료로 삼아 나름대로 맛있는 음식을 즐겼던 동양에 또 다른 향신료인 후추가 등장했다. 후추의 원산지는 인도로 수입품이기 때문에 값비싼 향신료였다. 옛 문헌에 따르면 우리나라에서는 1700년 초엽까지도 김치를 담그는 데 후추, 산초, 겨자, 마늘을 넣었다. 이런 재료에서 매운맛을 기대했던 것이다.

고추의 원산지는 남미(인도)이고 이웃 나라를 통하여 우리나라에 들어왔다. 우리 민족은 김치에 고추를 넣어 먹었다. 1756년 《증보산림경제》에는 고추를 넣은 김치가 등장한다. 19세기 초엽의 《규합총서》와 《임원십육지》에는 고추와 젓갈을 이용한 김치가 등장한다. 고추의 매운맛은 젓갈의 비린내를 가려 줄 뿐만 아니라 지방의 산패를 현저하게 억제하는 역할을 하였다. 이를 통해 더욱 감칠맛이 나고 영양이 풍부한 김치를 만들게 된 것이다.

소금

소금은 간장과 함께 음식의 맛을 내는 기본 조미료이다. 조리 시 처음부터 소금을 넣으면 음식이 잘 무르지 않으므로, 소금은 음식을 익힌 다음 넣는다. 소금을 설탕과 함께 사용할 때는 설탕을 먼저 넣는다.

소금은 제조 방법에 따라 호렴, 제렴, 재제염, 식탁염 등으로 구분하며 종류에 따라 용도가 달라진다.

- 호렴 : 염전에서 긁어 모은 1차 제품으로 천일염 또는 굵은소금이라고도 부르며, 장을 담글 때나 채소·생선을 절일 때 사용한다.
- 제렴 : 호렴에서 불순물을 제거한 것으로 재제염보다 거칠고 굵으며 간장이나 생선의 절임용으로 쓴다.
- 재제염 : 보통 꽃소금이라고 부르는 하얗고 입자가 고운 소금으로 가정에서 많이 사용한다. 음식에 간을 맞출 때나 적은 양으로 채소나 생선을 절임할 때 쓴다.
- 식탁염 : 천일염이 아닌, 정제도가 높고 설탕처럼 고운 입자로 된 소금으로 음식의 간을 맞추기 위해 식탁에 놓고 쓴다. 맛소금은 글루탐산나트륨 같은 화학조미료를 1% 정도 첨가한 것으로 식탁에서 주로 사용한다.

음식의 간을 맞출 때는 소금만 쓰기보다는 간장, 된장, 고추장을 한 데 섞어 쓰는 경우가 많다. 간장으로 간을 맞출 때에는 청장 또는 국간장을 사용한다. 소금은 신맛과 어우러지면 신맛을 약하게 하고, 단맛과 어우러지면 단맛을 더욱 달게 한다. 따라서 단맛이 나는 과자나 정과 등을 만들 때는 설탕의 약 0.5% 정도 되는 소금을 넣는다.

김치류를 절일 때는 농도가 10% 정도 되는 소금물에 24시간 두는데, 농도가 15~20% 정도 되는 소금물에 3~6시간을 절이는 것이 더 좋다. 배추와 무를 양념할 때는 소금과 젓갈의 비율을 40% 정도로 한다. 김치는 저장되는 동안 소금의 농도가 높아지므로 국물에 대한 소금의 농도를 2%로 조절해야 한다. 젓갈류를 담글 때에는 10~15%의 염도가 적당하다. 시판되는 젓갈류의 농도는 20~30%로 간이 강한 편이다.

간장

간장과 된장은 콩으로 만든 우리 고유의 발효식품으로 음식의 맛을 내는 중요한 조미료이다. 간장의 간은 소금의 짠맛을 나타내고 된장은 되직한 것을 뜻한다. 간장은 음식에 따라 그 종류를 구별하여 써야 한다. 국·찌개·나물 등에는 색이 옅은 청장을 쓰고, 조림·포·초 등을 조리하거나 육류를 양념할 때에는 진간장명은 눈을 즐겁게 하고 맛과 영양을 보충하는 의미가 강하다. 즉 고명은 음식에 얹거나 넣는 것을 총칭하는 단어이다.

- 완자 : 신선로, 전골, 잡탕, 알쌈 등에 넣는 고명으로 봉오리라고도 한다.
- 다진 고기 : 쇠고기를 곱게 다져 양념하여 볶은 것으로 국수나 약고추장의 맛을 좋게 한다.
- 달걀지단 : 달걀을 황백으로 나누어 얇게 부쳐서 가늘게 채 썬 것이다. 너비는 1cm 정도로 하고 길이는 4~5cm 정도로 하여 전골이나 볶음, 찜에 고명으로 올린다.
- 대추대추채, 대추말이꽃 : 대추에서 씨를 빼고 가늘게 채 썰어 한과나 떡에 올린다. 씨를 뺀 대추를 돌돌 말아 얇게 썰어 꽃모양을 만들어, 화전이나 차 등의 웃고명으로 이용한다.
- 목이버섯 : 잡채, 볶음, 찜, 초 등에 작은 크기로 썰어 넣어 맛과 색을 더한다.
- 미나리초대 : 초록색의 미나리줄기또는 파 줄기를 밀가루와 달걀에 묻힌 다음 지져 일정한 크기로 썬 것이다. 전골, 잡탕, 신선로 등에 고명으로 쓰인다. 미나리가 없을 때에는 실파를 썰어 가지런히 놓아 미나리 대신 초대를 부친 후 썰어 이용한다.

- 밤 : 속껍질을 벗긴 통밤밤채, 밤련, 통밤은 고기 등의 찜을 할 때 통으로 넣기도 한다. 냉채나 채소에 넣을 때에는 밤련으로 하거나 채로 썰어 고명으로 이용한다.
- 실고추 : 실고추는 말린 붉은 고추의 씨를 빼고 실처럼 가늘게 썬 것이다. 김치나 요리에 쓰이는 양념이며 고명으로 이용한다.
- 알쌈 : 알쌈은 달걀을 풀어 번철에 놓고 작고 둥글게 부쳐 쇠고기완자 등에 넣고 반으로 접어 지진 것이다. 주로 찬이나 고명으로 이용한다.
- 은행 : 껍질 깐 은행은 볶아서 마른안주나 신선로, 찜 등의 고명으로 올린다. 떡의 고물로 이용하기도 한다.
- 잣통실백, 비늘잣, 잣가루 : 잣은 잣나무의 솔방울에서 딴 씨앗으로 찜 요리 등에는 통실백을 넣는다. 두부선·호박선·가지선 등 여러 가지 채소 요리의 고명으로 이용할 때는, 쉽게 빠져나가지 않도록 비늘잣을 만들어 얹는다. 잣을 잘게 다져서 만든 잣가루는 궁중요리에서 깨소금 대신으로 자주 쓰인다. 또한 떡의 고물과 찬의 웃고명으로 널리 쓰인다.
- 채 썬 고기 : 쇠고기를 가늘게 채 썰어 양념하여 볶은 것으로 국수꾸미나 채소볶음 등의 웃고명으로 이용한다.
- 표고버섯 : 여러 가지 찜 요리나 나물, 전 등의 재료와 고명으로 쓰인다.
- 호두 : 호두의 속껍질을 벗겨 튀김에 이용하기도 하고, 전골에 넣기도 한다. 한과에 고명으로 올려 모양과 맛을 더하기도 한다.

한국 전통음식의 고명

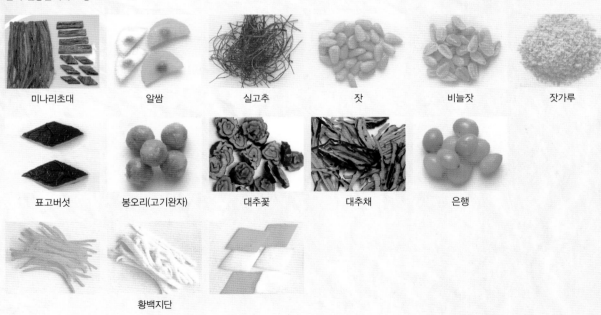

미나리초대   알쌈   실고추   잣   비늘잣   잣가루

표고버섯   봉오리(고기완자)   대추꽃   대추채   은행

황백지단

기본 양념장과 국물 만들기

1 ॰ 기본 양념장 만들기

초간장

재료 및 분량

간장 1컵
식초 1큰술
설탕 2작은술
잣가루(또는 깨소금) 조금

만드는 방법

❶ 간장과 식초를 섞은 후 설탕을 넣고 다 녹도록 저어준다.

❷ 설탕이 다 녹으면 잣가루를 조금 뿌리거나 깨소금을 조금 넣는다.

* 잣가루나 깨소금은 지저분하지 않도록 조금 뿌리는데, 때에 따라 잣가루나 깨소금을 넣지 않는 게 좋을 때도 있다.
** 여러 가지 전이나 쇠고기 편육, 튀김, 족편 등에 곁들이면 좋다.

초고추장

재료 및 분량

고추장 1컵
간장 2큰술
설탕 4큰술
참기름 1큰술
식초 2큰술
마늘즙
생강즙

만드는 방법

❶ 고추장에 간장, 설탕, 참기름을 넣고 설탕이 녹을 때까지 고루 섞는다.

❷ 설탕이 다 녹으면 식초를 섞어 초고추장을 만든다.

* 때에 따라서는 생강즙이나 마늘즙을 조금 넣기도 하고, 상업적으로 이용할 때는 내놓기 직전 사이다를 조금 넣기도 한다.
** 주로 파강회, 미나리강회, 두릅회, 생선회, 생굴회 등을 찍어 먹는다.

장조림간장

재료 및 분량

쇠고기장조림을 만들 때
나오는 간장
또는 국간장 1/3컵
　　진간장 1/3컵
　　육수 1/3컵

만드는 방법

분량의 재료를 모두 섞는다.

* 쇠고기장조림 간장은 구수한 감칠맛이 있어 나물을 무칠 때나 비빔밥 또는 밥을 비벼 먹을 때 이용하면 좋다.
** 이 간장 대신 국간장과 진간장, 육수를 같은 비율로 섞어서 써도 된다. 사용량은 국간장의 2배 분량이다.

양념간장

재료 및 분량

국간장 3큰술
다진 파 1큰술
다진 마늘 1/2큰술
다진 풋고추 1큰술
다진 붉은 고추 1큰술
참기름 1작은술
깨소금 1작은술
고춧가루 2큰술

만드는 방법

분량의 재료를 모두 섞는다.

* 국간장 대신 장조림간장으로 만들면 더 맛있는데, 이때 국간장의 2배 분량을 넣어 섞어 준다.
** 풋고추나 붉은 고추가 맵거나, 풋고추 대신에 청양고추를 다져서 섞을 때는 고춧가루를 넣지 않는다.
*** 죽이나 별미밥, 순두부의 양념으로 쓰거나 되비지찌개를 할 때 되직하게 양념장을 만들어 곁들일 때는 파, 마늘, 참기름을 2배 분량으로 넣는 것이 좋다.

맛간장

재료 및 분량

양조간장 5컵
설탕 500g
물 1/2컵
청주 1/2컵
조미술 1/2컵
사과 1/2개
레몬 1/2개

만드는 방법

❶ 양조간장, 설탕, 물 등을 주걱으로 2~3회 저은 뒤 센 불에 끓인다.

❷ 간장이 끓으면 사과, 레몬을 넣고 재빨리 불을 끈 후 뚜껑을 덮어 하룻밤 두었다가 사과, 레몬을 건져 내고 병에 담는다.

겨자장

재료 및 분량

겨자가루 2큰술
따뜻한 물 2큰술
간장 1큰술
설탕 1/2컵
식초 2큰술
소금 2작은술

만드는 방법

❶ 겨자가루를 따뜻한 물에 갠 다음, 알루미늄 그릇이나 스테인리스 그릇에 얇게 펴서 바른다.

❷ 60~70℃에서 1시간 이상 발효시킨다. 끓는 물이 담긴 냄비 뚜껑 위에 엎어놓으면 된다.

❸ 매운 냄새가 코를 찌를 정도로 발효되면 간장, 설탕, 식초, 소금을 넣고 잘 섞어서 갠다.

* 여러 가지 열매 채소를 무칠 때나, 냉채를 무칠 때에도 소스로 이용한다.
** 편육이나 족편, 구절판, 생선회 등을 찍어 먹어도 좋다.

새우젓장

재료 및 분량

새우젓 2큰술
다진 파 1작은술
식초 1작은술
고춧가루 1작은술

만드는 방법

새우젓국의 건지를 다져서 다시 젓국에 섞고, 다진 파, 식초, 고춧가루를 넣어 초젓국을 만든다.

* 새우젓국은 돼지고기 편육에 꼭 곁들이는 것이다. 새우젓국을 그대로 내기보다는 양념해서 곁들이는 것이 좋다.
** 그 밖의 순대, 돼지고기 요리를 찍어 먹기도 하며 밑반찬으로도 이용한다.

쌈장

재료 및 분량

다진 쇠고기 100g
된장 3큰술
고추장 1큰술
참기름 1큰술
다진 파 2큰술
다진 마늘 1큰술
설탕 1큰술
깨소금 1큰술

만드는 방법

다진 쇠고기를 참기름을 두른 냄비에 볶다가 된장, 고추장, 참기름, 다진 파, 다진 마늘 등을 분량대로 넣고 섞으며 잠깐 볶는다.

* 쌈장을 뚝배기에 담고 물을 조금 부어 숟가락으로 저어 가면서 끓여 먹어도 좋다.
** 풋고추나 오이, 당근, 브로콜리 등에 찍어 먹거나, 쌈에 얹어 먹는다.

한국 전통음식의 기본 양념

쇠고기를 양념할 때

간장, 파, 마늘, 깨소금, 후춧가루, 설탕, 참기름 등으로 양념한다. 국을 끓일 때는 설탕을 넣지 않는다. 포를 재는 양념장에는 깨소금을 넣지 않는다. 만두나 완자를 양념할 때는 수분이 적도록 간장 대신 소금으로 간을 맞춘다.

돼지고기를 양념할 때

간장, 새우젓국, 파, 마늘, 후춧가루, 생강즙, 깨소금, 참기름, 술 소주 등이고 제육, 편육으로 만들어 상에 낼 때는 겨자나 새우젓을 곁들여 낸다.

닭고기를 양념할 때

소금, 간장, 파 마늘, 깨소금, 후춧가루, 참기름 등으로 양념하고 영계백숙을 조리할 때는 소금과 후춧가루만 사용한다.

꿩(생치)고기를 양념할 때

소금, 파, 마늘, 후춧가루, 깨소금, 잣가루, 참기름, 설탕 등으로 양념한다. 꿩고기를 양념에 잴 때는 소금을 쓰는 것이 보통이지만 꿩고기로 포를 만들 때에는 검은 빛깔이 나도록 간장에 재어 포를 말린다.

생선을 양념할 때

간장, 파, 마늘, 깨소금, 후춧가루, 참기름, 설탕, 고춧가루, 고추장 등으로 양념한다. 생선으로 탕을 끓일 때는 설탕을 넣지 않는다.

나물을 양념에 무칠 때

간장, 파, 마늘, 깨소금, 후춧가루, 참기름 등으로 양념한다. 생채로 무칠 때는 설탕, 소금, 식초, 겨자를 넣는다.

----

2. 국물 만들기

쇠고기육수

재료 및 분량

쇠고기(사태, 양지머리) 1kg
대파(흰 부분) 1대
마늘 3쪽
통후추 10알
다시마 10cm
양파 1/2개
무 150g

만드는 방법

❶ 양지와 사태 중 하나를 선택하여 덩어리째 찬물에 담가 핏물을 제거하고 끓는 물에 데친다.

❷ 파는 흰 부분을 길게 썰어 준비한다.

❸ 모든 재료를 넣고 센 불에서 1시간 끓이다가 거품을 걷어 내고 약한 불에 20분 정도 더 끓인다.

❹ 1시간 20분 정도 끓여 국물이 우러나면 면포에 거른 후 식혀서 차게 두고, 기름기를 제거한 후 사용한다.

닭고기육수

재료 및 분량

닭뼈(살을 바른 것) 200g
　(닭고기 1마리 분량)
마늘 3쪽
파 2뿌리
통후추 10알
양파 1/2개
물 15컵
청주 4큰술

만드는 방법

❶ 닭은 찬물에 담가 냄새와 핏물을 제거하고 끓는 물에 한 번 튀긴다. 냄비에 모든 재료를 넣고 센 불에서 1시간 정도 끓이다가 끓어오르면 거품을 걷어 내고 약한 불에서 20분 정도 끓인다.

❷ 끓인 육수에 청주를 넣어 한소끔(10분 정도) 끓여 냄새가 날아가게 한다.

❸ 면포에 건더기를 거른 후 식혀서 냉장고에 넣었다가 위에 응고된 기름을 제거한 후 차게 보관하여 사용한다.

* 닭고기를 이용할 경우 1시간 정도 끓인 후 고기를 꺼내 뜯어 냉채로 이용해도 좋다.

멸치다시마국물

재료 및 분량

멸치 1컵
디포리 1컵(12마리)
물 10컵
청장 2큰술
청주 1/2큰술
설탕 1작은술
파 1뿌리
다시마(10cm) 3장
무 1토막
통마늘 10쪽

만드는 방법

❶ 멸치, 디포리의 내장을 제거하고 기름을 두르지 않은 팬에 살짝 볶아 수분과 냄새를 제거한다.

❷ 젖은 면포로 다시마의 하얀 가루를 닦아내고 가위집을 낸다.

❸ 냄비에 물을 붓고 다시마, 마늘, 무를 넣고 10분 정도 끓이다가 손질한 멸치, 디포리를 넣고 10분 정도 더 끓인다. 노랗게 물이 우러나면 가라앉혔다가 물을 쏟아 내어 쓴다.

* 1시간 이상 끓이지 않는다. 건더기는 버리고 물에 청장, 청주, 설탕을 넣어 이용한다.

다시마국물

재료 및 분량

다시마(사방 10cm) 2장
물 7컵

만드는 방법

❶ 젖은 면포로 다시마를 문질러 닦고 가위집을 낸다.

❷ 찬물에서 약한 불에 서서히 끓인다.

* 1시간 이상 끓이지 않는다. 달걀찜, 채소죽, 조림의 국물로 사용하면 음식의 맛을 향상시킬 수 있다.

채솟국국물

재료 및 분량

물 3L(15컵)	마른 고추 5g
무 1토막	청주 2큰술
양파 50g	통후추 1큰술
다시마 10g	마늘 5쪽
멸치 10g	당근 1/2개
파 뿌리 10g	양송이 7~8개

만드는 방법

모든 재료를 물에 넣고 약 20분간 끓인 후 면포에 거른다.

해물육수

재료 및 분량

멸치 1컵
명태 1토막(또는 머리 2개)
모시조개(또는 바지락) 적당량
홍합 1/2컵
문어 20cm
새우 1/2컵
마른 새우 1/3컵
표고 3개
파 2대
간장 1큰술
청주 2큰술

만드는 방법

❶ 모시조개는 소금물에 담가 해감한다.

❷ 물 6컵을 넣고 조개의 입이 다 벌어질 때까지 끓인 후 조개는 건지고 국물은 면포에 거른다.

❸ 물 1컵에 조개와 다시마를 제외한 모든 재료를 넣고 끓으면, 중불에서 15분 정도 더 끓인 후 불을 끄고 다시마를 넣는다.

❹ 5분 정도 두었다가 면포에 걸러 차게 식힌 후 먼저 끓은 ❷의 조갯국물에 섞어 냉동 보관한다.

한국 전통음식의 세계화를 위해서는 우리 음식의 우수성을 널리 알려야 한다. 조용한 아침의 나라로 알려진 한국은 한때 다른 나라의 속국이 되어 침략에 희생당하기도 했다. 서방 세계가 문호 개방과 종교 전파를 목적으로 우리 땅을 밟아 한국문화를 새롭고 신기하게 여겼던 때도 있었다.

세계가 좁아지고 있다. 교통의 발달과 풍부한 생산품으로 음식을 과잉 섭취하면서 현대인에게 여러 가지 질병이 생겨나고 있다. 과거 우리 조상들이 먹었던 음식은 주로 이 땅에서 자란 곡식과 여러 채소로 만든 것이었다. 국토의 삼면을 둘러싼 바다와 내륙의 강에서 채취한 물고기와 해조류 등을 식품으로 이용하였다. 소는 농사의 밑천이므로 쇠고기보다 돼지고기, 닭고기, 개고기 등을 귀하게 이용하였다. 우리 전통음식은 비용이 과다 소모되는 동물성 육류를 이용하기보다는 식물성 식품을 생산하거나 자연에서 얻는 풀과 나뭇잎 등을 주재료로 하였다.

한국의 전통음식은 다양한 영양소를 고루 갖춘 저열량 음식으로, 세월의 흐름에 따라 변화하는 입맛에 맞추어 더욱 맛있고 보기 좋게 발전되어 왔다. 국가 간 교류가 활발해지면서 식생활의 변화가 이루어지는 오늘날, 우리 문화 보급과 함께 우리 음식의 세계화도 추진해야 할 것이다.

따라서 우리가 알고 있는 세계 각국의 특성과, 문화에 합당한 한식의 새로운 면모를 연구·개발하고 전통을 이어가면서 메뉴의 결점을 보완해야 한다. 또한 상차림을 연구하여 예술성을 가미한 아름다운 한식 상차림을 만들어야 한다. 더불어 한국 전통음식의 세계화와 함께 농수산물산업과 식품산업을 육성하여 국제무역으로 인한 수익을 창출해야 한다.

세계 음식문화의 특징

사람들이 선호하는 식품과 음식은 시대에 따라 변한다. 대개 한 식품이 그 나라의 기호식품으로 자리 잡기 위해서는 평균 100년이라는 시간이 흘러야 한다. 세계화의 흐름 속에서 각 나라 또는 동양과 서양의 음식 교류로 인해 식문화에 퓨전fusion이 일어나고 있으므로 우리 전통음식문화를 알고, 이를 다른 국가에 소개하여 한국 전통 음식의 기능과 우수성을 알아보도록 한다.

구분	내용
한국	김치, 불고기, 잡채, 비빔밥
일본	스시, 사시미, 소바, 우메보시, 돈부리
중국	페킹덕(북경통오리구이), 동파육, 마파두부, 쟈오즈(교자), 중국차, 중국술
태국	톰양쿵(tomyumkung), 솜탐(somtam), 남(nalm), 카오팟(khao phat)
베트남	포(pho, 쌀국수), 차조(chagio), 고이쿠온(goi cuon), 라우제(laude)
필리핀	아도보(adobo), 아도봉푸싯(adobong pusit), 룸피아(lumpia)
말레이시아	나시다강(nasi dagang), 로띠니우르(roti nyiur), 꼬치(satl)
인도	카레(curry), 난(nan), 차파티(chapati), 풀라우(pulau), 도사(dosa)
터키	케밥(kebab), 아이란(aryran), 초르바(chorba)
프랑스	푸와그라(foire gras), 바게트(baguette), 에스카르고(escargo), 와인(wine), 뫼니에르(meniere)
이탈리아	스파게티(spaghetti), 피자(pizza), 와인(wine), 치즈(cheese), 리소토(risotto), 파스타(pasta)
스페인	파에야(paella), 가스파초(gazpacho), 추로스(churros), 도바솔(dovor sole)
영국	피시앤칩스(fish & chips), 로스트비프(roast beef), 요크셔푸딩(yorkshire-pudding)
독일	감자(potato), 맥주(beer), 소시지(sausage), 아이스바인(eisbein), 슈바인스학세(schweinehaxe), 사우어크라우트(souer Kraut)
스위스	퐁듀(fondue), 치즈(cheese)
러시아	빵과 죽, 시치(shchi), 카샤(kasha), 피로그(pirog), 비프스트로노가노프(byefstronoganov)
스칸디나비아	청어피클, 찬연어, 쇠고기완자, 크래아빵과 호밀빵
미국	핫도그(hotdog), 햄버거(hamburger), 켄터키치킨(kentucky chicken), 토마토케첩(tomato ketchup)
멕시코	타코(taco), 토르티야(torlilla), 테킬라(tequila), 코요타(koyota)
아르헨티나	아사도(asado), 마테차(mate), 푸체로(puchero)
브라질	카사바(cassava), 코코넛밀크(coconut milk), 페이조아다(feijoada), 슈하스코(churasco)

1、권역별 음식문화

동북아시아

동북아시아에 속한 국가로는 한국, 중국, 일본, 대만, 몽골, 홍콩, 마카오가 있다. 해당 국가들은 쌀을 주식으로 하며 채소나 해산물, 콩, 발효식품을 많이 사용한다. 중국은 넓은 국토의 영향으로 식재료가 매우 다양하다. 산, 들, 바다에서 나는 모든 생물을 식재료로 사용하여 지역마다 특색 있는 음식이 발달하였다. 또한 기름을 많이 사용하고 향신료와 조미료를 혼합하여 세계인의 입맛에 맞춘 응용을 잘한다. 일본음식은 콩을 자주 사용하고 섬나라이프로 수산물을 많이 활용한다. 대만음식은 중국음식에 속하며 기름에 익히는 조리 방법을 자주 쓰는 편이다. 몽골음식은 동북아시아의 음식 중에서 유독 다른 특징을 지닌다. 몽골은 양, 염소, 소, 말, 낙타 등의 가축을 중심으로 생활하기 때문에 유목의 산물인 양유와 고기를 주식으로 한다. 몽골에서는 차와 덩어리 양고기를 흔히 먹으며 돼지고기, 닭고기는 거의 먹지 않는다. 달걀 역시 흔하지 않다.

동남아시아

동남아시아에 속한 국가로는 동남부에 있는 태국, 베트남, 미얀마, 라오스, 캄보디아, 말레이시아, 싱가포르, 인도네시아, 필리핀 등이 있다. 동남아시아의 국가들은 대체로 쌀을 주식으로 하여 밥과 쌀국수를 즐겨 먹는다. 쌀국수는 찰기가 적은 멥쌀로 가루를 만들어 국수를 만든 것이다. 동남아시아 지역은 예부터 어업이 발달하여 해산물이 많아 건어물과 젓갈, 액젓이 풍부하다. 태국의 남플라와 베트남의 느억맘은 생선으로 만든 대표적인 피시소스_{액젓}이다. 코코넛밀크, 향신료, 향미채소를 많이 사용한다. 한 음식에 한 가지 향신료를 이용하는 것이 아니라 섞어서 카레 같은 음식을 만들기도 한다. 향신료와 매운맛이 나는 양념장도 발달하였다. 동남아시아에서 흔히 사용하는 향신료로는 마늘, 생강, 고추, 갈람가, 겨자, 고수씨, 계피, 정향, 후추, 겨자, 육두구 등이 있다. 향미 채소로는 고수풀, 바질, 민트_{박하}, 레몬그라스 등을 자주 쓴다.

서아시아

서아시아에 속한 국가로는 인도, 터키, 방글라데시 등이 있다. 이 지역은 아시아와 아프리카 북부 및 남부 유럽의 중간에 자리 잡고 있으며, 사회·종교의 영향으로 특유의 음식문화를 지니고 있다.

인도는 주식으로 쌀과 밀을 이용하고 향신료를 많이 먹는다. 국민의 82.6%가 힌두교도이고, 11.4%는 이슬람교도이다. 인도의 국토는 한반도의 15배에 달하며, 남북의 길이가 길어 기후의 차이가 심하다. 또한 카스트제도가 존재하여 인도의 발전을 저해하는 원인이 되고 있다. 인도에서는 최하층의 천민과 기독교도 등은 쇠고기를 먹고, 대부분의 힌두교도는 물소고기를 포함한 모든 쇠고기를 먹지 않는다. 이슬람교도의 경우에는 돼지고기를 먹지 않으므로 서로를 존중하여 고기를 꺼리는 채식주의자가 많다. 인도 국민의 30%는 엄격한 채식주의자이며 이슬람교도, 시크교도, 기독교도들은 채식주의자가 아니다. 인도인들은 곡물과 콩에서 단백질을 섭취하고 물소의 우유에서 얻은 버터기름 '기_{ghee}'를 요리에 많이 쓴다. 남부 인도에서는 코코넛밀크를 많이 이용한다. 인도 사람들은 닭고기와 양고기, 생선을 주로 먹는다.

터키는 국토의 97%가 아시아, 3%가 유럽에 속해 있고, 국민의 98%가 이슬람교도로 구성된 국가이다. 터키 연안은 기후가 온난하고, 대륙은 대륙성 기후를 나타낸다. 지중해 연안 지방은 지중해성 기후를 갖고 있다. 터키는 독특한 지형으로 변화무쌍한 기후를 지니고 있다. 터키는 유럽과 아시아를 관통하는 동서양 문화의 십자로에 위치하여 독특한 음식문화가 발달하였다. 터키의 양고기 요리는 프랑스요리, 중국요리에 이어 세계적인 진미로 꼽힌다. 터키 사람들은 양고기를 기본으로 하여 독특한 맛과 분위기의 음식을 만들었다. 술과 돼지고기를 먹는 것은 법으로 금지되어 있다. 쇠고기를 먹기는 하지만 대개 양고기를 즐겨 먹기에 양고기가 쇠고기보다 비싸다. 주로 매운 음식이 많으며 향신료를 많이 사용한다. 일반적으로 쌀과 밀가루, 토마토, 호박, 고추, 양파 같은 채소를 먹는다. 채소에는 버터나 올리브기름을 많이 이용한다. 생선요리도 발달하였다. 터키의 다양한 음식 중에서 시시케밥_{shisi kebab}과 바클라바_{baklava}는 세계인이 즐겨 찾는 음식이다.

중앙아시아

중앙아시아에는 이슬람교를 신봉하는 이라크, 쿠웨이트, 파키스탄 등의 아랍문화권 국가가 분포되어 있다.

터키의 유명한 음식

시시케밥

바클라바

이들 국가에서는 이슬람법에 의하여 돼지고기를 먹는 것을 금지한다. 이들에게는 양고기가 가장 중요한 육류이며, 생선과 닭고기가 단백질원으로 이용된다. 주식으로는 밀로 만든 빵, 쌀이 있으며 필라우 형태의 요리를 먹는다. 콩류로는 렌즈콩, 이집트콩, 잡두콩 등을 많이 이용하고 마늘, 참깨, 올리브기름, 견과류의 식재료가 풍부하다. 맵고 자극적인 향신료를 많이 이용하며 커민, 생강, 정향, 계피, 고수, 육두구, 고추 등을 많이 쓴다. 조리 방법은 굽는 방법, 오래 끓이는 조리법 등이 발달되어 있다.

유럽

유럽 대륙은 북쪽의 북극해, 서쪽의 대서양, 남쪽의 지중해에 둘러싸여 있다. 동쪽은 우랄산맥, 카스리해, 카프카스산맥, 흑해, 포스포루스해협을 경계로 하여 아시아 대륙과 접해 있다. 유럽의 식생활은 유형에 따라 프랑스를 포함한 이탈리아·스페인·포르투갈 등의 남부 유럽과, 영국·독일을 포함한 서부 유럽, 스칸디나비아반도에 있는 여러 국가와 러시아를 포함한 동북부 유럽으로 나눌 수 있다.

남부 유럽 남부 유럽은 유럽의 남부, 즉 지중해 북쪽에 있는 지역과 유럽 대륙에서 지중해에 도출한 이베리아 반도, 이탈리아, 발칸반도 안에 있는 나라로 구성되어 있다. 남부 유럽은 지형적으로 알프스산을 비롯한 험준한 산지와 해안으로 이루어져 있고, 평지가 적은 편이다. 남부 유럽은 일찍부터 문화가 발달하여 그리스·로마시대와 스페인, 포르투갈의 전성기에 문화·정치·경제면에서 세계를 지배한 나라가 많이 있다. 여러 음식문화 중에서도 손꼽히는 문화가 발달되어 있는 이탈리아·프랑스음식은 세계인의 식생활에 크게 영향을 미쳤다. 창의력이 뛰어난 이탈리아음식은 프랑스음식에 영향을 주어 세계적인 명성을 얻게 하였고 주로 파스타와 소스, 다양한 해산물 요리 등이 발달하였다.

남부 유럽은 밀을 주식으로 하는 파스타 종류와 빵 지역에 따라 쌀을 주식으로 하는 음식, 토마토와 마늘·올리브기름을 이용한 소스가 발달하였다. 또한 농업·수산업·목축업이 모두 발달하여 다양한 채소와 과일뿐만 아니라, 생선과 양·돼지고기를 이용한 음식이 발달되었다. 또한 포도를 많이 재배하여 와인를 많이 마시며, 낙농업의 발달로 다양한 치즈가 식탁을 풍요롭게 만든다. 남부 유럽에서는 채소와 고기에 허브와 향신료를 많이 사용하여 다양한 향미를 즐긴다.

서부 유럽 지리적으로 프랑스·독일·영국이 소속되어 있으나, 음식문화 면에서 볼 때 프랑스를 남부 유럽에 포함할 수 있다. 대신 서부 유럽에 독일과 영국을 포함할 수 있다. 독일은 유럽 대륙의 중심부에 위치하고, 프랑스보다 추운 나라이다. 대개 게르만족이며, 종교는 개신교와 천주교, 기타 종교가 각각 1/3 정도를 차지하고 있다. 서부 유럽의 식문화는 중세 후기부터 이탈리아의 식문화를 모방하기 시작하여, 18세기 무렵 자기만의 식문화를 형성하였다. 주식은 감자와 소

테이블클로스

테이블 세팅을 할 때는 우선 그릇을 놓는 소리나 수저 혹은 나이프를 놓을 때 소리가 나지 않게 하는 언더클로스under cloth, silence cloth를 깐다. 언더클로스는 천으로 되어 있는데, 최근에는 얇은 스펀지가 붙어 있는 합성 재질로 만들어져 편리하게 쓸 수 있는 것도 나왔다. 테이블 세팅을 할 때는 먼저 언더클로스를 테이블 위에 깔고, 위에 테이블클로스tablecloth, 상보를 알맞게 깐다.

격식을 차린 상차림의 경우에는 흰 바탕에 무늬가 있는 리넨linen을 쓰기도 한다. 냅킨은 대개 테이블클로스와 같이 흰색의 천으로 준비한다. 일반 가정용은 옆에 늘어지는 천이 20~30cm 정도이고, 정찬용은 30~40cm이다.

때에 따라 테이블클로스 위에 다른 색의 천이나 같은 색의 천을 사각형으로 어긋나게 놓는 경우도 있다. 또한 위에 러너runner를 깔아 테이블클로스를 돋보이게 하기도 한다. 이는 대개 분위기를 더하려는 의도인데 러너의 경우 정찬보다는 친구나 가까운 사람들과의 식사 시, 차를 마실 때에 더 많이 사용한다.

러너는 테이블 중앙 혹은 긴 쪽의 횡장으로 깐다. 러너의 너비는 대개 30~40cm이고 길이는 테이블을 덮을 수 있을 정도의 120~250cm가 일반적이다. 두

테이블클로스

사각형으로 어긋나게 깐 테이블클로스

러너

브릿지러너

수저와 나이프, 포크를 놓은 한식 상차림

수저만 놓은 한식 상차림

줄로 된 브릿지러너bridge runner를 테이블 가장자리에 깔기도 한다.

냅킨

냅킨napkin은 대개 식탁보와 같은 천으로 만들며, 크기는 60×75cm의 직사각형이다. 사방이 60cm가 되는 정사각형 냅킨이 국제적 표준에 맞는 크기이다. 상업적인 식당이나 호텔에서는 45~60cm 정사각형 냅킨을 많이 쓴다. 티파티를 할 때는 조금 작은 30~35cm의 정사각형 천이나 종이를 사용하며, 테이블 파티의 냅킨은 20~25cm의 작은 정사각형 종이를 이용한다. 냅킨은 손이나 입을 닦는 기능적인 면과 함께 장식적인 기능을 가지고 있고, 접는 방법이 매우 다양하다. 냅킨은 꼬깃꼬깃하거나 복잡하게 접기보다는 간단한 방법으로 깔끔하게 접는 것이 가장 좋다.

매트

일반적으로 가정에서는 테이블클로스 대신 개인 매트mat를 사용한다. 매트는 캐주얼한 저녁 모임에 쓰는 것이 일반적이다. 서양식 정찬에서는 개인의 디너플레이트dinner plate 자리에 서비스플레이트service plate를 놓으며, 개인 매트는 사용하지 않는다.

센터피스, 장식품

센터피스center piece & figurement는 식탁에 올리는 꽃을 의미한다. 이것은 상 중앙에 꽃꽂이하여 놓거나 작은 다발로 나누어 몇 군데에 놓는다. 센터피스는 너무 높게 꽂거나 얼굴을 가리는 곳에 두지 않는다. 또한 향기가 짙은 꽃은 센터피스로 적합하지 않다.

대표적인 장식물로는 촛대candle stand가 있다. 촛대는

센터피스를 놓은 식탁

식탁의 두 곳 정도에 놓아 침착한 분위기를 조성한다. 소금통, 후추통, 자그마한 기기, 네임카드 등도 장식품으로 이용한다.

4、장을 이용한 소스 개발

소스sauce란 서양음식의 맛과 색깔, 농도, 향미를 더 좋게 하도록 넣어 먹는 액체나 반유동 상태의 조미료이다. 한국의 전통음식에서 소스에 대응할 만한 것으로는 발효 조미료인 된장, 간장, 고추장, 액젓, 젓갈, 식초 등이 있다. 이러한 장에 잣즙과 깨즙, 과일청 등을 혼합하면 우리나라의 전통과 영양, 맛을 살릴 수 있는 소스가 완성된다.

오늘날에는 오리엔탈드레싱oriental dressing이라고 하여 한국인의 입맛에 맞는 소스를 기본 양념장과 함께 판매하고 있다. 한국 전통음식의 세계화를 위해 세계인의 입맛에 맞는 한국식 소스를 더 많이 개발해야 할 것이다.

한식 만찬에 어울리는 음료와 술

훌륭한 식사에는 그에 맞는 음료와 술이 함께한다. 모든 사람이 모이기 전 한두 사람이 만나 인사와 이야기를 나눌 때를 대비하여 주스오렌지주스, 그레이프프루트주스, 포도주스 등와 소프트드링크콜라, 진저에일, 콜린스, 토닉워터, 소다수 등, 술을 미리 준비하는 것이 좋다. 술은 성분에 따라 발효주·증류주·혼성주로 나누어지고, 쓰임에 따라 식전주·식사 중의 술·식후주로 구분할 수 있다.

1、식전주

식전주aperitif는 식사 전, 식탁에 앉기 전에 가벼운 인사와 이야기를 나누면서 식욕을 돋우기 위해 가볍게 한두 잔 정도 마시는 술이다. 영어로는 애피타이저 와인appetizer wine, 프랑스어로는 아페리티프aperitif라고 한다. 식전주는 식탁에 앉아서 처음 먹는 오르되브르hor d'oeuvre와는 다르다.

손님에 따라서는 식전주로 맥주를 청하거나 토마토주스, 칵테일 등을 요구하기도 한다. 또한 달지 않고 드라이한 맛의 샴페인champagne, 스파클링와인sparkling wine, 셰리와인sherry wine 등을 마시기도 한다. 여러 종류의 칵테일 중에서 대표적인 식전주로는 키르kir가 있다.

드라이한 화이트와인을 기본으로 한 과일 리큐어인 크렘 드 카시스creme de cassis도 있다. 이것은 까막까치밥나무 열매를 10~20% 정도 넣어 파쇄한 후 증류주에 담가 숙성시켜 여과한 것이다. 이러한 크렘 드 카시스에 얼음을 조금 넣고 레몬즙을 떨어트려 화이트와인 대신 샴페인을 넣고 흔들면 연붉은색의 혼성주가 완성된다.

크렘 드 카시스보다 더 고급으로 여겨지는 칵테일인 키르 로열kir royal도 흔히 마신다. 진토닉gin tonic은 식전주로 자주 마신다. 여성의 경우 핑크레이디, 맨해튼

성분에 따른 술의 구분
발효주 곡류나 과실을 발효시켜 알코올 성분이 있도록 만든 술레드와인, 화이트와인, 청주, 맥주, 막걸리 등
증류주 알코올 성분이 진하게 함유된 발효주를 증류하여 얻은 술소주, 고량주, 위스키, 보드카, 브랜디, 진 등
혼성주 양조주나 증류주에 여러 가지 향료, 과일 등을 섞어 만든 술그린민트, 카카오 크랭프로 큐라소, 마티니, 맨해튼, 블러디메리, 민트프라페 등

등을 마시고 남자들은 마티니, 진토닉, 위스키샤워, 럼코오크 등도 흔히 마신다. 만약 식전주를 전통주로 결정했다면 막걸리칵테일이나, 알코올 도수가 낮고 상쾌한 맛의 술을 선택하는 것이 좋다.

2 ᐟ 식사 중의 술

만찬이나 식사를 할 때는 메뉴에 따라 어울리는 술과 와인을 제공한다. 와인은 잘 익은 포도의 당분을 발효시켜 만든 알코올음료로 색에 따라 레드와인red wine, 화이트와인white wine, 로제와인rose wine으로 구분한다. 일반적으로 붉은 육류에는 레드와인이, 생선에는 화이트와인이 어울린다고 알려졌지만 양념맛이 강한 음식이나, 부재료의 양이 많고 적음에 따라 곁들이는 와인의 종류가 다르다.

한식을 서양음식과 같이 시간에 따라 차례차례 낼 때, 전채가 생선이나 패류일 때는 화이트와인을 낸다. 불고기, 너비아니, 갈비구이가 주요리일 때는 레드와인을, 후식으로 와인을 낼 때는 달콤한 화이트와인을 내면 무난하다. 구절판이나 밀쌈 등 술안주에 곁들이거나 애피타이저로 낼 때는 화이트와인도 괜찮다. 닭고기나 돼지고기의 붉은색의 살을 요리할 때나, 양념을 많이 넣은 강한 맛의 요리에는 레드와인이 좋고, 양념을 적게 사용할 경우에는 화이트와인이 좋다. 생선회나 담백한 생선구이에는 화이트와인이나 분홍색

석류를 이용한 음료

의 로제와인을 곁들인다. 민물장어구이는 생선요리이긴 하지만 맛이 진하기 때문에 레드와인과 어울린다. 해산물튀김이나 해물파전 및 전유어, 비빔밥은 단맛이 없는 드라이화이트와인과 어울린다.

3 ᐟ 식후주

식후주Pigesitif는 식사 후 응접실에 편하게 앉아 소화를 촉진하기 위해 마시는 술이다. 주로 코냑, 브랜디, 위스키, 진 등을 마신다. 상황에 따라서는 만찬에서 커피를 마신 뒤 적은 양의 술이나 페퍼민트, 코앵트로 같은 리큐어를 마시기도 한다. 식사 후 식탁에 앉아 커피를 마시고 나서 식후주를 생략하기도 한다.

2부

한국의 전통음식과
세계화의 실제

현미밥

현미밥은 일반적인 흰쌀밥에 비해 영양이 풍부하고 섬유소가 많아 건강에 매우 좋다.
현미로 밥을 할 때는 압력솥에 해야 밥맛이 좋다.

재료 및 분량

현미	2컵
쌀	1컵
물	3컵
(일반 솥에 할 경우 1/2컵 더 넣음)	

만드는 방법

재료 손질하기

1 현미를 씻어 물에 담가 30분에서 1시간 정도 수분이 충분히 흡수되도록 불린다.

2 불린 현미와 쌀을 섞어 30분 불린다.

밥 안치기

3 불린 쌀은 건져 현미와 섞어 압력솥에 담고 물 3컵을 부어 밥을 짓는다.

* 녹두, 보리, 콩을 함께 넣어 밥을 지으면 별미이다.

차조밥

솥에서 차조밥을 지을 때는 쌀을 먼저 끓이고 물이 줄어들면 밥 위에 차조를 얹어 끓이면서 뜸을 들인다.

재료 및 분량

쌀	3컵
차조	1/2컵
물	4컵

만드는 방법

재료 손질하기

1 쌀과 차조를 각각 깨끗이 씻어서 인다.

끓이기

2 쌀에 물을 붓고 한소끔 끓으면 일어 놓은 차조를 얹어 밥을 짓는다.

3 밥이 뜸이 들은 후 쌀과 차조가 잘 섞이도록 섞어서 푼다.

 **밥류**

밤밥

추석이 지나면 시중에 햇밤이 많이 나온다. 이때 흰밥에 밤을 듬성듬성 섞어
밤밥을 지으면 식탁이 풍성해진다.

주식 — 부식 — 후식

재료 및 분량

재료	분량
쌀	4컵
밥	2컵
소금	2작은술
물	4컵

만드는 방법

재료 손질하기

1 밤은 속껍질까지 벗겨 씻은 후 먹기 좋게 2~4등분한다.

2 쌀은 씻어 2시간 동안 불린다.

밥 안치기 / 담기

3 쌀을 밥 냄비나 솥에 넣고, 소금을 물에 녹여 간을 맞춘다. 밥물을 넣고 쌀 위에 밤을 올리고 뚜껑을 덮어 밥을 짓는다.

4 밥이 다 되면 밤이 고루 섞이도록 주걱으로 살살 뒤적여 그릇에 담아낸다.

 밥류

밤대추밥

밤대추밥은 밤과 씨를 제거한 대추를 섞어 지은 것이다. 이 밥은 냄새와 맛, 영양 면에서 훌륭하다.

재료 및 분량

재료	분량
쌀	2컵
감자	2개
밤	10개
대추	10개
물	2컵
소금	1/2큰술

만드는 방법

재료 손질하기

1 쌀은 씻어서 충분히 불렸다 건진다.

2 감자는 껍질을 벗겨 1cm 입방으로 깍둑썰기하여 물에 담가 전분기를 빼고 건져 놓는다.

3 밤을 속껍질까지 벗겨 물에 담갔다가 건진다.

4 대추에서 씨를 빼고 3~4쪽으로 자른다.

끓이기 / 담기

5 불린 쌀과 감자, 밤, 대추를 섞어 솥에 넣고 소금을 넣은 밥물을 부어 끓인다.

6 밥이 다 되면 잘 섞어서 그릇에 담아낸다.

오곡밥

오곡밥이란 다섯 가지 곡식으로 짓는 밥이다. 음력 정월 보름에 밥을 짓는데, 말려 두었던 아홉 가지 묵은 나물을 무쳐 이웃과 나누어 먹는 풍습이 있었다. 오곡은 쌀, 보리, 조, 콩, 기장, 팥, 수수 등 곡식 중에서 다섯 가지를 택한 것이다.

오곡밥은 차진 곡물이 많이 들어가므로, 밥물을 보통 때보다 적게 잡아야 한다. 솥을 이용하기도 하지만, 많은 양을 지을 때는 시루에 베보자기를 깔고 곡물을 나누어 담거나 두루 섞어 담아 찐다. 찌는 도중 소금물을 서너 차례 고루 뿌린다.

재료 및 분량

팥(붉은팥)	1/2컵	찹쌀	1컵
밤콩(검정콩)	1/2컵	멥쌀	2컵
콩류	1/2컵	소금	1큰술
차수수	1/2컵	물	약 3컵
차조	1/2컵	팥 삶은 물	2컵

만드는 방법

재료 손질하기

1 찹쌀과 멥쌀을 밥 짓기 30분 전에 씻어 물에 불렸다가 건진다.

2 팥을 씻어 물이 잠길 정도로 부어 끓어오르면 첫물을 가만히 따라 버리고 다시 3컵 정도의 물을 부어 팥알이 뭉개지지 않도록 삶아 채에 쏟는다. 팥물은 밥할 때 넣을 수 있도록 따로 받아 둔다.

3 콩은 물에 불리고 수수는 여러 번 씻어 물에 불렸다가 건진다.

끓이기

4 쌀과 찹쌀, 삶은 팥과 불린 콩, 수수를 솥이나 냄비에 앉혀 고루 섞는다. 시루나 찜통에 넣을 때는 높이가 고르게 되도록 옆으로 담고, 팥 삶은 물과 맹물을 합하여 적당량 계량한 물에 소금을 조금 풀고 잘 저어 밥물을 부은 다음 끓인다.

5 밥이 끓어오르면 위에 차조를 얹고 중불로 조절한다. 시루에 찔 때는 차조도 옆에 담아 처음부터 같이 찐다.

6 쌀알이 익어 퍼지면 불을 약하게 줄여 뜸을 들인 후 아래위로 섞어 밥그릇에 푼다.

* 시루에 찔 때는 모든 곡류가 고루 익었나 살펴본 후, 한 김 나간 후 그릇에 담는다.

약선tip
오곡밥을 지을 때 연자육을 함께 넣으면 기력을 보강하는 데 도움이 된다.

팥찰밥

찰밥은 팥 외에 밤이나 대추를 섞어 짓기도 한다. 찰곡식으로 밥을 지을 때는 소금을 넣고 간을 잘 맞추어야 한다.
팥찰밥은 일반적인 밥 짓기와 같이 솥을 이용하기도 한다. 가장 좋은 방법은 찜통 또는 시루에 베보자기나
무명보를 깔고 찌는 것이다.

재료 및 분량

찹쌀	3컵
붉은팥	1/2컵
물(팥 삶는 물과 합해서 전체)	3½컵
소금	1큰술

만드는 방법

재료 손질하기

1 찹쌀은 밥물 끓이기 전 1시간쯤 깨끗이 씻어 물에 불렸다가 소쿠리에 건져 물기를 뺀다.

2 팥을 씻어서 잠길 정도의 물을 넣고 끓여 충분히 불면, 물의 양을 고려하여 타지 않도록 충분한 물에 끓여 팥알은 건지고 팥물은 따로 받아 둔다.

밥 안치기

3 찹쌀과 삶은 팥을 섞어 밥솥에 넣고 팥 삶은 물과 물을 합쳐 3컵 반이 넘지 않도록 계량한다. 소금을 풀어 녹이고 솥에 부어 끓인다.

4 한 번 끓어오르면 중불로 줄이고 쌀알이 터지면 불을 줄여 약하게 한 후 뜸을 들인다.

* 불은 찹쌀을 찜통에서 수증기를 이용하여 찌는 경우에는 2~3회 물을 뿌려야 충분히 호화가 된다.

김치밥

김치밥은 예부터 평안도 지방에서 즐겨 먹는 향토음식이다.
겨울철 배추김치가 남을 때 어디에서나 만들어 먹을 수 있는 음식이다.
대개 돼지고기를 사용하지만 쇠고기, 닭고기 등을 이용하기도 한다.

재료 및 분량

쌀	3컵	다진 생강	1½큰술
돼지고기	100g	참기름	1큰술
(목살 또는 삼겹살)		후춧가루	조금
배추김치	1/2포기(400g)		
참기름	1큰술	**양념장**	
물	3~3⅓컵	간장	4큰술
		다진 파	1큰술
돼지고기 양념		다진 마늘	1큰술
간장	1큰술	참기름	2큰술
다진 파	3큰술	깨소금	2큰술
다진 마늘	1큰술	고춧가루	2큰술

만드는 방법

재료 손질하기

1 쌀은 밥 짓기 약 30분 전에 씻어 물에 담갔다가 건져서 물기를 뺀다.

2 배추김치의 속이 많으면 털어내고 잘게 썰어 김치 국물을 짜 놓는다.

3 돼지고기는 썰어놓은 김치와 같은 크기로 썬 후, 고기양념을 고루 무쳐 양념한다.

밥 안치기

4 냄비나 솥에 참기름을 두르고 돼지고기를 볶다가 썰어 놓은 김치를 넣고 다시 한 번 충분히 볶는다.

5 볶은 고기와 김치를 절반 정도 덜어내고, 씻어 놓은 쌀을 반 정도 부어 고루 볶는다. 그 위에 볶은 고기와 김치를 얹어 편편히 하고, 남은 쌀을 부어 고르게 얹은 다음 물을 부어 밥을 짓는다.

6 밥이 끓어오르면 중불로 줄인다. 뜸을 들일 때는 불을 약하게 하고 고루 섞어 그릇에 담는다. 김치가 많이 들어가면 물의 양이 조금 줄어야 밥이 질어지지 않는다.

담기

7 양념장의 재료를 모두 합해 종지에 담아 곁들여 낸다. 다진 파 대신 깨끗이 씻은 달래를 다듬고 잘게 썰어 양념장을 만들 수도 있다.

* 김치밥에 콩나물을 더 넣으면 김치콩나물밥이 된다.

밥류

비빔밥

비빔밥은 밥과 여러 가지 나물, 양념한 고기를 익혀 보기 좋게 대접에 담아 간장 양념이나 고추장(약고추장)에 비벼 먹는 것이다.
옛날에는 날것이 아닌 익힌 재료만을 사용했지만, 세월이 지나 비빔밥 위에 육회를 올리게 되었다.

재료 및 분량

쌀	2컵
쇠고기	150g
고비	70g
도라지	100g
콩나물	150g
호박	1/2개
당근	150g
석이버섯	5g
표고버섯	6장
달걀	2개
튀각	15g

쇠고기 양념

간장	1큰술
설탕	1/2큰술
다진 파	1/2큰술
다진 마늘	1작은술
참기름	1작은술
깨소금	적당량
후춧가루	적당량
약고추장	적당량
(또는 양념간장)	

약선tip

약고추장(양념고추장)을 묽게 하기 위해서는 육수를 사용하거나 사과, 배 등 과일을 갈아서 사용하면 감칠맛이 생기며 매운맛이 줄어들어 어린이도 함께 먹을 수 있다.

만드는 방법

재료 손질하기

1 밥을 고슬고슬하게 짓는다.

2 고비를 4cm 정도로 자른다.

3 도라지를 소금물에 넣고 잘 주무른 다음 가늘게 찢어 4cm 길이로 자른다.

4 콩나물의 머리와 꼬리를 제거 후, 소금으로 간하여 찐다.

5 쇠고기는 곱게 다져 양념한 후 기름에 볶는다.

6 호박(호박이 없을 때는 오이, 미나리, 시금치 등을 대용)은 눈썹나물로 썰어 소금으로만 간하여 볶고, 당근은 채 썰어 볶아 준비한다.

7 표고버섯과 석이버섯을 따뜻한 물에 불려 채를 친 후 기름에 살짝 볶는다.

8 달걀을 황백으로 나눠 지단을 부쳐 채를 썬다.

9 다시마를 기름에 튀겨서 대충 부수어 놓는다.

담기

10 큰 그릇에 따뜻한 밥을 담고 다시마와 쇠고기 익힌 것, 참기름을 넣어 비빈다.

11 대접에 적당량의 밥을 담고 위에 고명으로 호박, 당근, 표고, 석이, 황백지단을 돌려 담는다.

12 약고추장 또는 양념장을 곁들여 놓아 비벼 먹을 때 섞을 수 있게 한다.

* 비빔밥에 곁들이는 국(탕)으로는 맑은콩나물국, 쇠고기무맑은탕이 있고 조갯살을 넣어 끓인 두부탕도 잘 어울린다.

밥류

닭온반

닭온반은 함경도 지방의 향토음식이다. 밥 위에 닭고기와 콩나물무침을 얹고 따뜻한 국물을 곁들여 먹는다.

재료 및 분량

닭	1/2마리
콩나물	300g
쌀	1½컵

닭고기 양념

소금	1작은술
참기름	1큰술
파	2큰술
고춧가루	2큰술
마늘	2큰술
깨소금	1큰술

콩나물 양념

묽은 장	2작은술
다진 파	1큰술
다진 마늘	1큰술
깨소금	1큰술
참기름	1큰술

만드는 방법

재료 손질하기

1 쌀은 씻어 같은 양의 물을 붓고 20분 정도 불렸다가 불을 켜고 밥을 짓는다.

2 손질해 놓은 닭은 통째로 씻어 물을 10컵 정도 넣고 1시간 삶아 고기만 건져 뜯는다. 고기는 가늘게 찢어 매운맛이 나도록 양념한다.

3 씻은 콩나물에 적은 양의 물을 넣고 숨이 죽도록 살짝 익혀서 양념한다. 국물이 생기면 닭국물과 섞어도 좋다.

담기

4 뜨거운 밥을 넓은 대접에 담고, 무친 닭고기와 콩나물을 모양내어 담는다.

5 닭국물을 후춧가루와 다진 마늘, 소금으로 간하여 탕 그릇에 떠 놓고 밥을 비빌 때 조금씩 넣을 수 있게 한다.

약선tip
닭고기와 함께 참당귀를 넣어 끓이면 혈액순환을 원활하게 하는 데 도움이 된다.

밥류

생굴밥(채소생굴밥)

겨울철 무를 굵직하게 썰어 굴과 함께 밥을 지으면, 담백하면서도 달콤한 무맛과 굴향이 어우러진 밥이 탄생한다.
이때 무뿐만 아니라 여러 가지 채소를 같이 넣어 밥을 지을 수도 있다. 무 하나만을 넣는 경우에는 3cm 정도로 썬다.

재료 및 분량

쌀	3컵
굴	300g
양배추	100g
감자	200g
무	100g
당근	100g
양파	1/2개
물	1/2컵
소금	조금

양념장

진간장	1큰술
청장	1작은술
다진 파	1큰술
다진 마늘	1/2큰술
참기름	1작은술
깨소금	2작은술
고춧가루	조금

달래간장 양념

달래	1묶음
진간장	2큰술
조선간장	2큰술
고춧가루	2작은술
깨소금	1큰술
들기름	2작은술
감식초	1큰술

만드는 방법

재료 손질하기

1 쌀은 씻어 불려 건져 놓고, 굴은 묽은 소금물에 씻어 껍데기를 골라내고 물기를 뺀다.

2 양배추를 한 잎씩 떼어 두꺼운 줄기 부분을 저민 후 1cm 정사각형꼴로 썬다.

3 감자는 껍질을 벗겨 1cm 입방꼴로 썬다.

4 당근은 조금 작은 크기로 썰고 양파는 분리해 놓는다. 무는 감자와 같은 크기로 썬다.

밥 안치기

5 팬에 기름을 두르고 준비한 여러 가지 채소에 소금 간을 하여 살짝 볶는다.

6 불린 쌀을 솥에 넣고 끓기 시작하면 볶은 채소를 밥에 얹고 뚜껑을 덮어 중간불로 조절한다. 전기밥솥을 이용하여 밥을 할 경우에는, 쌀을 먼저 얹고 볶은 채소를 섞어 쌀 위에 편편히 담고 보통 때보다 적은 양의 물을 붓고 짓는다.

7 밥물이 줄면 생굴을 넣어 뜸 들인 후 주걱으로 살살 섞는다. 전기밥솥의 경우 밥이 보온으로 넘어가자마자 생굴을 얹어 뜸을 들이면 모든 재료가 적당히 익는다.

담기

8 밥을 그릇에 살살 퍼서 양념장을 곁들여 낸다.

* 이른 봄에는 달래간장 양념에 굴밥을 비벼 먹으면 좋다.

 **열무밥**

여름철 열무가 많이 날 때 데친 열무를 썰어 밥을 지으면 다른 반찬 없이도 밥을 맛있게 먹을 수 있다.

재료 및 분량

쌀	3컵
열무 데친 것	300g
쇠고기 혹은	150g
제육(채 썬 것)	
물	3컵

쇠고기 양념

간장	1/2큰술
후춧가루	조금
마늘	조금
참기름	조금

양념장

간장	3큰술
마늘	1큰술
쪽파	5뿌리
참기름	1큰술
깨소금	1큰술
붉은 고추	2개

만드는 방법

재료 손질하기

1 열무의 잎을 다듬어 끝을 조금 잘라 떼어내고 끓는 소금물에 데쳐 찬물에 헹군 후, 물기가 없도록 짠 후 5cm 길이로 썬다.

2 고기는 채를 썰어 양념간장에 버무려 잰다.

밥 안치기

3 냄비나 솥 바닥에 고기와 열무를 켜켜이 깔고 씻은 쌀을 넣어 물을 붓고 밥을 짓는다.

담기

4 밥이 다 되면 고루 섞어 그릇에 담고 양념장과 곁들여 낸다.

약선tip

열무 대신 당귀잎을 데쳐서 찬물에 헹구고 큼직큼직하게 썰어 쌀 위에 얹어 당귀잎밥을 지으면 향이 새롭고 몸에 좋다.

 음식 이야기

열무는 연한 줄기를 지닌 값싼 채소로 주로 열무물김치와 열무김치를 만드는 데 이용된다. 열무는 밭에서 잘 자라며 섬유소를 섭취하기 좋으며 비타민, 무기질이 풍부하여 여름철 입맛을 돋우는 재료이다. 열무로 밥을 지어 양념장에 비벼 먹거나 보리밥에 넣어 비빔밥을 즐길 수 있다. 열무는 짜게 절이지 않으며 기본 김치 양념과 풀물을 멀겋게 풀고 소금 간을 약하게 해서 심심한 물김치로 먹기도 한다.

밥류 장국밥

장국밥은 옛날 서울에서 쉽게 사 먹을 수 있었던 탕반 음식이다. 쇠고기 양지머리·사태· 업진육 등 질긴 부위를 오랫동안 푹 끓여서 무를 넣고 끓인 고깃국으로, 국에 밥을 말아 먹는다.

재료 및 분량

양지머리	300g
무	200g
물	15컵
고사리	100g
도라지	100g
콩나물	100g

고기양념

청장	1큰술
소금	1큰술
다진 파	2큰술
다진 마늘	1큰술
후춧가루	조금

나물양념

소금	1큰술
다진 파	3큰술
다진 마늘	1½큰술
참기름	1½큰술
깨소금	1½큰술
청장	2큰술
간장	1큰술
후춧가루	조금
고춧가루	조금
청장	조금
파(썰어둔 것)	1/2컵

만드는 방법

재료 손질하기

1 밥은 미리 지어 놓는다.

2 끓는 물에 무와 양지머리를 통째로 넣어 익힌다.

3 고사리는 다듬고 손질하여 3cm 정도로 썰어 둔다.

4 도라지는 소금을 넣고 주물러서 한 번 씻은 다음 쓴 물을 빼고 잘게 찢거나 썰어 기름에 볶아 양념한다.

5 콩나물은 뿌리를 다듬어 삶고 청장과 양념으로 간을 맞추어 놓는다.

* 당면을 넣을 경우, 미지근한 물에 불린 후 적당한 길이로 썰어 따로 끓여 준비한다.

고기 양념하기

6 무르게 익은 무를 먼저 꺼내 나박썰기로 조금 두툼하게 썰고, 양지머리는 더 무르도록 고아서 꺼낸 후 얇게 썰어 고기양념으로 간을 한다.

7 나박썰기한 무와 양념한 양지머리를 한데 섞어 청장으로 간을 한 후 한데 넣고 한소끔 끓인다.

담기

8 큰 대접이나 뚝배기에 더운 밥과 부드러운 당면을 조금 담고 **7**을 부은 후, 만들어 놓은 3가지 나물을 고루 얹는다.

* 먹는 사람의 기호에 따라 파, 깨소금, 고춧가루 등을 넣는다.

콩나물밥

밥류

콩나물을 씻어 쌀과 함께 밥을 지어 양념장에 비벼 먹는 별미밥은 충청도 지방과 중부 지역에서는 흔히 만들어 먹었다.
고기 없이 콩나물만을 넣고 밥을 짓기도 한다.

재료 및 분량

쌀	3컵	**양념장**	
콩나물	300g	진간장	3큰술
쇠고기(다진 것)	200g	청장	1큰술
물	2¾컵	실파(송송 썬 것)	1/2컵
		다진 마늘	1큰술
쇠고기양념		깨소금	1큰술
간장	4작은술	참기름	1큰술
다진 파	1/2작은술	고춧가루	1/2큰술
다진 마늘	1/2작은술		

만드는 방법

재료 손질하기

1 쌀은 씻어 건져 30분 정도 두어 불린다.

2 콩나물의 꼬리를 따고 씻어 건진다.

3 다진 쇠고기를 양념하여 볶는다.

밥 안치기

4 밥솥 밑에 콩나물을 깔고 위에 익힌 쇠고기와 씻어 놓은 쌀을 차례로 얹고 물을 부어 끓인다.

* 콩나물은 수분이 많으므로 콩나물밥을 할 때는 밥물을 흰밥보다 적게 잡아 질어지지 않게 한다.

담기

5 밥이 끓으면 뚜껑을 열고 아래위로 섞어 콩나물이 위로 올라오게 한 후, 뚜껑을 덮고 중간불에 끓인다.

6 밥물이 잦아들면 불을 약하게 하여 뜸 들인다. 다 된 밥을 섞고 그릇에 담아 양념장에 비벼 먹는다.

* 콩나물밥이나 열무밥을 지을 때 무, 다시마를 넣으면 구수한 밥이 된다.

콩나물국밥

홍합밥

콩나물국밥은 원래 전라북도의 향토음식이었으나, 현재는 전국에서 즐겨 찾는 한 그릇 음식으로 자리잡았다. 콩나물을 멸치장국에 넣고 끓여 간장과 새우젓으로 간을 해서 따뜻하게 먹는 국밥이다.

홍합밥은 생홍합이나 마른 홍합에 새우와 은행을 넣어 지은 밥이다. 그 옛날 양반가에서 즐겨 먹던 고급 영양밥이다.

재료 및 분량

멸치	30g	마늘	20g
물	10컵	깨소금	1큰술
콩나물	250g	간장	2큰술
물	3컵	고춧가루	2큰술
밥	5컵	새우젓	3큰술
파	20g		

재료 및 분량

쌀	2컵	참기름	1큰술
홍합살(생것)	200g	다진 파	1큰술
새우(보리새우,	12마리	다진 마늘	1작은술
중새우 또는 냉동새우)		청장	1큰술
은행	10알	물	2컵

만드는 방법

재료 손질하기

1 콩나물의 꼬리를 따고 물 3컵을 넣고 끓인다. 콩나물의 숨이 죽으면 양념하여 무친다.

2 멸치는 내장을 빼고 마른 번철에 잠깐 볶아 물 10컵을 넣고 장국을 끓인다.

3 콩나물과 장국물과 합하여 둔다.

담기

4 뚝배기에 밥을 담고 다진 새우젓을 1/2수저 넣고 콩나물을 얹는다.

5 뚝배기에 국물을 가득 붓고 간장 1작은술을 넣어 끓인다.

6 국밥 위에 깨소금, 고춧가루를 얹는다.

* 음식이 완성되면 국밥과 함께 김치와 신선한 달걀 1개를 종지에 각각 담아낸다. 이것을 국밥에 넣고 뜨거운 콩나물을 담갔다가 먹도록 준비해 둔다.

만드는 방법

재료 손질하기

1 쌀은 씻어 불린다.

2 홍합살은 수염을 떼고 묽은 소금물에 넣고 살살 흔들어 씻은 다음 물이 빠지도록 체에 밭친다. 끓는 물에 손질한 홍합살을 데쳐서 건지고 물은 따로 두었다가 밥물로 쓴다.

3 새우의 머리를 떼고 껍질을 벗겨 등쪽의 창자를 제거한 뒤 물에 씻어 놓는다.

4 은행을 까서 기름을 두른 팬에 살짝 볶아 속껍질을 벗긴다.

해산물 익히기

5 뜨겁게 달군 솥에 참기름을 두르고 홍합살, 새우살, 파, 다진 마늘을 넣고 볶는다.

6 해물을 양념과 볶아 물이 나오면 쌀을 넣고 저으면서 눌러 붙지 않을 때까지 볶는다. 색이 투명해지면 홍합을 데친 물을 붓고 은행을 넣어 청장으로 간을 맞추어 끓인다.

밥 안치기

7 한소끔 끓인 후 중간불로 줄이고 약한불에서 뜸 들인다.

흰죽

흰죽은 환자식으로 많이 이용한다. 쌀만을 이용해서 쑤는 죽이다. 흰죽의 종류로는 쌀을 통째로 쓰는 옹근죽, 쌀알을 분마기에 반쯤 갈아 쓰는 원미죽, 아주 곱게 갈아서 쓰는 무리죽이 있다.

재료 및 분량

쌀	1컵(불리면 2컵)	소금	1작은술
참기름	2작은술	물	5~6컵

만드는 방법

재료 손질하기

1 쌀을 씻어 물에 충분히 불린 후 소쿠리에 건져 물기를 뺀다.

죽 쑤기

2 밑이 두꺼운 냄비에 참기름을 두른 후 쌀을 넣고 나무 주걱으로 저으며 잠깐 볶다가 물을 붓고 끓인다.

3 한소끔 끓어오르면 불을 줄인다. 쌀알이 퍼져 밥알이 투명하고 전체가 걸쭉해질 때까지 서서히 끓인다.

4 소금 간 하여 그릇에 담는다.

콩죽

콩죽은 한국인이 많이 먹는 메주콩을 쌀이나 쌀가루와 함께 쑨 것이다.

재료 및 분량

쌀	1컵	물	10~12컵
흰콩	2컵	소금	조금

만드는 방법

재료 손질하기

1 흰콩을 씻어 5~6시간 정도 물에 불린다.

2 냄비에 콩이 잠길 정도의 물을 붓고 잠깐 동안 삶은 다음 찬물에 헹군다.

3 삶은 콩을 건져 두 손으로 비벼 콩껍질을 벗기고 물기를 뺀다.

4 콩에 적은 양의 물을 넣어가며 블렌더나 맷돌에 조금씩 간 후, 체에 받쳐 콩물(두유)을 만든다.

5 쌀을 씻어 물에 충분히 불린 후 소쿠리에 건져 놓는다.

죽 쑤기

6 큰 냄비에 간 콩과 불린 쌀을 담아 화덕에 올린다. 밑이 눌러 붙지 않도록 나무주걱으로 저으며 끓인다.

7 죽이 끓으면 불을 약하게 줄여 쌀알이 완전히 퍼질 때까지 주걱으로 저으며 끓인다.

8 쌀알이 걸쭉하게 퍼진 부드러운 죽이 만들어지면, 한 김 식히고 먹기 전 소금 간 하여 그릇에 담는다.

약선tip

콩죽이 다 될 무렵에 방풍잎을 데쳐서 넣으면 맛과 향이 좋다. 한방에서는 방풍나무 뿌리를 감기와 두통, 발한과 거담의 약으로 쓴다.

콩죽

팥죽

팥죽은 삶아서 으깬 붉은팥에 불린 쌀을 넣고 끓인 죽이다. 한국인은 낮이 가장 짧은 날인 동지(冬至)에 절식으로 새알심이 있는 팥죽을 쑤어 먹는 풍습이 있다. 이사할 때나 이웃이 초상을 치를 때도 팥죽을 쑤어 두루 나누어 먹었다.

재료 및 분량

쌀	1컵
붉은팥	3컵
쌀가루	1컵
더운물	3큰술
물	15컵
소금	조금

만드는 방법

재료 손질하기

1 쌀을 씻어 2시간 이상 충분히 불려 건져 놓는다.

2 팥은 씻어 팥양의 10배 정도 되는 물에 삶는다. 팥알이 갈라지고 물이 거의 증발하면 불을 끄고 소쿠리에 건져 물을 뺀다.

3 삶은 팥을 으깨어 앙금을 만들고 블렌더에 넣어 물을 조금씩 넣으며 간 후, 큰 그릇에 담아 앙금을 가라앉힌다.

새알심 만들기

4 찹쌀가루에 뜨거운 소금물(물 3큰술 + 소금)을 넣어 익반죽하고, 직경 1cm 정도로 빚는다.

죽 쑤기

5 팥을 갈아 가라앉은 앙금을 따로 두고, 우선 윗물만 냄비에 넣고 불린 쌀을 넣어 끓인다. 쌀알이 퍼지기 시작하면 앙금을 넣고 저으며 끓이다가 쌀알이 2배가량 퍼지면 새알심을 넣는다.

6 쌀알이 3배가량 커지면 불을 끄고 뚜껑을 덮는다.

* 죽은 따뜻할 때 그릇에 담아 먹는다.

녹두죽

녹두죽은 예부터 입맛이 없는 환자나 노인을 위한 보양식으로 자주 먹었다.

재료 및 분량

녹두	3컵
쌀(생것)	1~2컵
소금	2½큰술

만드는 방법

재료 손질하기

1 쌀은 씻어 물에 2시간 이상 불린 후 물기를 뺀다.

2 녹두에 있는 돌과 잡티를 골라 깨끗이 씻고 10배 정도 분량의 물을 붓고 삶는다.

죽 쑤기

3 삶은 녹두에 소금을 넣어 섞고 체에 올려 물을 조금씩 부어가며 주걱으로 곱게 으깬다. 체에 올려 녹둣물을 받는다.

4 아주 고운 녹둣물이 약 18컵 가량 나오면 찌꺼기는 버리고 받아 놓은 녹둣물을 가라앉힌다.

* 요즘에는 삶은 녹두를 식힌 다음, 삶은 물을 조금씩 넣어가며 껍질째 블렌더에 곱게 간다.

5 녹두 앙금을 가라앉힌 윗물을 조심스럽게 냄비에 옮기고 쌀을 넣어 끓인다.

6 물이 끓으면 불을 줄이고 다시 한 번 서서히 끓여 쌀알이 퍼지게 한 후, 남겨 놓은 앙금을 마저 넣고 어우러지게 끓인다. 쌀이 푹 퍼져 3배 가량 불어나면 다 된 것이다.

7 소금으로 간 하여 따뜻할 때 그릇에 담아낸다.

단호박죽

단호박의 씨와 껍질을 제거하여 익힌 후, 불려서 갈아놓은 쌀과 함께 쑤면 단호박죽이 완성된다. 단호박죽은 간식이나 환자용 음식, 또 한식 상차림을 시간전개형으로 차릴 때 애피타이저로 이용할 수 있다.

재료 및 분량

단호박	1개(1kg)
불린 쌀	100g
잣	1/2컵
물	3컵
소금	1작은술
설탕	조금

만드는 방법

재료 손질하기

1 단호박을 씻어 반을 쪼개고 씨를 빼서 물에 삶거나 15분간 찜통에 찐다.

2 단호박의 노란 속을 숟가락으로 떠서 발라 놓는다.

3 불린 쌀은 물을 조금씩 넣으며 블렌더에 곱게 갈아 체에 밭친다.

4 잣은 고깔을 떼고 블렌더에 물을 조금 넣어 곱게 간다.

죽 쑤기

5 체에 밭친 쌀물과 발라놓은 단호박 속을 블렌더에 넣고 잘 섞이도록 갈아 냄비에 담는다.

6 냄비는 우선 센 불에 올렸다가 한 번 끓으면 불을 줄여 중불에 끓이고, 소금과 함께 적은 양의 설탕을 넣어 1~2분간 더 끓인다.

* 단맛이 조금 나도록 쑨 죽은 따뜻할 때 덜어서 상에 낸다.

약선tip

단호박과 마를 조금 섞어 죽을 끓이면 소화에도 좋은 강장 음식이 완성된다.

죽류

대추죽

대추죽은 냄새와 맛이 훌륭하다. 묵은 대추나 쓰고 남은 대추씨를 모았다가 끓인 다음 그 물로 죽을 쑤기도 한다.

재료 및 분량

쌀 ································ 1컵
대추 ····························· 200g
물 ····························· 6~7컵
계핏가루 ························ 조금
소금 ···························· 조금
꿀 ······························ 조금

만드는 방법

재료 손질하기

1 쌀은 2시간 이상 담갔다가 건져 맷돌이나 블렌더에 갈아 체에 받쳐 찌꺼기를 버리고 앙금과 물은 그대로 쓴다.

2 찬물에 대추를 씻어 건진 후 마른행주에 비벼 깨끗이 한 후 물 4컵 정도를 넣고 끓인다. 처음에는 센 불에서 끓이고 나중에 중불로 삶아 고운체에 내려 대추물을 받는다.

* 요즘에는 대추씨를 먼저 제거하고, 물을 넣어 충분히 끓인 후 식혀서 블렌더에 갈아 체에 한 번 거르고 갈아 체에 또 한 번 걸러 내고 갈아진 물을 이용하여 죽을 쑨다.

죽 쑤기

3 냄비에 쌀물과 대추 익힌 물을 부어 끓이다가 쌀 앙금을 넣어 걸쭉하게 엉기면 소금과 꿀을 넣고 2분 정도 더 끓인다.

4 먹기 전 계핏가루를 뿌려 그릇에 담아낸다.

약선tip

대추죽을 끓일 때 물 대신 황기, 인삼, 감초 삶은 물을 이용하면 기운이 없을 때 몸을 따뜻하게 하는 약선죽이 된다.

닭죽

죽류

닭죽은 닭육수에 쌀을 넣고 끓인 것이다. 여름철 몸보신을 위해 많이 먹는다. 인삼이나 마늘, 육류와 함께 끓이면 효능을 배가시킨다. 황기를 넣어 끓이기도 한다.

재료 및 분량

		닭살 양념	
영계	1마리(약 1kg)	다진 파	2큰술
마늘	4톨	다진 마늘	1작은술
대추(씨를 뺀 것)	5개	깨소금	1큰술
물	15~20컵	소금	1작은술
쌀	1½컵	후춧가루	조금
소금	1큰술	참기름	1작은술
후춧가루	조금		

만드는 방법

재료 손질하기

1 깨끗이 씻은 닭을 냄비에 넣고 물을 10컵 정도 부은 후 깐 마늘과 씨를 뺀 대추, 황기를 넣고 닭살이 무를 때까지 2시간 정도 끓인다.

2 쌀은 씻어 충분히 불려 소쿠리에 건져 둔다.

죽 쑤기

3 삶은 닭을 건져 살을 바른 후 가늘게 뜯어서 양념한다.

4 황기는 건져 버리고 닭국물에 불린 쌀을 넣어 쌀알이 퍼져 2배 이상 불면 나무주걱으로 저으며 끓인다.

5 죽이 걸쭉해지면 양념한 닭살을 넣고 더 끓인 후, 소금과 후춧가루로 간을 맞춘다.

잣죽

죽류

잣죽은 초조반으로 아침상을 받기 전에 먹을 수 있는 보양죽이다.

재료 및 분량

잣	1컵	물	5컵
쌀	1컵(불린 쌀은 2컵)	소금	1/2큰술

만드는 방법

재료 손질하기

1 쌀은 씻어 불린 후 물을 빼 두었다가, 블렌더에 물을 조금씩 넣고 2번에 나누어 갈아 고운 체에 밭친다. 그것을 다시 갈아 그릇에 쏟아 가라앉힌다.

* 쌀가루가 있다면 물에 불려 블렌더에 한 번 돌려 그릇에 쏟아 가라앉혀서 대용해도 된다.

2 잣의 고깔을 떼고 분량의 물을 넣고 곱게 간다.

죽 쑤기

3 냄비에 쌀 윗물과 잣 윗물을 부어 불에 올려 끓이면서 쌀앙금을 넣고 주걱으로 서서히 저으며 끓인다.

4 죽이 끓으면 남은 잣앙금을 조금씩 넣고 멍울이 지지 않도록 불을 약하게 해서 서서히 끓인다.

5 그릇에 담기 전 소금으로 간을 맞춘다.

* 식은 잣죽은 양파, 오이, 당근 등으로 채를 썰고 닭가슴살을 삶아서 찢어 넣고 만든 샐러드의 드레싱으로 이용해도 좋다.

죽류

아욱죽

아욱죽은 채소와 장국을 풀고 보리새우, 마른 새우, 쌀을 넣어 끓인 죽이다. 아욱 줄기에 있는 질긴 껍질을 벗기고 씻을 때 으깨 끓이거나, 아욱잎을 그대로 두고 새우나 쌀과 끓여도 된다. 된장국, 고기장국 등 어느 장국을 이용해도 맛이 좋다.

재료 및 분량

쌀	1컵
아욱	200g
새우	150g
된장(또는 막장)	3큰술
참기름	1큰술
다진 파	1큰술
다진 마늘	1큰술
청장	조금
쌀뜨물(또는 물)	6컵

만드는 방법

재료 손질하기

1 보리새우는 마른 번철에 잠깐 볶아 수염이 떨어지도록 한다. 냉동새우나 잔 새우의 경우에는 머리를 떼고 껍질을 벗겨 묽은 소금물에 씻어 저민 후 썬다.

2 쌀을 씻어 물에 불려 건져 놓는다.

3 아욱은 억센 줄기 껍질을 밑면부터 꺾어 잡아당겨 벗긴 후 씻는다.

죽 쑤기

4 냄비에 참기름을 두르고 새우, 파, 마늘, 간장을 넣고 불린 쌀을 넣어 잠깐 볶다가 쌀뜨물이나 물을 붓고 끓인다.

5 4에 된장이나 막장을 풀고 체에 걸러 중불에서 푹 끓여 끈기가 생기면 씻어 놓은 아욱을 넣고 저어가며 끓인다.

* 끓이면서 생기는 거품은 걷어낸다.

6 맛이 잘 어우러지면 뜨거울 때 그릇에 담는다.

* 아욱 외에도 방풍나물이 나올 때 방풍잎을 잘게 뜯어 흰쌀과 함께 끓이면 으깨지지 않고 풀풀한 방풍죽을 즐길 수 있다.흰죽을 끓인 후 참나물, 돌미나리를 신선한 상태로 잘게 썰어 넣고 끓이기도 한다. 이것을 양념장을 준비하여 조금씩 얹어 먹으면 맛이 좋다.

애호박죽

애호박죽은 여름철 값싸고 쉽게 구할 수 있는 재료인 애호박, 바지락, 조갯살을 이용하여 만든다. 닭을 삶은 국물에 끓이거나,
다진 쇠고기를 볶다가 쌀과 함께 끓인다. 다른 죽과 달리 주재료인 애호박을 너무 오래 끓이지 않는다.

재료 및 분량

쌀	1컵
애호박	100g
조갯살	100g
참기름	1큰술
바지락	50g
바지락 국물	6컵
청장	1큰술
(또는 소금 1작은술)	

만드는 방법

재료 손질하기

1   쌀은 씻어 불려 소쿠리에 건진다.

2   조갯살은 씻어 건지고, 바지락이 있으면 씻어서 냄비에 물을 붓고 끓여 물은 따라서 쓴다. 벌어진 바지락은 건져 둔다.

3   작은 애호박은 반달 모양으로 썰고, 굵은 애호박은 3면을 길이로 썰고 다시 얇게 썬다.

죽 쑤기

4   냄비에 참기름을 두르고 조갯살을 넣어 살짝 볶다가 쌀을 넣어 섞어 볶고 물을 부어 죽을 쑨다.

5   죽이 거의 다 되어 걸쭉해지면 애호박 썬 것을 넣고 잠시 익혀 뜨거울 때 그릇에 담는다.

죽류

은행죽

은행죽은 연초록빛 색이 곱고 향이 좋아 예부터 귀하게 여겼다. 가래가 끓거나 기침이 나올 때, 밤에 오줌을 싸는 아이들에게 효과가 있다. 오줌을 잘 누어야 하는 고혈압 환자의 경우 먹지 않는 게 좋다.

재료 및 분량

쌀	1컵(불면 2컵)	잣	1/2컵
은행	1컵	물	6컵
시금치잎	2~3장	소금	조금

만드는 방법

재료 손질하기

1 쌀은 씻어 물에 불려 체에 건진다.

2 은행은 볶아서 속껍질을 벗기고 잣은 고깔을 떼어 쌀과 함께 블렌더에 넣고 물을 조금씩 부어 곱게 갈아 놓는다.

3 시금치 잎은 물 1컵과 함께 블렌더에 갈아 둔다.

죽 쑤기

4 쌀과 은행, 잣을 모두 갈아 거칠어지면, 체에 밭친 후 두세 번 더 갈아 곱게 만든 후 냄비에 담고 나무주걱으로 저으며 쑨다.

5 시금치 간 물을 부어 연하고 고운 은행색이 되도록 끓인다.

* 너무 큰 시금치잎을 넣거나, 양을 많이 넣으면 좋지 않다.

6 따뜻한 죽을 그릇에 담고 비취색이 나는 익은 은행알 2개를 가운데 얹어 낸다.

장국죽

장국죽은 육류와 함께 끓이는 간장과 양념을 넣은 죽이다. 쇠고기를 어떻게 처리하느냐에 따라 3~4개의 다른 죽을 만들 수 있다. 쇠고기는 채로 썰어 양념하거나, 곱게 다진 후 양념하여 흰죽에 넣고 끓인다. 또한 완자를 만들어 쌀과 같이 끓이거나, 양지머리와 사태 등으로 맑은장국을 만들어 쌀을 넣고 끓이는 등 여러 가지 방법으로 만든다.

재료 및 분량

쌀 ···································· 1컵
참기름 ····························· 1큰술
물 ······························· 5~6컵
쇠고기(우둔) ···················· 150g
표고버섯(中) ····················· 2개
청장(또는 소금) ··············· 조금

쇠고기 양념
간장 ······························ 1½큰술
다진 파 ··························· 1큰술
다진 마늘 ························ 1/2큰술
참기름 ···························· 1큰술
후춧가루 ·························· 조금

만드는 방법

재료 손질하기

1 쌀을 씻어 2시간 이상 불려 소쿠리에 건져 둔다.

2 기름기 없는 쇠고기(우둔)를 곱게 다져 양념한다.

완자 빚기

3 마른 표고버섯은 불려서 곱게 채 썰어 고기 양념한 것과 섞는다. 여러 번 주물러 지름 3cm의 둥글납작한 완자를 빚는다.

죽 쑤기

4 밑면이 두꺼운 냄비에 참기름을 두른 후 쌀을 넣고 나무주걱으로 저으면서 볶는다. 쌀에 기름이 고루 돌고 투명해질 때 물을 부어 죽을 끓인다.

5 한 번 끓어오르면 불을 약하게 줄이고 쌀알이 완전히 퍼질 때까지 서서히 끓인다. 쌀알 크기가 2배 이상 불었을 때쯤 빚어 놓은 고기 완자를 넣고 익히며, 맛이 어우러지면 청장 이나 소금으로 간을 하여 그릇에 담는다.

전복죽

전복죽은 얇게 저민 전복의 향이 느껴지도록 마늘이나 파, 깨 등을 조금씩 넣고 끓인 별미 죽이다. 원래는 전복의 살과 쌀을 끓이나,
제주도에서는 싱싱한 전복 내장을 넣어 푸른빛의 죽을 만든다.

재료 및 분량

전복	2개(300g)
멥쌀	1½컵
참기름	2큰술
물	8컵
소금(또는 청장)	1큰술

만드는 방법

재료 손질하기

1 전복은 솔로 깨끗이 문질러 씻은 후, 껍질이 얇은 쪽에 창칼을 넣어 살을 떼어낸다. 전복
  살과 내장을 분리할 때 터지지 않도록 조심한다.

2 전복살 가장자리의 까만 부분을 소금으로 문질러 씻어내고, 소량의 물에 살짝 데쳐 저민
  다.

3 쌀은 씻어 충분히 불리고 체에 밭쳐 건져 둔다.

죽 쑤기

4 두께가 있는 냄비를 불에 올리고 참기름을 두른 후, 썰어 놓은 전복을 넣고 볶다가 쌀을
  부어 더 볶은 다음 물을 넣어 끓인다.

5 한 번 끓어오르면 불을 약하게 조절하고 나무주걱으로 저으며 어우러질 때까지 서서히
  끓인다.

6 쌀알이 푹 퍼져 2배 이상 불어 부드러운 죽이 되면 소금이나 청장으로 간을 하여 낸다.

타락죽

타락(駝酪)은 우유의 옛말이다. 타락죽은 우유를 죽 전체 분량의 절반 정도 부어 끓인 무리죽이다. 우유는 옛날 우리 조상들이 일반적으로 먹는 음식은 아니었다. 주로 궁중이나 특권 계급에서 우유를 보양재라고 하여 우유죽이나 전약을 만들 때 이용하였다.

재료 및 분량

재료	분량
쌀	1컵
물	2~3컵
우유	3컵
소금	조금
설탕	조금

만드는 방법

재료 손질하기

1 쌀을 씻어 물에 2시간 이상 불려 소쿠리에 건졌다가, 블렌더에 쌀과 물을 조금씩 넣고 갈아 고운체에 밭친다.

* 이때 쌀뜨물은 쓰고 찌꺼기는 버린다. 쌀가루가 있으면 쌀 대신 물에 불려 준비해 둔다.

죽 쑤기

2 밑면이 두꺼운 냄비에 갈은 쌀과 남은 물을 부어 불에 올려서 나무주걱으로 저어가며 끓인다.

3 끓어서 흰죽이 거의 어우러졌으면 우유를 조금씩 넣어 저어주며 멍울이 지지 않도록 풀어서 끓인다.

4 더운죽을 그릇에 담고 소금을 작은 그릇에 담아낸다.

* 기호에 따라 설탕이 필요하면 넣어 먹도록 한다.

호두죽

호두죽은 노인이나 성장기 아동의 아침 식사로 적당하다. 쌀과 호두만으로 죽을 쑤어도 좋지만, 대추를 조금 첨가하면
단맛이 어우러져 냄새와 맛이 좋아진다.

재료 및 분량

쌀	1컵
호두알	1컵
대추	5~10개
물	5~6컵
소금	조금
설탕	조금

만드는 방법

재료 손질하기

1 호두알의 속껍질은 떫은맛이 나므로 더운물에 잠시 불려 대나무꼬치 끝으로 속껍질을
   깨끗이 벗긴다.

* 속껍질을 벗기기 어렵다면 끓는 물에 잠시 데쳐 떫은맛을 없앤 후, 찬물에 헹구고 갈아도 된다.

2 대추는 씻어서 씨를 발라내 버리고 살을 잘게 썬다. 호두와 대추에 물을 조금 넣고 블랜
   더에 곱게 갈아 둔다.

3 쌀은 씻어 2시간 이상 불려 건져 두었다가 분량의 물을 조금씩 넣으며 갈아 체에 받쳐
   둔다. 2~3번 반복한 후 찌꺼기는 버린다.

죽 쑤기

4 두께가 있는 냄비에 갈은 쌀과 물을 넣어 끓이고 나무주걱으로 저어 따뜻해지면 호두와
   대추 간 것을 조금씩 넣어 멍울이 지지 않도록 저으며 끓인다.

5 끓어오르면 불을 약하게 조절하고 어우러질 때까지 서서히 끓인다.

6 따뜻할 때 그릇에 담고 소금, 설탕을 작은 그릇에 각각 담아 기호에 따라 넣어 먹도록
   한다.

* 호두 이외에도 병아리콩을 넣고 밥을 하거나 죽을 끓이면 맛이 좋다.

흑임자죽

흑임자죽은 검정깨를 볶아 곱게 간 다음, 불린 쌀을 갈아 함께 쑨 죽이다. 같은 방법을 이용하여 흰깨죽을 만들 수도 있다.
흑임자죽은 쌀보다 깨가 더 많이 들어가야 맛이 좋다. 깨를 볶을 때는 타지 않도록 주의한다.

재료 및 분량

쌀	2컵
흑임자	3컵
물	6~7컵
소금	조금
설탕	조금

만드는 방법

재료 손질하기

1. 쌀은 2시간 이상 불려 소쿠리에 건지고 분마기(절구)에 넣어 곱게 갈아 밭친다.

* 이때 찌꺼기는 버린다.

2. 깨는 일어서 씻고 건져 고소한 향이 나도록 볶아 분마기에 넣어 곱게 간 후 물을 조금씩 넣어 곱게 갈아 고운체에 밭친다.

죽 쑤기

3. 두께가 있는 냄비에 먼저 갈아 놓은 쌀과 쌀물을 부어 나무주걱으로 젓는다.

4. 쌀이 익으면 깨를 간 물을 조금씩 넣어 멍울이 생기지 않도록 저으며 익힌다. 한 번 끓어오르면 불을 줄이고 서서히 끓인다.

* 죽을 낼 때는 소금, 설탕, 꿀을 각각 담아 기호에 따라 곁들여 먹게 한다.

** 두부를 곱게 갈아서 함께 넣어 죽을 쑤면 영양면에서 더욱 좋다.

국수류

온면

온면은 따뜻한 국수장국에 가늘게 뺀 밀국수나 메밀국수를 말아 웃기를 얹은 국수이다. 잔치국수도 일반적으로 온면을 말한다.

재료 및 분량

가는 국수	300g	쇠고기(우둔)	100g
쇠고기(양지머리)	300g	실고추	조금

육수

물	15컵
파	1뿌리
마늘	3톨
소금, 청장	조금
달걀	2개
애호박(또는 오이)	1/2개
표고	3장
석이	3~5장

쇠고기 양념

간장	1큰술
다진 파	2작은술
다진 마늘	2작은술
깨소금	1작은술
참기름	1작은술
설탕	1작은술
후춧가루	조금

만드는 방법

재료 손질하기 / 육수 내기

1 양지머리를 덩어리째 물에 넣고 파, 마늘과 함께 무르도록 1시간 정도 삶는다.

2 고기는 편육으로 얇게 썰고, 육수는 청장으로 간을 하여 국수장국으로 이용한다.

고명 만들기

3 달걀은 황백으로 나누어 지단을 부쳐 채 썰고 호박은 씨 부분은 빼고 과육을 채로 썰어 소금에 잠깐 절였다가 물기를 짜고 살짝 볶는다.

4 석이버섯은 더운물에 담가 손으로 잘 비벼 한쪽에 낀 이끼와 돌을 떼어내고 깨끗이 씻어 가늘게 채 썬 후 약한 불에 살짝 볶는다.

5 마른 표고를 불려 0.7cm 너비로 썰고 쇠고기(우둔)도 길이 5cm, 두께 5cm로 썰어 양념한 다음, 표고와 고루 무쳐 작은 대꼬치에 산적으로 꿰어 번철에 지진다.

국수 삶기 / 담기

6 냄비에 물을 넉넉히 부어 끓으면 국수를 넣어 끓인다. 두 번 정도 찬물을 끼얹어 가라앉도록 하여 국수가 속까지 다 익도록 삶아 냉수에 재빨리 헹군 다음 건져 사리를 만들어 채반에 건졌다가 대접에 한 사리씩 담는다.

7 삶은지 오래된 국수사리가 차가워지면, 장국에 토렴하여 국수 위에 호박, 황백지단, 실고추, 석이채 등 오색고명을 고루 얹는다.

8 마지막으로 위에 고기 산적을 얹고 더운 장국을 붓는다.

국수류

면신선로

면신선로는 신선로 그릇을 냄비 대신 이용하여 끓여 먹는 온면이다. 여러 가지 채소, 쇠고기, 새우, 패주, 해삼 등을 넣고 끓인 국물과 삶은 국수를 따로 담아 내서 끓이면 면신선로가 완성된다. 건더기를 국수와 함께 따뜻하게 해서 먹을 수 있는 음식이다.

재료 및 분량

쇠고기(사태) ·············· 300g

육수
물 ····························· 15컵
파 ····························· 1뿌리
마늘 ·························· 3톨
소금·청장 ················· 조금
쇠고기(우둔) ·········· 50~80g

고기 양념
소금 ·························· 2작은술
다진 파 ····················· 2큰술
다진 마늘 ·················· 1큰술
참기름 ······················ 2작은술
후춧가루 ··················· 조금
패주 ·························· 100g
　(중간 크기 3개)
새우(小) ···················· 100g
해삼(불린 것) ············· 100g
죽순(삶은 것) ············· 100g
실파 ·························· 50g
다홍고추 ··················· 1개
미나리 ······················ 100g
달걀 ·························· 3개
쑥갓(또는 무채) ·········· 50g
양파채 ······················ 50g
가는 국수 ·················· 300g

만드는 방법

재료 손질하기 / 육수 내기

1 사태는 덩어리째 씻어 끓는 물에 넣고 파, 마늘을 함께 넣어 끓인다. 약 1시간 정도 끓여 고기가 무르면 건져 썰고, 국물은 기름을 걷어 청장과 소금으로 간을 하여 육수를 만든다.

2 쇠고기(우둔)는 얇고 잘게 썰어 양념 재료의 1/3 분량만 넣고 양념한다.

3 패주는 옆에 붙어 있는 비장은 떼어 내고 가장자리에 둘러싸고 있는 막을 떼고 씻어서 결의 반대로 동근 모양으로 얇게 저며 썬다.

4 새우는 꼬리쪽 한 마디만 남기고 껍질째 씻어 벗긴다.

5 불린 해삼은 납작하게 저며 썬다.

6 삶은 죽순은 반으로 갈라 빗살 모양으로 얇게 썰고, 실파와 쑥갓은 다듬어 4~5cm로 썬다. 홍고추는 씨를 빼고 0.5×3cm가 되도록 썬다.

7 미나리는 다듬어 잎을 떼고 초대를 부쳐 1×3cm로 썬다.

8 달걀 2개로 황백지단을 부치고 미나리초대와 같은 크기로 썬다.

담기

9 신선로 그릇에 양념한 쇠고기(우둔)와 무채, 양파채를 썰어 밑에 깔고 양지머리 편육을 조금 얹어 준비한 패주살, 새우, 해삼, 죽순, 미나리초대와 황백지단을 돌려 색색으로 담고 더운 육수를 부어 끓인다.

10 밀국수는 따로 삶아 두었다가 식으면 더운 장국에 토렴하여 대접에 담아서 낸다.

* 토렴이란 밥이나 국수에 뜨거운 국물을 부었다 따랐다 하면서 데우는 것이다.

떡국

떡국은 정월 초하루에 모든 가정에서 만들어 먹는 전통음식이다. 떡국에 들어가는 장국은 사골과 양지머리, 사태 등을
오랫동안 고아서 만든 국물이다. 여기에 흰가래떡을 얇게 썰어 육수 만들 때 익은 쇠고기를 잘게 썰어서 양념하여 떡국 위에
꾸미도 얹고 달걀지단이나 줄알을 치고 구운 김을 조금 넣어 붇지 않도록 끓여 먹는다.

재료 및 분량

가래떡(썬 것) ················· 500g

육수

쇠고기 장국 ·················	8컵
(양지머리 300g,	
사태 300g)	
파 ·································	1뿌리
다진 마늘 ····················	1/2큰술
소금 ····························	조금
청장 ····························	조금

고명

쇠고기(우둔) ·················	100g
달걀 ····························	2개
구운 김 ························	2장
후춧가루 ······················	조금

쇠고기 양념

간장 ····························	1큰술
설탕 ····························	1작은술
다진 파 ························	2작은술
다진 마늘 ····················	1작은술
깨소금 ·························	1작은술
참기름 ·························	1작은술

만드는 방법

장국 만들기

1 맛있는 국물이 나오도록 양지머리와 사태를 고아 맑은 육수를 만든다. 파, 마늘, 생강편
을 넣어 끓이고 건더기를 건은 다음 위에 뜬 기름을 걷어 낸다.

* 이때 기호에 따라 다양한 재료를 넣을 수 있다.

재료 손질하기

2 다진 쇠고기는 덩어리지지 않도록 양념하여 볶아 부드러운 고명을 만든다.

3 파는 채 썰고, 김은 구워서 부수거나 가위로 가늘게 썰어 놓는다.

끓이기

4 육수를 냄비에 담아 청장과 소금으로 간을 맞추어 장국을 만든다.

5 장국에 파와 마늘을 넣어 펄펄 끓이고 가래떡은 찬물에 한 번 씻는다.

6 장국에 준비한 흰 떡을 넣어서 떠오르면 부드럽게 익은 것이니, 달걀을 풀어 줄알을 치
고 바로 불에 내려 놓는다.

7 대접에 떡국을 담고 위에 다진 고기 고명을 얹고 후춧가루를 뿌린 후 부순 김을 가운데
얹어 낸다.

떡국·만두류

조랭이떡국

조랭이떡국은 개성지방의 향토음식이다. 조랭이떡국의 떡가래를 만들 때는 물을 조금 더 넣어 부드럽게 만들고 대칼이나 나무젓가락으로 밀어 누에고치 모양으로 만든다.

재료 및 분량

조랭이떡 ·············· 500g
(흰떡 5가래)

육수
사골 ····· 1/2개(또는 양지, 사태)
양지머리 ·················· 300g
(익은 양지고기는 찢어서
무쳐 고명으로 사용)
물 ··················· 4L(20컵)
청장 ······················· 조금
소금 ······················· 조금
후춧가루 ··················· 조금
파 ························· 2뿌리
마늘 ······················· 3톨

고명
우둔 ······················ 200g
움파(또는 중파) ········· 4뿌리
달걀 ························ 2개

쇠고기 양념
청장 ····················· 1큰술
참기름 ················· 2작은술
깨소금 ················· 2작은술
다진 파 ················· 4작은술
다진 마늘 ··············· 2작은술
후춧가루 ··················· 조금
깨소금 ················· 2작은술

만드는 방법

떡 만들기

1 부드러운 떡가래를 큰 칼로 조금 잘라 타원형의 조금 긴 떡가래를 만든 후, 눈사람을 만들듯 굴리면서 조랭이떡을 만든다.

* 일반적인 흰떡을 만들 때보다 물을 더 부어 질게 반죽한다.

장국 만들기 / 고명 만들기

2 사골과 양지머리를 무르게 삶아 육수를 만들고 간을 한다.

* 사태를 사용할 때는 삶은 후 얇게 썰어 놓는다.

3 삶은 양지를 찢어 참기름, 후춧가루, 간장을 넣고 주물러 웃기로 쓴다.

4 우둔은 너비 0.7×1cm, 두께 7cm로 썰어 양념한 후 꼬치에 움파와 고기를 번갈아 꿰어 번철에 지진다.

5 달걀로 황백지단을 부쳐 마름모꼴로 썬다.

끓이기

6 떡은 찬물에 헹구어 **2**에 넣고 끓인 후 그릇에 담는다.

7 고기 고명과 지단을 얹고, 자그마한 산적 1~2개를 얹어 낸다.

음식 이야기

조랭이떡에는 정월에 이것을 먹어 나쁜 액을 막는다는 뜻과, 행운을 가져다준다는 의미도 있다. 옛날 개성에 살던 노인들에게 전해지는 설에 의하면, 고려가 패망하고 조선을 세울 때 고려의 충신이나 백성들이 미운 사람의 목을 눌러 고역을 주기 위해 한쪽은 크게 한쪽은 작게 만들어 사람을 형상화했다고 한다.

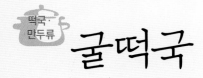

굴떡국

굴떡국은 굴을 넣어 끓인 떡국으로 바닷가가 있는 고장에서 많이 해 먹는다. 쇠고기 대신 멸치육수에 끓이는 신선한 굴향이 나는 별미이다.

재료 및 분량

굴 ·························· 200g
두부 ························ 100g
흰떡(썬 것) ············· 600g
멸치 ························· 30g
다시마 ······················ 6cm
대파 ·························· 1대
마늘 ·························· 2톨
청장 ························ 조금
소금 ························ 조금
달걀 ·························· 1개

만드는 방법

육수 내기

1 멸치와 다시마를 물에 넣고 끓여 육수를 만든다.

재료 손질하기

2 굴은 연한 소금물에서 썰어 건지며 껍질을 가려낸다.

3 두부는 깍둑썰기한다.

4 대파는 송송 썰고 마늘은 다진다.

끓이기 / 담기

5 멸치를 넣고 끓인 물에서 멸치와 다시마는 건져 내고 두부를 썰어 넣는다. 한소끔 끓인 후 청장과 소금으로 간을 한다.

6 썰어 둔 흰 떡을 찬물에 한 번 씻어 끓는 장국에 넣는다. 부드러워지면 씻은 굴을 넣어 단단하게 되기 전에 썰어 둔 파와 다진 마늘을 넣고 한소끔 끓인다.

7 황백지단이나 줄알을 쳐서 얹고 대접에 담아낸다.

만두

만두는 다양한 모양으로 빚어 여러 가지 소를 넣어 만드는 음식이다. 장국에 끓여 먹거나 쪄서 먹기도 한다. 북쪽 지방에서는
주로 만두를 크게 빚고 소를 많이 넣어 장국에 끓여 먹는다. 궁중에서는 둥근 만두에 소를 넣고 반달 모양으로 주름 없이 배가 나오게
빚는다. 오늘날에는 시판되는 만두피를 이용하기도 한다.

재료 및 분량

만두피
밀가루	1½컵
소금	1작은술
물	5큰술

만두소
쇠고기(우둔)	150g
표고버섯(中)	3장
두부	1모
숙주	200g
배추김치	200g

만두소 양념
소금	2작은술
다진 파	2큰술
다진 마늘	1큰술
깨소금	1큰술
참기름	1큰술
후춧가루	조금
쇠고기 장국	8컵
달걀	1개

만드는 방법

만두피 만들기

1 밀가루에 소금물을 넣고 반죽하여 30분간 비닐봉지에 넣어 두었다가 치대고 얇게 밀어서 직경 8cm의 둥근 모양으로 빚는다.

2 만두피 사이사이에 녹말가루를 조금씩 묻히고 겹친 후, 물을 꼭 짠 젖은 행주로 덮어 놓는다.

만두소 만들기

3 두부는 행주에 싸서 무거운 것으로 눌러 물기를 빼고, 칼등을 눕혀 곱게 으깬다.

4 마른 표고버섯을 물에 불려서 가늘게 채 썰고 고기는 곱게 다진다.

5 숙주는 씻어서 끓는 물에 소금을 조금 넣고 데친 후 물기를 없애 송송 썬다.

6 배추김치는 속을 털고 잘게 썰어 국물을 꼭 짠다.

7 준비된 만두소 재료를 큰 그릇에 담아 소금, 파, 마늘, 후춧가루, 깨소금, 참기름으로 양념한다.

8 달걀은 황백지단을 부쳐 완자형으로 썰어 고명을 준비한다.

빚기 / 담기

9 둥근 만두피 위에 소를 놓고 반달형으로 접어 끝을 눌러 소가 나오지 않게 한 후 양끝을 오므려 둥근 모자 모양으로 빚는다. 또는 송편과 같이 반달형으로 빚는다.

10 미리 만들어 놓은 장국에 간을 한 후 만두를 넣고 끓인다. 만두가 위로 뜨면 익은 것이다.

11 대접에 만두와 국물을 담고 위에 황백지단을 얹는다.

12 초간장을 곁들여 내서 만두를 찍어 먹도록 한다.

약선tip
만두피를 만들 때 시금치즙으로 반죽을 하여 녹색의 만두를 빚기도 하고, 소를 만들 때 인삼가루나 수삼을 잘게 다져 넣으면 기운이 부족하거나 심신이 피로할 때 도움이 된다.

굴림만두

굴림만두는 만두피를 따로 만들지 않고 만두소를 2.5~3cm의 완자로
빚어 밀가루 옷을 입히고 장국에 익힌 평안도의 겨울철 향토음식이다.

재료 및 분량

육수

쇠고기(양지머리)	300g
물	15컵
파	1뿌리
마늘	3톨
청장	1큰술
소금	조금
후춧가루	조금

숙주	200g
배추김치	200g

만두소

다진 돼지고기	300g
두부(小)	1모

만두소 양념

소금	1큰술
다진 파	3큰술
다진 마늘	1큰술
참기름	2큰술
후춧가루	조금
밀가루	1~2컵
달걀	1개

만드는 방법

육수 내기

1 양지머리를 덩어리째 씻어 끓는 불에 파, 마늘을 함
께 넣고 푹 무르게 1시간 정도 삶는다.

2 국물의 기름을 걷어 내고 소금, 청장, 후춧가루로 간
을 한다.

만두소 만들기

3 돼지고기는 살을 곱게 다지고 두부는 물기를 빼고
칼등을 눕혀서 곱게 으깬다.

4 숙주는 끓는 물에 소금을 조금 넣고 데쳐 찬물에 헹
구어 물을 꼭 짠 후 송송 썬다.

5 배추김치는 소를 털어 내고 잘게 썰어 국물을 짠다.

6 큰 그릇에 만두소 재료를 모두 넣고 양념하여 맛을
들인 다음 직경 2.5~3cm의 둥근 완자 모양으로 빚
는다.

옷 입히기

7 넓은 접시에 밀가루를 담아 펼치고 둥글게 완자 모
양으로 빚거나 혹은 달걀 모양으로 꼭꼭 주물러 빚
은 소를 굴려 밀가루를 고루 묻힌 후 물에 잠깐 담
갔다가 다시 밀가루에 묻히기를 2~3번 반복하여 옷
을 입힌다.

8 끓는 장국에 만두를 넣어 겉이 말갛게 익으면서 떠
오르면 익은 것이다. 이때 달걀을 풀어 줄알을 쳐서
대접에 담는다. 줄알 대신 황백지단을 부쳐 썰어 넣
어도 된다.

* 터진 만두가 있다면 밀가루를 묻혀 굴림만두를 빚어 만둣국
을 끓일 때 이용할 수도 있다.

규아상(미만두)

규아상은 궁중에서 여름철 즐겨 먹던 찐 만두의 한 종류이다. 모양이 마치 해삼 같다고 하여 미만두라고도 부르며 오이, 표고, 쇠고기 등을 넣고 살짝 찐다. 봄부터 나기 시작하여 초여름까지 무성해지는 담쟁이잎을 솥에 깔아 찌며, 접시에 담을 때 잎을 깔아 내면 신선해 보인다.

재료 및 분량

만두피

밀가루	1½컵
소금	1작은술
물	5큰술

만두소

다진 쇠고기(우둔)	150g
표고	5장
오이(中)	2개
소금	조금
식용유	1큰술
잣	1큰술

쇠고기 양념

간장	2큰술
설탕	1큰술
다진 파	4작은술
다진 마늘	2작은술
깨소금	2작은술
참기름	2작은술
후춧가루	조금

초간장

간장	2큰술
식초	1큰술
잣가루	1/2작은술

만드는 방법

만두피 만들기

1 밀가루에 소금물을 넣고 반죽하여 30분간 두었다가 치댄 후 얇게 밀어 직경 8cm의 둥근 모양으로 떠서 만두피를 만든다.

소 만들기

2 불린 표고는 가늘게 채 썰고, 다진 쇠고기는 양념하여 볶는다.

3 오이는 소금으로 문질러서 껍질이 갈려 나가도록 물에 씻고, 5cm로 토막 내어 돌려깎기로 얇게 깎아 썰거나 편으로 얇게 썬다.

4 물컹한 오이 속은 버리고 다시 채로 썰고 소금에 절였다가 꼭 짜서 기름을 두르고 재빨리 볶은 다음 식힌다.

5 볶은 고기와 오이, 표고, 잣을 합해 고루 섞어 소를 만든다.

빚기 / 찌기 / 담기

6 만두피를 도마나 평평한 곳에 놓고 한가운데 소를 갸름하게 놓고 잣을 1~2개 넣고 양쪽 자락의 맞닿은 부분을 붙여 양끝을 삼각형의 모양이 되도록 한다. 해삼처럼 등에 주름을 잡아 빚는다.

7 찜통에 젖은 행주와 담쟁이잎을 깔고 만두를 겹치지 않게 놓아 5분간 찐다.

8 찐 만두는 꺼내어 찐 담쟁이잎이나 신선한 담쟁이 잎과 함께 그릇에 담고 초간장을 곁들여 낸다.

김치만두

메밀가루가 섞인 만두피를 만들어 소를 넣고 만두를 빚으면 맛도 구수하고 보기도 좋다.

재료 및 분량

만두피
밀가루 ························2컵
   (또는 메밀가루 2컵 +
   밀가루 1컵 / 메밀가루 1컵
   + 밀가루 1컵)
소금 ·······················1작은술
물 ························· 3/4컵

만두소
배추김치 ············ 200g(약 1컵)
돼지고기(간 것) ··········· 200g
두부 ······················· 100g
숙주 ··············· 200g(1/2~1컵)
다진 양파 ···················· 1컵

만두소 양념
소금 ····················· 1/2큰술
다진 파 ······················ 2큰술
다진 마늘 ···················· 1큰술
참기름 ······················ 2큰술
깨소금 ······················· 조금
후춧가루 ····················· 조금

만드는 방법

만두피 만들기

1 만두피는 반죽하여 지름 8cm로 얇게 민다.

* 시판되는 만두피를 사용해도 된다.

만두소 만들기

2 배추김치는 송송 썰어 물기를 짠다.

3 두부는 으깨서 물기를 제거한다.

4 숙주는 거두절미하여 끓는 물에 데친 후 송송 썰어 물기를 짠다.

5 만두소 재료를 모두 섞어 양념한다.

빚기 / 찌기

6 만두를 빚어 김 오른 찜통에 10분 정도 찐다.

* 찐만두를 장국에 넣어 한소끔 끓이면 만둣국이 완성된다.

떡국·
만두류

석류탕

석류탕은 석류 모양으로 만든 만두를 장국물에 끓인 음식이다. 입맛을 돋우는 전채로 내거나, 크게 빚어 주식인 만둣국으로 먹기도 한다.

재료 및 분량

밀가루 ································ 2컵
소금 ························· 1작은술
물 ························· 6~7큰술

육수

쇠고기(양지나 사태) ······ 적당량
물 ································ 10컵
대파 ······························ 1대
마늘 ······························ 3톨
통후추 ··························· 조금

만두소

닭살 ····························· 50g
쇠고기(우둔) 다진 것 ······· 50g
표고버섯 ·························· 1장
두부 ····························· 50g
무 ······························· 70g
미나리 ··························· 30g
숙주 ····························· 50g
잣 ······························· 1큰술

만두소 양념

소금 ························· 1작은술
다진 파 ····················· 2작은술
다진 마늘 ··················· 1작은술
생강즙 ····················· 1/2작은술
깨소금 ····················· 1작은술
참기름 ····················· 1작은술
후춧가루 ······················ 조금

고명

황백지단 ························ 조금

만드는 방법

만두피 만들기 / 육수 내기

1 밀가루는 소금물로 반죽하여 직경 6cm의 원형으로 얇게 민다.

2 양지머리, 사태를 통째로 물에 넣어 끓이고 대파, 마늘, 통후추를 넣어 육수를 만든다. 1시간 이상 끓인 다음 육수를 면보에 거르고 기름기를 걷어 낸다.

만두소 만들기

3 고기는 곱게 다지고 표고는 물에 불려 가늘게 채 썬다. 두부는 으깨고, 무는 채 썰고 데쳐 물기를 짠다.

4 미나리, 숙주는 다듬고 송송 썰어 물기를 꼭 짠다.

5 모든 재료를 고루 섞어 양념으로 간을 한다.

빚기 / 끓이기

6 준비된 만두피에 소를 조금씩 얹고 잣을 1~2개씩 올리고 양손으로 가운데를 모아 주머니(석류) 모양으로 만든다.

7 황백지단을 부쳐 마름모꼴로 썬다.

8 끓는 장국에 만두를 넣어 끓이고 간을 한 후 대접에 담고 지단을 얹는다.

곰탕

곰탕은 쇠고기(사태, 양지, 소갈비, 꼬리)와 다시마, 무, 내장과 곱창, 양, 허파, 곤자소니 등을 오랫동안 끓여 만든 음식으로 국물이 진하고 기름지다. 간은 소금과 간장으로 하고 파, 마늘을 넣어 상에 올린다.

재료 및 분량

고기	1근
물	10컵
조선무	1개
굵은 파(길게 썬 것)	조금
쇠갈비(탕거리)	500g
양지머리, 쇠악지	500g
양	500g
곱창, 곤자소니	500g
물	10L
조선무(小)	2개
굵은 파	5뿌리
마늘	5통

고기 양념

청장	2큰술
소금	1큰술
다진 파	4큰술
다진 마늘	2큰술
참기름	2큰술
부침가루	1작은술
청장	적당량
소금	적당량

만드는 방법

재료 손질하기

1 쇠양은 끓는 물에 잠깐 넣고 건져 검은 막을 칼로 긁기를 여러 번 반복하여 깨끗이 한 다. 안쪽에 있는 막과 기름 덩어리는 떼어 낸다.

2 곱창과 곤자소니는 소금을 뿌리고 주물러서 깨끗이 씻는다.

3 쇠갈비나 양지머리는 찬물에 담가 핏물을 빼고 건져 덩어리째 끓는 물에 넣어서 센 불에 끓인다.

끓이기 / 담기

4 센 불에 끓인 고기를 다시 중불에 올리고, 젓가락으로 찔렀을 때 푹푹 들어가도록 익힌 다. 양은 따로 끓여서 무르면 가늘게 썬다. 곱창과 곤자소니도 다른 고기와 같이 넣어 익 힌다.

5 무는 통째로 넣어 무르도록 익힌다.

6 3시간 정도 끓여 무는 반으로 갈라 썰어 넣고 파와 마늘은 크게 썰어 함께 넣는다. 위에 뜨는 기름을 걷어낸다.

7 고기와 무가 무르면 그릇에 건져 내고 고기는 먹기 좋은 크기로 납작하게 썬다. 무는 폭 2.5cm, 길이 4cm로 네모나게 썰어 고기 양념에 무친다.

8 국물을 다시 끓이다가 양념한 고기와 무를 넣고 끓인다. 간이 부족하면 청장이나 소금 으로 간을 맞추고 그릇에 담아 상에 낸다.

음식 이야기

곰탕은 1800년대 말 《시의전서》에 처음 등장한 음식으로 '곰국'이라고도 한다. 문헌에 는 '고음국(膏飮)'이라고 나와 있고 "큰 솥에 물을 많이 붓고 다리뼈, 사태, 도가니, 홀떼 기(홀덕이), 꼬리, 양, 곤자소니. 전복, 해삼물을 넣고 은근히 불에 푹 고아야 국물이 진 하고 뽀얗다."라는 설명이 적혀 있다.

꼬리곰탕

꼬리곰탕은 쇠꼬리를 토막내어 쇠고기, 무와 함께 많은 양의 물에 넣어 푹 끓인 뒤 살만 추려서 끓이는 곰탕으로 어느 나이대나 즐겨먹는 국이다. 꼬리곰탕은 3~5인분만 끓이는 것보다는 10인분을 한 번에 끓여서 두고 먹는 것이 맛이 좋다.

재료 및 분량

쇠꼬리	1개(800g~1kg)	무침 양념	
조선무	1개	국간장	3큰술
물	5L 이상	다진 파	3큰술
달걀	1개	다진 마늘	1큰술
굵은 파	2대	소금	조금
소금	조금	후춧가루	1/4작은술
후춧가루	조금		

만드는 방법

재료 손질하기

1 쇠꼬리는 4~5cm로 토막 내어 찬물에 담가 핏물을 뺀다.

* 핏물이 쉽게 빠지지 않으면 하룻밤 정도 담가 핏물을 충분히 뺀다.

2 무는 흙을 털고 씻어 껍질을 벗기고 큼직하게 3~4등 분한다.

익히기

3 냄비에 썬 무와 5L 이상의 물을 넉넉히 부어 끓이다가 한참 끓으면 쇠꼬리를 넣고 익히면서 푹 끓인다.

4 쇠꼬리의 겉면이 익었으면 불을 줄여서 은근한 불에서 3시간 정도 고아 뽀얀 곡물이 우러나도록 끓이고, 익은 무는 꺼내 두고 국물 위에 떠오르는 거품과 찌꺼기 같은 것을 걸러낸다. 물이 졸아서 부족한 듯하면 더 붓는다.

5 고기가 충분히 무르게 익었으면 건져서 식힌 후 살만 추려서 먹기 좋은 크기로 뜯어 놓고 무도 먹기 좋은 크기로 나박썰기 한다.

6 고기와 무를 한데 넣고 양념을 분량대로 넣어 간이 고루 배게 무쳐 놓는다.

7 남은 국물은 체에 한 번 걸러 뽀얀 국물만 받는다. 여기에 양념한 고기와 무를 넣고 어우러지도록 끓인다.

8 곰탕을 끓이는 동안 황백지단을 부쳐 마름모꼴로 썰고, 파는 송송 썰어 놓는다.

9 국그릇에 고기와 무를 고루 담고 국물을 붓고 썬 파와 지단을 올리고, 소금과 후추를 내어 먹는 사람이 간을 맞추도록 한다.

갈비탕(가리탕)

탕국류

갈비탕은 소의 갈비를 토막 내어 끓인 국이다. 흔하게 먹는 한국의 전통음식이다.

재료 및 분량

쇠갈비 ······························ 1kg
무 ································· 1/2개
파 ································· 2뿌리
달걀 ································ 1개

무침 양념

다진 마늘 ······················· 2큰술
다진 파 ························· 2큰술
국간장 ························· 1큰술
소금 ························· 1작은술
후춧가루 ························· 조금

만드는 방법

재료 손질하기

1 갈비는 토막 내어 기름기를 떼고 가로로 2번 정도 칼집을 내어 찬물에 담가 핏물을 뺀 후 건져 놓는다.

2 찬물을 냄비에 넉넉히 붓고 무를 토막채 끓이다가 국물이 끓으면 불을 줄이고 갈비를 넣고 중간중간 거품을 걷으며 약한 불에 2~3시간 정도 끓인다.

3 익은 무는 도톰하고 네모나게 썰어 둔다.

양념하기 / 국물 내기

4 갈비를 젓가락으로 찔러 보아 잘 물렀으면 꺼내어 양념에 버무린다.

5 고기를 건진 국물을 식혀 위에 뜨는 기름을 걷고 다시 끓인다. 국간장과 소금으로 간을 한 후, 양념한 갈비를 넣어 한소끔 더 끓인다.

6 달걀은 황백지단을 부쳐 마름모꼴로 썰고 파는 송송 썬다.

7 갈비는 건져 썰어둔 무와 함께 그릇에 담고 국물을 붓고 황백지단과 파를 넣고 후춧가루를 뿌려 맛을 낸다.

* 갈빗살이 잘 익으면 건진 후 갈비구이를 만들 때와 같이 양념에 재어 두었다가 번철에 고루 구워서 무와 함께 그릇에 담아 갈비구이탕을 만들면 진한 맛을 낼 수 있다.

냉잇국

냉잇국은 조개, 된장, 고추장을 넣은 국물에 냉이를 넣고 끓인 봄철 음식이다.

재료 및 분량

냉이	150~200g	속뜨물	8컵
조개	150g	된장	4큰술
(껍질을 제거한		고추장	2작은술
것 2/3컵)			

만드는 방법

재료 손질하기

1 냉이는 누런 잎을 떼고 다듬어 깨끗이 씻고 끓는 물에 데친 다음 찬물에 헹구고 대강 썬다.

2 조개는 소금물에 담가 해감한 후 깨끗이 씻는다.

끓이기

3 물에 된장, 고추장을 풀어 조리에 한 번 받쳐 끓인다. 여기에 조개를 넣고 20분간 더 끓인 다음 채 썬 파와 마늘을 넣고 한소끔 끓인다.

* 조개 대신 마른 잔새우를 넣어도 좋다.

닭곰탕

닭곰탕은 닭을 오랫동안 끓여 만든 곰탕으로, 여름철에 많이 만들어 먹는다. 육개장처럼 매운맛이 나게 끓이기도 한다.

재료 및 분량

닭	1마리(1.5kg)	**닭고기 양념**	
물	3L	소금	1큰술
마늘	8톨	다진 파	4큰술
생강	1톨	다진 마늘	2큰술
파	4뿌리	참기름	2큰술
소금	조금	후춧가루	조금
후춧가루	조금		
고춧가루	조금		

만드는 방법

재료 손질하기

1 닭의 배를 갈라 내장을 꺼내고 뼈에 붙은 핏줄을 긁어 낸 후 씻어 둔다.

끓이기

2 솥이나 두께가 있는 냄비에 물을 넣고 끓이다가 닭을 넣고 끓인다.

* 닭의 크기에 따라 1시간에서 2시간 정도 푹 무르도록 삶는다.

3 끓이는 도중 마늘, 얇게 저민 생강, 10cm로 자른 파를 한데 넣어 끓인다. 위에 뜨는 기름과 거품은 수시로 걷어 낸다.

4 닭이 충분히 무르도록 익으면 건져서 살만 발라 낸다. 살은 손으로 대강 찢어 양념을 고루 묻힌다.

5 닭살을 국물에 다시 넣어 맛이 어우러질 때까지 끓이고 소금으로 간을 맞춘다. 후춧가루나 고춧가루, 다진 마늘은 상에 곁들여 낸다.

* 다진 마늘과 후춧가루는 먹기 바로 전에 넣어야 닭곰탕의 제맛을 살릴 수 있다.

약선tip
닭곰탕을 끓일 때 인삼을 넣으면 허약한 사람이나 영양 섭취가 부족한 사람에게 도움이 된다.

달래우거지탕

달래우거지탕은 새봄에 나는 달래를 넣어 끓인 음식이다. 달래우거지탕이 우거지찌개와 다른 점은 국물이 많고, 달래를 마지막에 넣어 봄내음이 많이 나도록 만들었다는 점이다.

재료 및 분량

우거지	1보시기(440g)
멸치	15마리
파	1뿌리
고추	1개
된장	2큰술
다진 마늘	2톨
다진 생강	1/4톨
들기름	1큰술
물	3컵
달래	1단

만드는 방법

재료 손질하기

1 말린 우거지를 물에 담갔다가 끓는 물에 한소끔 삶아 건진다. 찬물에 한 번 헹구어 물기를 꼭 짠 후에 잘게 썬다.

2 달래는 뿌리채 다듬어 5cm 길이로 썬다. 파는 채를 썰어 둔다.

3 멸치는 머리와 내장을 제거하고 몇 조각으로 쪼갠다.

끓이기 / 담기

4 썰어 놓은 우거지, 부순 멸치, 된장, 썰어 놓은 파, 다진 마늘, 다진 생강, 들기름을 넣고 양념이 고루 배도록 무친다.

5 끓는 물에 무친 우거지를 넣고 끓이다가 맛이 들면 풋고추 썬 것과 달래를 넣어 향이 사라지지 않도록 뜨거운 상태에서 그릇에 담아낸다.

대합탕

대합탕은 맑은 장국의 대표라 할 수 있는 음식이다. 커다란 대합에 고추, 실파, 마늘을 넣고 양념하여 뽀얗고 맑게 끓여 낸다.

재료 및 분량

대합(中)	1.2kg
소금	1작은술
다홍고추	1개
실파	30g
다진 마늘	1작은술
물	4컵

만드는 방법

재료 손질하기

1 대합은 검은비닐과 천을 덮어 소금물에 3~4시간 정도 담가 해감한 후 껍질을 솔로 싹싹 문질러 씻는다.

끓이기

2 다홍고추는 씨를 발라내고 3cm로 채 썬다.

3 실파는 다듬어 3~4cm 정도로 자른다.

4 냄비에 물 4컵과 소금을 넣고 끓으면 대합을 넣는다.

5 대합의 입이 벌어지면 채 썰어 놓은 홍고추, 실파, 다진 마늘을 넣고 한소끔 끓여 대접에 담아낸다.

  * 너무 오래 끓이지 않도록 주의한다.

두골탕

두골탕은 두골을 덮고 있는 얇은 막을 벗기고 쇠골을 얇게 떠서 전을 부친 다음
장국물에 한소끔 끓인 음식이다. 예부터 몸보신에 좋은 탕으로 여겨진다. 최근 광우병
논란이 두드러진 후로는 수입품은 이용하지 않는다.

재료 및 분량

두골	1/2개(150g)
쇠고기(양지머리)	100g
물	7컵
달걀	2개
밀가루	3큰술
파	1뿌리
청장	2큰술
후춧가루	1/4작은술

쇠고기 양념

간장	1큰술
후춧가루	1/4작은술
깨소금	2작은술
참기름	1작은술
다진 파	1큰술
다진 마늘	1/2큰술

만드는 방법

재료 손질하기

1 두골을 덮은 얇은 막과 핏물이 섞인 심줄을 벗긴다.

2 흰색의 두골은 얇게 저며 소금을 아주 조금씩 뿌리고 밀가루에 달걀 푼 물을 씌워 번철
에 기름을 두른 후 지진다.

장국 끓이기

3 쇠고기는 납작하게 썰어 자근자근 잔 칼질을 하고 양념하여 재어 둔다.

4 파는 다듬어 4~5cm 길이로 썰고 양념하여 재운 고기와 같이 끓는 물에 한데 넣고 장국
을 끓인다.

5 장국이 우러나면 청장으로 간을 하고 지져 놓은 두골을 잠깐 끓인 다음 그릇에 담는다.

탕국류

무황볶이탕(무쇠고기맑은탕)

무황볶이탕은 쇠고기를 얄팍하게 썰어 양념하여 썬 무와 함께 국을 끓인 것이다. 무 없이 쇠고기만으로 끓인 것은 '황볶이탕'이라고 한다.

재료 및 분량

조선무(小) ···················· 1개
쇠고기 ························ 100g
물 ···························· 6컵
달걀 ························· 1/2개
파 ··························· 1뿌리
청장 ························· 조금
소금 ························· 조금

쇠고기 양념

간장 ························· 1큰술
후춧가루 ····················· 조금
깨소금 ······················ 1작은술
참기름 ······················ 1작은술
다진 파 ······················ 2작은술
다진 마늘 ···················· 1작은술

만드는 방법

재료 손질하기

1 무는 크기 3×2cm, 두께 2~3cm로 네모나고 납작하게 썰어 물을 붓고 삶는다.

2 쇠고기는 얇고 잘게 썰어서 쇠고기 양념이 고루 배이도록 재어 놓는다.

3 달걀로 황백지단을 부쳐서 마름모꼴로 썰어 놓는다.

끓이기

4 냄비에 물을 끓여 양념한 고기를 넣어 익히고 따로 익힌 무를 국물과 한데 넣어 한소끔 끓인다.

5 파는 다듬어 2~3cm 길이로 썰고, 청장과 소금으로 간을 한 후 마름모꼴의 황백지단을 3~4개씩 띄운다.

* 간혹 지단 대신에 달걀을 풀어 줄알을 치기도 한다.

** 무를 제외한 황볶이탕(맑은쇠고기국)을 끓일 때는, 얇게 썬 쇠고기를 칼등으로 조금 두들겨 양념한 후 재어 두었다가 솥이나 냄비에 물을 펄펄 끓여서 양념에 잰 고기를 넣고 끓인다. 고기가 다 익은 다음 간을 맞추고 달걀을 풀어서 줄알을 친다.

미역국

미역국의 옛말은 '곽탕'이다. 산모의 몸보신을 위해 삶은 닭고기를 굵직하게 뜯어 미역과 함께 끓이기도 한다. 일반적으로는
쇠고기나 굴, 조개, 홍합 등을 넣고 끓인다. 미역은 물에 불리면 양이 10~12배 정도 불어난다.

재료 및 분량

마른 미역	30g
쇠고기	200g
참기름	1큰술
마늘	1톨

쇠고기 양념

간장	1큰술
후춧가루	조금
깨소금	1작은술
참기름	1작은술
다진 파	2작은술
다진 마늘	1작은술

만드는 방법

재료 손질하기

1 마른 미역은 찬물에 넣고 충분히 불면 몇 번 문질러서 찬물을 부어 씻는다.

2 불은 미역의 물기를 빼고 먹기 좋게 적당한 길이로 썬다.

끓이기 / 담기

3 냄비를 불에 올려 참기름을 두르고 다진 마늘 1톨을 넣어 마늘이 익으면, 씻어 손질해 놓은 미역을 넣고 잠깐 볶다가 물을 붓고 끓인다.

4 잘게 썬 쇠고기를 쇠고기 양념에 고루 무쳐 끓는 국에 한데 넣고 더 푹 끓인다.

5 국물이 뽀얗게 되면 간을 하여 그릇에 담는다.

음식 이야기

한국에서 산모가 아이를 낳고 제일 먼저 먹는 음식이 바로 흰쌀밥과 미역국이다. 산후 처음 먹는 국밥에는 고기 종류를 넣지 않고 맑게 끓인 미역국을 먹게 하며 몸이 회복될 때까지 미역국을 계속 준다. 이 시기 산모는 쇠고기미역국, 닭고기미역국, 홍합미역국, 굴미역국 등 입맛에 맞는 국을 여러 가지로 끓여 먹는다.
미역은 칼슘과 요오드가 풍부하고 자극성 적고 배설이 용이한 식품으로 산모의 자궁 수축을 돕는다. 해산미역은 길고 넓적하며 오래 끓여도 풀어지지 않는다. 이 미역은 뽀얀 국물이 우러나고 시원한 맛을 내므로 준비해 두었다가 산모에게 많이 먹이면 좋다.

미역찬국

오이냉국

마른 미역을 물에 불려 더운 여름철에도 언제든 만들 수 있는 찬국이다. 미역과 오이만으로 찬국을 끓일 수도 있고, 사태편육을 조금 섞어 만들 수도 있다.

오이냉국은 신선한 오이 내음이 풍기는 간단하게 만들 수 있는 여름 냉국이다. 약간 신맛이 나며 여름철 입맛을 돋우어 주는 음식이다.

재료 및 분량

		양념	
미역	20g	진간장	2큰술
사태편육	50g	다진 파	2작은술
오이	1개	다진 마늘	1작은술
물	6컵	깨소금	1작은술
청장	2큰술	참기름	1작은술
식초	3큰술		
소금	적당량		

재료 및 분량

		양념	
오이	2개(250g)	간장	1큰술
물	6컵	고춧가루	1/2작은술
청장	1큰술	깨소금	1작은술
식초	3큰술	다진 파	2작은술
소금	조금	다진 마늘	1/2작은술

만드는 방법

재료 손질하기

1 미역은 물에 불려 깨끗이 주물러 씻어 물기를 빼고 4~5cm로 썬다.

2 익혀 놓은 사태편육을 4cm로 얇고 가늘게 채 썬다.

3 오이는 소금으로 문지른 후 가로로 채 썬다.

양념하기 / 담기

4 모든 재료를 섞어 양념으로 간을 한 후, 다른 대접에 청장과 식초로 간을 하여 대접에 붓고 섞어 찬 냉국을 만든다.

만드는 방법

재료 손질하기

1 오이 겉표면을 굵은 소금으로 문질러 씻어 어슷썰기하고 다시 채로 곱게 썬다.

2 간장, 파, 마늘, 고춧가루, 깨소금을 넣고 양념한 후 숨이 죽도록 잠깐 둔다.

담기

3 물에 식초와 청장으로 간을 하고 싱거우면 소금을 조금 넣는다.

4 3에서 양념한 오이채를 부어 냉국을 만든다. 식초는 기호에 따라 가감한다.

5 차게 식힌 대접이나 유리 그릇에 냉국을 담는다.

해물냉국

미역이나 오이, 짠지로 여름철 냉국을 자주 만드는데, 바닷가에서는
신선한 해물과 채소를 섞어 해물냉국을 만들기도 한다. 신선한 해삼,
멍게, 저민 전복살로 만든 냉국은 싱그러운 바다내음이 나서 입맛을
돋운다. 이 냉국은 남쪽의 바닷가 사람들이 자주 먹는 물회와
비슷하나 맵지 않게 만들어야 더욱 좋다.

재료 및 분량

해삼	3마리	**양념**	
전복	2마리	간장	2큰술
멍게	3마리	사과식초	4큰술
오이	1개	다진 마늘	2작은술
배	1/2개	실파(썬 것)	2큰술
비트	1/3개	소금	1작은술
		물	적당량
		매실청	4큰술
		얼음	적당량

만드는 방법

재료 손질하기

1 신선한 해삼을 한입 크기로 자른다.

2 전복은 솔로 앞면과 가장자리의 검은 부분을 소금
   과 솔로 문질러 씻고 5~6조각으로 자른다.

3 멍게는 속을 파고 살을 뗀 후 한입 크기로 자른다.

4 오이는 도돌거리는 겉 껍질을 소금으로 문질러 씻고
   채로 썬다. 배, 비트는 껍질을 벗기고 채로 썬다.

양념에 재기 / 물 섞기

5 해물과 썬 채소를 모두 넣고 소금과 사과식초 2큰술
   을 넣고 2분 정도 둔다.

6 나머지 양념을 모두 넣고 휘저어서 맛이 고루 섞이
   게 하고, 얼음을 넣어 차게 한 후 작은 그릇에 담아
   물을 부어 먹는다.

배추속댓국

배추속댓국은 가을이나 겨울에 제맛을 낸다. 배추속대는 배추에 있는 작은 속대 잎을 말한다. 넓고 긴 배춧잎은 잘라 토장국을 끓인다. 쇠고기 대신 멸치를 넣고 끓여도 좋다.

재료 및 분량

배추속대 ···················· 500g
쇠고기 ··············· 50~100g
된장 ··························· 2큰술
고추장 ····················· 1큰술
무 ····························· 200g
굵은 파(또는 움파) ····· 1뿌리
속쌀뜨물 ···················· 8컵

쇠고기 양념

간장 ·························· 1큰술
후춧가루 ························ 조금
깨소금 ···················· 2작은술
참기름 ···················· 1작은술
다진 파 ··················· 1작은술
다진 마늘 ·············· 1/2작은술

만드는 방법

재료 손질하기

1 배추속대의 작은 잎은 그대로 두고, 길고 넓은 잎은 5cm로 자른다. 넓은 잎은 길게 자른다.

2 무는 사선으로 어슷하게 길게 썬다.

3 쇠고기는 얄팍하고 잘게 썰어 잔 칼질을 하여 양념에 무쳐 재어 놓는다.

4 쌀을 씻어 두 번째 나오는 속쌀뜨물을 받아 둔다.

끓이기 / 담기

5 쇠고기를 냄비에 볶다가 쌀뜨물을 넣고 끓인다. 여기에 된장과 고추장을 풀어 조리나 체를 받쳐 건더기가 들어가지 않도록 한다.

6 장국이 끓어 고기가 다 익으면 파를 4~5cm로 썰어 배추속대와 무을 넣고 다시 푹 끓여 그릇에 담는다.

* 연한 파잎과 씨를 바른 풋고추를 먹기 전에 넣어 한소끔 끓은 후 그릇에 담으면 더 맛이 좋다.

탕국류

북어탕 I

북어탕은 마른 명태를 끓인 국으로, 아침 밥상에 올리거나 해장국으로 이용하며 만드는 방법이 다양하다. 명태와 황태를 섞어 끓이거나, 무와 콩나물·다시마를 넣고 끓이기도 한다. 마지막에는 꼭 달걀로 줄알을 쳐서 끓인다.

재료 및 분량

북어포 ····································· 1마리
쇠고기(양지머리) ············· 50g
달걀 ··· 2개
실파 ······································ 6뿌리
　(또는 채 썬 굵은 파)
국간장 ································· 1큰술
소금 ······································· 조금
물 ··· 5컵

쇠고기 양념

국간장 ······························ 1작은술
참기름 ······························ 1작은술
다진 마늘 ························ 1작은술
다진 생강 ····························· 조금
후춧가루 ······························· 조금

만드는 방법

재료 손질하기

1 쇠고기는 납작하게 썰어 양념하여 볶고 물을 넣어 끓여 맑은 장국을 끓인다.

2 북어포는 물에 적셔 불렸다가 물기 없이 꼭 짜서 5~6cm로 잘게 찢고, 실파는 3~4cm로 썰어 풀어 놓은 달걀에 북어와 실파를 넣고 휘휘 젓는다.

끓이기

3 맑은 장국이 끓으면 준비한 달걀에 북어, 실파를 한 숟가락씩 넣고 국간장으로 간을 맞춘다.

북어탕 II

재료 및 분량

북어포	1마리	실파	4뿌리
무	1토막(4cm)		(또는 대파 2뿌리)
다시마	1토막	후춧가루	조금
물	5컵	밀가루	1큰술
달걀	1개		

만드는 방법

재료 손질하기 / 끓이기

1. 다시마는 찬물에 넣어 불려 둔다.

2. 무는 너비 1cm, 길이 4cm로 썰어 다시마국에 넣고 끓인다.

3. 북어포는 물에 적셔 불렸다가 가늘게 찢어 물기를 제거한 후 밀가루를 뿌린다.

4. 3에 달걀과 실파를 넣고 끓는 맑은 장국에 한 숟가락씩 떠 넣은 다음 청장과 소금으로 간을 맞춘다.

북어탕 III

재료 및 분량

북어포	1마리	달걀	1개
무	1토막	청장	1큰술
실파	6뿌리	후춧가루	조금
물	6컵	다진 마늘	1작은술

만드는 방법

재료 손질하기

1. 북어포는 잘게 찢어 냄비에 참기름을 두르고 살짝 볶는다.

끓이기

2. 물을 붓고 끓이다가 실파는 다듬어 4cm 길이로 자르고 무는 너비 1cm, 길이 4cm로 얇게 썰어 넣고 같이 끓인다.

3. 북어가 부드럽게 풀어지고 무가 말갛게 익으면 실파, 청장, 마늘, 후춧가루를 넣어 간을 맞춘다.

4. 맛이 어우러지면 달걀을 풀어 줄알을 쳐서 익힌 후 그릇에 푼다.

생태맑은탕

생태맑은탕은 동태를 사용하지 않고, 신선한 명태를 맑게 끓인 깔끔한 맛의 국물 음식이다.

재료 및 분량

생태	1마리
쇠고기	50g
두부	1/4모
무	1/4개
풋고추	3개
붉은 고추	2개
굵은 파	1/2개
다진 마늘	1큰술
다진 생강	1작은술
청주	1큰술
국간장	2큰술
물	4컵

쇠고기 양념

다진 마늘	1/2작은술
참기름	1작은술
깨소금	조금
소금	조금
후춧가루	1/8작은술

만드는 방법

재료 손질하기

1 싱싱한 생태의 내장과 아가미를 떼어 내고, 지느러미를 자른 후 흐르는 물에 씻어 5cm 크기로 토막 낸다.

2 두부, 무는 1cm 두께에 3×4cm 크기로 썬다.

3 고추는 2등분하여 씨를 털고 마늘, 생강은 다진다.

국물 내기

4 쇠고기는 잘게 썰어 밑간을 해서 볶다가 물을 넣어 국간장으로 간을 맞춘다.

5 무를 맑은 장국에 넣어 반쯤 익으면 생태를 넣고 마늘, 생강, 청주를 넣는다.

6 생선이 익으면 거품을 걷어 내고 풋고추, 붉은 고추, 파, 두부를 넣고 한소끔 끓여 두부가 부드러워지면 불에서 꺼낸다.

음식 이야기

신선한 명태를 얼리지 않고 그대로 탕을 끓이거나 포를 떠서 전유어를 만들면 얼린 동태의 살보다는 얼리지 않은 생선살이 부서지지 않고 탄력이 있어 맛이 좋다. 생선으로 맑은 탕을 끓일 때에는 국물이 탁하지 않게 하고, 맑게 끓이고 싶을 때에는 토막 낸 생선을 끓는 물에 잠간 데친 후 장국에 넣으면 된다.

탕국류

삼계탕(영계백숙)

삼계탕은 어리고 연한 닭을 통째로 손질하여 뱃속에 불린 찹쌀과 마늘, 대추, 인삼을 채워 흘러나오지 않게 하고 오래 끓인 것으로 영계백숙, 계삼탕이라고도 하며 여름철 보양음식으로 손꼽힌다. 삼을 넣지 않고 닭만 끓여 내면 영계백숙이라고 한다.

재료 및 분량

영계	4마리
	(1마리당 약 600g)
찹쌀	2컵
마늘	8~10톨
대추	8개
수삼(小)	4뿌리

물	3~5L(15컵)
소금	1큰술
생강즙	1큰술
후춧가루	조금
소금	조금
후춧가루	조금
파	조금

만드는 방법

재료 손질하기

1 5~6개월 미만의 영계를 배를 가르지 않은 상태로 준비하여 내장을 모두 꺼내고 깨끗이 씻는다. 꽁지 부분을 잘라 내고 기름덩어리를 모두 뗀 뒤, 찬물에 겉과 뱃속을 다시 한 번 씻어 물기를 뺀다.

2 찹쌀은 씻어서 1시간 동안 불린 뒤 물기를 빼 둔다.

3 수삼은 겉을 씻고 수삼머리(뇌두)를 잘라 내고 굵은 것은 반으로 가른다. 대추는 씻어 두고 마늘은 껍질을 벗겨 통째로 준비한다.

끓이기

4 손질한 닭의 뱃속에 불린 쌀, 마늘, 대추 2~3개를 넣고 수삼을 넣는다. 닭의 배가 너무 꽉 차게 하지 말고 헐렁하게 하며 갈라진 자리를 실로 묶거나 꼬치로 꿰어 속재료가 익는 동안 나오지 않도록 고정한다.

* 삼계탕을 5인분 정도 만들 때는 찹쌀을 충분히 불려 닭 뱃속에 넣고 익혀도 된다. 하지만 10인분 이상을 만들 때는 찹쌀이 익지 않을 수 있으므로 먼저 찹쌀로 밥을 지어 대추, 마늘, 생인삼을 넣고 갈라진 곳을 봉한 후 국물에 넣고 익혀야 안심하고 먹을 수 있다.

5 큰 냄비에 닭 4마리를 넣고 물을 부어서 끓인다. 처음에는 강한 불에 끓이다가 불을 약하게 줄여 서서히 1시간 이상 끓여 쌀이 충분히 익게 한다.

* 이 과정에서 쌀이 팽창되고 마늘, 대추, 인삼 냄새가 자연히 스며든다.

6 살이 무르도록 익었으면 닭을 건져 실이나 꼬치를 빼고 1마리씩 담는다.

7 소금, 후춧가루 생강즙으로 국물에 간을 맞춘다.

8 큰 대접이나 1인용 냄비에 닭을 1마리씩 담아 국물을 붓고 소금, 후춧가루, 잘게 썬 파를 곁들여 낸다. 먹을 때는 기호에 따라 뱃속의 찹쌀밥을 파 등으로 조미하여 먹는다.

* 백숙이나 삼계탕을 끓일 때 녹두를 조금 넣으면 독특한 누린 내를 잡을 수 있다.

탕국류

설렁탕

설렁탕은 사골과 도가니 등 소뼈를 넣어 끓이는 음식이다. 이때 양지머리, 사태, 우설, 허파, 지라 등도 같이 넣어 먹을 수 있다.
설렁탕을 먹을 때는 뼈를 꺼내고 여러 가지 고기는 얄팍하게 썰어 넣고 먹는 사람이 소금과 후춧가루, 파를 넣어 간을 맞춘다.

재료 및 분량

쇠머리	2kg
쇠족	1개
사골	1개
도가니	1개
잡뼈	2kg
사태	500g
양지머리	500g
물	20L
굵은 파	5뿌리
마늘	2통
생강	1통
흰파	조금
소금	조금
고춧가루	조금
후춧가루	조금

만드는 방법

재료 손질하기

1 쇠머리, 쇠족, 사골, 도가니는 토막낸 것으로 준비하고 깨끗이 씻어 찬물에 1시간 동안 담가 핏물을 빼고 건진다.

2 사태나 양지머리 등 국거리용 고기를 덩어리째 씻은 후 건진다.

끓이기 / 담기

3 큰 솥에 물을 붓고 쇠머리, 쇠족, 사골, 도가니, 고기 붙은 잡뼈를 넣어 끓인다. 센 불에 끓어오르면 불을 약하게 하고 위에 떠오르는 기름과 거품을 걷어 낸다.

* 끓는 도중 파와 마늘 생강을 크게 썰어 함께 넣으면 고기의 누린내를 없앨 수 있다.

4 2시간 정도 끓여 고기가 반 정도 무르게 되고 국물이 우러나면, 양지머리와 사태를 덩어리째 넣어 1시간 이상 끓여 고기가 충분히 익을 때까지 중불~약불에서 서서히 끓인다.

5 국이 충분히 고아져서 맛이 들면 건더기를 건지고 국물을 식힌 다음 기름을 걷어 낸다. 뼈에 붙은 고기는 발라 내고 양지머리와 사태고기는 얇게 편육으로 썬다.

6 국물은 간을 하지 않고 다시 끓여 담을 그릇을 따뜻하게 덥힌 후 편육을 담고 국물을 담는다.

7 설렁탕을 담는 대접과 함께 파, 소금, 후춧가루, 고춧가루를 따로 담은 그릇을 곁들여 내어 먹는 사람의 기호에 따라 넣어 먹도록 한다.

음식 이야기

우리나라는 신라시대부터 농사를 위해 신농을 모시는 제사인 선농제를 지냈다. 선농제는 조선시대 말까지 계속되었다. 서울의 동대문 밖 종암동에는 여전히 선농단이 남아 있다. 태조, 태종, 세종 때에는 선농단에서 제사를 지내고 설렁탕을 끓였다는 기록이 남아 있다. 설렁탕은 선농단에서 끓였다는 의미로 '선농탕'이라고 했다가 점차 '설농탕', '설렁탕'이라고 부르게 되었다.

소루쟁이탕

소루쟁이탕은 밭이나 야산에서 나는 소루쟁이가 여름철이 되어 억세지기 전에 뜯어서 토장국에 끓인 국이다.
소루쟁이가 들어 있어 봄의 향미를 느낄 수 있는 음식이다.

재료 및 분량

소루쟁이	200~500g	**쇠고기 양념**
모시조개	200g	간장 ········· 2작은술
(혹은 쇠고기 100g)		다진 파 ········· 2작은술
된장	2큰술	다진 마늘 ········· 1작은술
고추장	1/2큰술	참기름 ········· 1작은술
물(쌀뜨물)	5~7컵	후춧가루 ········· 조금
파	30g	
마늘	1작은술	

만드는 방법

재료 손질하기

1 소루쟁이 어린 것은 씻어서 그대로 쓰고 큰 것은 데쳐 놓는다.

2 쇠고기는 얇게 저며 썰어서 양념한 다음 냄비에 넣고 살짝 볶는다.

끓이기

3 쌀뜨물에 된장과 고추장을 걸러 붓고 볶은 쇠고기와 소루쟁이를 넣고 끓인다.

송이탕(송잇국)

송이탕은 장국에 송이버섯을 넣고 끓여 만든 음식이다.
향기가 좋은 천연 송이는 향을 살리기 위해 오래 끓이지 않으며 쇠고기 역시 적은 양을 다져 넣는다.

재료 및 분량

송이버섯	5개	**쇠고기 양념**
쇠고기(우둔, 다진 것)	80g	간장 ········· 1큰술
물	4~6컵	후춧가루 ········· 조금
청장	1큰술	깨소금 ········· 1작은술
실파	2뿌리	참기름 ········· 1작은술
		다진 파 ········· 2작은술
		다진 마늘 ········· 1/2작은술

만드는 방법

재료 손질하기

1 다진 쇠고기는 고루 간이 배이도록 조물조물 무쳐 양념한다.

2 냄비에 물을 부어 끓이고 물이 끓으면 1을 넣고 풀어지도록 저어서 익힌다.

3 송이는 소금물에 담갔다가 잘 드는 칼로 겉을 얇게 긁어서 벗긴다. 깨끗한 송이의 경우 그대로 쓰고, 모래가 붙은 밑동과 딱딱한 부분을 자르고 다듬는다.

끓이기 / 담기

4 송이는 길고 납작하게 썰어 송이 모양이 남도록 썰고, 끓는 장국에 넣어 한소끔만 끓인 후 청장으로 짜지 않게 간을 맞춰 그릇에 담는다.

* 이때 너무 오래 끓이지 않도록 주의하고, 마늘은 따로 넣지 않는다.

아욱국

탕국류

아욱국은 아욱 줄기의 질긴 껍질을 벗기고 보리새우를 넣어 토장국으로 끓여 먹는 음식이다. 때에 따라 쇠고기나 멸치로
맛을 내기도 한다.

재료 및 분량

아욱	200g
보리새우	50g
쌀뜨물	8컵
된장	3큰술
고추장	1큰술
파	1뿌리
다진 마늘	2작은술
청장	조금
소금	조금

만드는 방법

재료 손질하기

1 연한 아욱은 그대로 쓰고, 줄기가 굵은 아욱은 줄기를 꺾어 껍질을 벗기고 잎과 함께 파란물이 나올 때까지 으깨어 씻어 건진다.

2 마른 보리새우는 마른 행주로 싸서 비벼 수염과 다리를 대강 떼어 내면 깔끄러운 것이 없어진다.

끓이기

3 냄비에 쌀을 씻은 두 번째 속뜨물을 받아 담고 된장과 고추장을 풀고 보리새우를 넣어 토장국을 끓인다.

4 국물에 맛이 충분히 들면 아욱과 어슷하게 채 썰어둔 파, 다진 마늘을 넣고 끓인다.

5 맛이 어우러지게 끓여지면 간을 보고, 부족할 경우 청장과 소금으로 간을 맞춘다.

음식 이야기

옛말에 "가을 아욱국은 막내 사위만 준다." 또는 "가을 아욱국은 자기 계집도 내쫓고 먹는다.", "가을 아욱국은 문 닫아걸고 먹는다."라는 속담이 있다. 가을철 아욱으로 끓인 아욱국은 맛이 좋고 한국인의 생활과 밀착된 음식이다.

어글탕

어글탕은 북어 껍질에 잔칼질을 하고 다진 쇠고기를 양념하여 껍질에 붙여 전으로 지진 다음 장국에 끓인 탕이다.
교질 성분인 콜라겐을 섭취할 수 있는 음식이다.

재료 및 분량

북어 껍질 ···················· 4장
쇠고기(다진 것) ········· 100g
두부 ········· 1/4모(80~100g)
숙주(데친 것) ·············· 1/2컵

양념
다진 마늘 ···················· 1큰술
다진 파 ······················· 2큰술
깨소금 ························· 1큰술
참기름 ························· 1큰술
간장 ························· 2작은술
소금 ····························· 약간
달걀 ······························ 2개
실파 ···························· 3뿌리
밀가루 ························· 적당량

장국
쇠고기(장국용) ············· 50g
물 ································· 6컵
청장 ····················· 1큰술 정도
소금 ······························ 조금

만드는 방법

재료 손질하기

1 마른 북어 껍질은 물에 잠깐 적셔 촉촉하게 한다. 비늘은 긁고 씻어 물기를 닦은 후 칼집을 넣어 오므라들지 않게 한다.

지지기

2 곱게 다진 쇠고기, 잘게 다진 숙주, 으깬 두부를 같은 양념을 넣고 고루 섞는다.

3 껍질 안쪽에 밀가루를 조금 뿌리고 2를 얇게 펴고 눌러서 모양을 만들어 밀가루를 묻히고 달걀을 씌운다. 번철에 기름을 두르고 지져서 3×5cm(또는 2×4cm)의 장방형으로 썬다.

끓이기 / 담기

4 쇠고기 50g을 납작하고 얇게 썰어 양념하여 끓는 물에 넣고 맑은 장국을 끓인다.

5 장국이 끓으면 간을 보아 청장과 소금으로 간을 맞춘 후, 전으로 부쳐 썰어 놓은 것과 실파를 넣고 한소끔 끓여 그릇에 담는다.

육개장

육개장은 고기를 넣어 얼큰하게 끓인 국이다. 양지머리와 사태, 국거리 내장을 넣고 오랫동안 끓여서 무르게 삶아 굵은 파를 많이 넣고 고춧가루로 매운 맛이 나도록 하여 끓인다. 육개장은 여름철 보신탕이다. 옛날 궁중에서 먹던 육개장에는 지저분한 여러 가지 채소가 들어가지 않았다.

재료 및 분량

육수		쇠고기 양념	
양지머리	200g	고추장	1½작은술
사태	100g	고춧가루	1큰술
물	3L	청장	1작은술
대파	2~5뿌리	생강즙	1작은술
양	100g	다진 파	1큰술
곱창	100g	다진 마늘	1큰술
곤자소니	100g	후춧가루	1/4작은술
밀가루	1큰술	참기름	1작은술
굵은	소금		
생강	1톨		
마늘	3톨		
달걀	1개		

만드는 방법

재료 손질하기

1 냄비에 물을 붓고 뜨거워지면 양지머리와 사태를 넣고 1~2시간 정도 끓인다.

2 양은 굵은 소금으로 문질러 씻는다. 끓는 물을 부어 칼로 검은 껍질을 벗기고 안쪽의 얇은 막과 기름기를 제거하고 깨끗이 씻는다.

3 곱창은 굵은 소금과 밀가루를 뿌리고 주물러 헹군 후 속에 굵은 소금을 넣고 주무른 뒤 물을 틀어 깨끗이 씻고 기름기를 뜯어 낸다.

4 곤자소니는 칼끝으로 쪼개 굵은 소금으로 비벼 깨끗이 씻는다.

5 양, 곱창, 곤자소니를 함께 끓이다가 어느 정도 익으면 생강을 넣고 푹 삶아 얄팍하게 어슷어슷 썬다.

끓이기

6 익은 양지머리는 찢고 사태는 썰어서 양념을 넣고 간을 맞춘다.

7 고기 삶은 국물은 함께 담아 기름기를 걷어 낸다. 대파를 조금 넣어 끓일 때는 7cm로 크게 어슷썰기 하여 끓는 물에 숨을 죽여 국물에 넣고 한소끔 끓인다.

* 대파를 많이 넣어 끓일 때는 5~7cm로 잘라서 굵은 소금을 넣고 으깨어 국물에 넣으면 오랫동안 끓인 맛이 나서 시간이 절약되며, 파가 부드러워진다.

8 육수가 끓으면 준비된 파와 6에 양지머리사태 양념한 것을 같이 넣고 얼큰한 맛이 날 때까지 끓인다.

9 맛이 들면 달걀을 줄알 쳐서 얇게 퍼지도록 국에 넣어 끓인다.

임자수탕

탕국류

임자수탕의 순우리말은 '깻국탕'이다. 이 음식은 닭고기를 끓여 그 국물에 참깨를 갈아 깻국을 만들고 건진고기는 양념하여 갖은 고명과 함께 보기 좋게 담아 봉오리를 얹어 차게 먹는다. 여름 보양식에 속하며 궁중이나 반가에서도 먹던 음식이다.

재료 및 분량

재료	분량
닭(1/2 마리)	600g
생강	1톨
참깨 볶은 것	1컵
소금	조금
오이	1/2개(150g)
당근	1/2개(70g)
표고버섯	3장
달걀	3개
미나리	100g
석이버섯	3장
밀가루	적당량
식용유	적당량
쇠고기(우둔, 다진 것)	100g
두부	50g

완자 양념

재료	분량
진간장	1큰술
설탕	1작은술
깨소금	1작은술
다진 파	1/2작은술
다진 마늘	1/4작은술
참기름	1작은술
후춧가루	조금

만드는 방법

재료 손질하기

1. 닭은 남은 잔털을 없애고 핏물을 뺀 후 깨끗이 씻어 닭이 잠기도록 물을 넣고 생강편을 넣고 푹 삶아 익힌다. 닭국 위에 뜬 기름을 걷은 후 국물 6컵을 만든다.

2. 볶은 참깨는 분마기에 갈아 고운 깻가루로 만든 후, 닭 국물을 조금씩 부어가며 블렌더에 갈아 깨즙이 우러나도록 하여 찌꺼기가 없도록 채에 밭쳐 소금으로 간을 맞춘다. 찌꺼기는 버린다.

3. 오이는 껍질을 살짝 벗기고 길이 4cm, 폭 2cm, 두께(과육) 0.5cm로 썰어 녹말을 묻혀 끓는 소금물에 겉만 익도록 넣었다 꺼낸다. 당근도 같은 크기로 썰어 소금물에 데친다.

4. 표고버섯은 불려 기둥을 떼고 오이와 비슷한 크기로 썰어 팬에서 볶는다. 석이버섯은 이끼를 없애고 달걀흰자 위에 석이지단을 부쳐 놓는다.

5. 미나리는 잎을 떼고 줄기에 밀가루 달걀물을 씌워 미나리초대로 부쳐 놓는다.

6. 달걀은 황백지단을 도톰하게 부쳐 놓는다.

끓이기

7. 다진 쇠고기는 곱게 다시 한 번 다져 으깬 두부를 섞고 완자 양념으로 고루 버무러서 1~1.5cm의 봉오리를 빚어 밀가루와 달걀물을 씌워 팬에 지져 낸다.

8. 삶아낸 닭고기는 잘게 찢어서 소금과 후추로 살짝 밑양념을 한다.

9. 미나리초대는 4cm×1.5cm로 썰고, 황백지단과 석이지단도 같은 크기로 썬다.

10. 대접 가운데에 닭고기를 담고 그 위에 돌려가며 오이, 표고버섯, 석이지단, 당근, 황백지단 등을 색 맞추어 담고 가운데에 봉오리를 얹는다.

11. 차게 식힌 깻국물을 조심스럽게 붓는다.

* 추운 날에는 깻국을 따뜻하게 데워 먹어도 좋다.

잡탕

잡탕은 《의궤》에 기록되어 있는 음식이다. 궁중음식 중에서도 아주 고급스러운 탕으로 여겼다. 최근에는 잡탕이라는 이름 때문에 아무거나 넣고 끓인 하찮은 국이라고 생각하기도 하나, 실제로는 여러 가지 귀한 재료를 넣고 정성을 다해 만들어야 하는 음식이다.

재료 및 분량

쇠고기(사태)	200g
양지머리	200g
곤자소니	100g
양	100g
곱창	100g
등골	100g
미나리(大)	1/2단(100g)
실파	1단
두부	1/4모(50g)
달걀	4개
해삼	2개
표고	3장
석이버섯	3장
무(中)	1/2개
다진 쇠고기	50g
두부	30g
밀가루	조금
잣	1작은술
물	20컵

양념

간장	2큰술
소금	1작은술
후춧가루	조금
깨소금	1큰술
참기름	1큰술
다진 파	2큰술
다진 마늘	1큰술

만드는 방법

재료 손질하기

1 사태육은 덩어리째 무와 함께 끓여 육수를 만든다.

2 곤자소니는 물에 넣고 끓여 수축하여 작아지면 썰어 둔다.

* 곤자소니는 소의 맨 마지막 장으로 오글오글 주름이 잡혀 있으며, 국에 넣으면 맛이 좋다.

3 양은 검은색 껍질을 씻고 끓는 물에 튀하여 칼로 여러 번 긁어 검은 것을 없애고 물에 넣어 1시간 이상 끓여 익히고 건져 이용한다.

4 곱창은 소금으로 문질러 냄새를 없애고 군더더기 기름을 떼고 밀가루를 넣고 주물러 다시 한 번 냄새를 없애고 물에 끓여 익힌다.

5 등골은 얇은 막을 벗기고 중심에 접한 곳을 손가락을 넣어 펼치고 넓힌 다음 소금, 후춧가루를 뿌리고 밀가루, 달걀을 씌워 전을 부친다.

6 다진 쇠고기는 양념하여 두부를 으깨어 같이 양념하고 봉오리를 만들어 놓는다.

7 미나리는 잎을 떼어 내고 줄기를 나란히 모아 절반 길이로 자르고 밀가루를 입힌 후 달걀물에 적셔 초대로 전을 부친다.

8 마른 해삼은 3~4일간 불려 부드럽고 교질성이 있는 해삼이 되게 불린다.

9 표고버섯은 마른 것을 미지근한 물에 담가 불려서 쓴다. 진간장과 참기름으로 간한다.

10 석이버섯은 미지근한 물에 불려 이끼가 있는 곳을 칼로 긁고 돌을 떼어내고 검은 부분은 그대로 두고 이끼가 있던 흰 부분에 밀가루를 묻히고 달걀 흰자위를 적시어 전으로 부친다.

탕국류

초교탕

초교탕은 익힌 닭고기를 잘게 찢어 도라지, 미나리, 버섯을 채로 썰고 달걀물에 적신 후 닭 육수에 넣어 손쉽게 만든 따뜻한 국이다.
찬으로 이용할 수 있는 음식이다.

재료 및 분량

닭(中)	1/2마리(400g)
생강	1톨
물	6컵
생도라지	50g
미나리(또는 오이)	30g
쇠고기	50g
마른 표고버섯	3장
밀가루	2큰술
달걀	1½개
잣	조금

닭고기 양념

소금	1/4작은술
다진 파	1작은술
다진 마늘	1/2작은술
참기름	1작은술
생강즙	1작은술
흰 후춧가루	조금

쇠고기 양념

국간장	1작은술
다진 파	1작은술
다진 마늘	1/2작은술
참기름	조금
후춧가루	조금

만드는 방법

재료 손질하기

1 생도라지는 가늘게 찢어 쓴맛을 뺀다.

2 미나리는 다듬어 3cm로 잘라 끓는 물에 데쳐 찬물에 헹군다.

3 손질한 닭을 생강편과 함께 물에 익히고 살은 건져 찢고 국물은 기름 없이 밭친다.

양념하기

3 찢어 놓은 닭살과 도라지, 미나리를 합하여 닭고기 양념에 묻힌다.

4 쇠고기는 다지고 표고버섯은 불려서 기둥을 떼고 채 썰어 쇠고기 양념으로 묻힌다.

5 양념한 것을 모두 합한 것에 밀가루를 가볍게 뿌리고 달걀을 넣고 잘 섞은 다음 덩어리가 되지 않도록 가볍게 섞는다.

끓이기

6 닭육수에 간을 맞추어 끓이다가 반죽한 건더기를 한 수저씩 넣고 떠오르면 불을 끈다.

7 국물에 참기름과 후춧가루를 넣고, 맨 위에 잣과 지단을 올린다.

탕국류

초계탕

초계탕은 임자수탕과 유사한 여름철 보신탕이다. 임자수탕과 다른 점은
닭고기를 저미고 조미하여 녹말을 묻혀 쪄 냈다는 것이다. 이것은 반가의
음식으로 귀한 식재료를 넣어 만든 훌륭한 탕이다.

재료 및 분량

닭	1마리
물	7컵

깻국

참깨	1/2컵(8큰술)
닭육수	6컵
소금	1/2큰술
후춧가루	조금

고명

전복살	30g(1개)
오이	30g
표고버섯	2개
배	1/2개
참기름	1개
잣	1큰술

양념

녹말가루	조금
흰 후춧가루	조금
대파	1단
마늘	2톨
생강	1톨

만드는 방법

재료 손질하기 / 국물 내기

1 깨끗하게 손질한 닭은 살만 한입 크기(너비 3~4cm, 두께 0.5cm)로 저며서 소금, 후춧가루로 밑간 한 다음 녹말을 묻혀 김 오른 찜통에 15분가량 찐다. 남은 뼈 등에 물 7½컵을 붓고 생강 1톨을 저며 넣고 푹 끓여 닭육수를 만들어 놓는다.

2 깨는 깨끗이 씻고 일어서 타지 않도록 노랗게 볶아 분마기에 곱게 간 후, 닭육수 6컵으로 걸러서 깻국을 준비한다. 깻국이 다 되면 소금과 후춧가루로 간을 맞춘다.

3 전복은 소금으로 문질러 깨끗이 씻고 살짝 데쳐 얇게 썬다.

4 오이는 깨끗이 씻어 껍질을 벗기고 과육을 1.5×4cm의 골패 모양으로 자른 뒤 전분을 묻혀 끓는 물에 살짝 데친다.

5 표고버섯은 불려서 손질하여 같은 크기로 썰어서 식용유에 살짝 볶거나 전분을 묻혀 끓는 물에 데친다.

* 표고버섯을 볶을 때 식용유를 많이 쓰면 좋지 않다.

6 배는 골패 모양으로 썰고 잣은 손질하고 달걀은 지단을 부쳐 역시 같은 크기로 썬다.

7 달걀은 도톰한 황백지단으로 부쳐 오이 모양으로 썬다.

담기

8 대접에 준비해 둔 닭고기, 전복, 오이, 표고, 배를 담고 깻국을 부은 뒤 잣과 알지단을 띄운다.

약선 tip

닭의 잡뼈를 넣어 국물을 만들 때 황기, 오가피를 넣어서 끓여 그 국물을 육수로 이용하면 몸의 기(氣)를 높이는 데 도움이 된다.

탕국류

추어탕 I 전라도식 추어탕

추어탕은 초가을 논에 물을 빼고 도랑에서 살찐 미꾸라지를 잡아 배추, 토란대, 된장, 들깨즙 등을 넣고 걸쭉하게 끓인 국이다.
여기서 소개하는 전라도·서울·경상도의 추어탕은 맛과 재료가 조금씩 다르다. 공통점이 있다면, 미꾸라지를 손질할 때 소금을 넣어
서로 부비며 호박잎으로 문질러 미끈거리는 것을 없애고 씻는다는 점이다. 또한 초핏가루나 산초가루를 넣어 먹는다는 점이 같다.

재료 및 분량

미꾸라지	500g(1대접)
쇠고기(또는 닭고기)	200g
배추(또는 무시래기)	120g
굵은 파	1뿌리(30g)
다진 마늘	4큰술
된장	1큰술
생강	15g(3톨)
국간장	1큰술
물	1L(5컵)
들깻가루	3큰술
산초가루	조금
초핏가루	조금
(또는 고추가루)	

만드는 방법

국물 내기

1 쇠고기(또는 닭고기)를 덩어리째 넣고 1시간 이상 푹 고아 국물을 낸다.

재료 손질하기

2 미꾸라지는 소금을 뿌리고 부벼 미끄러운 기운이 없어지면 찬물에 헹구어 건진다.

3 푹 곤 고기 국물에서 건더기는 건지고 씻은 미꾸라지를 넣고 푹 고아 살이 물러지도록
익힌 다음 어래미에 나무주걱으로 밀면 살이 빠지고 뼈가 걸러진다.

끓이기

4 미꾸라지 걸러진 것, 건져 놓은 고깃덩어리를 썰어 국물에 넣고 끓인다.

5 배춧잎이나 무시래기를 데치고 잘게 썰어 다진 마늘, 파, 된장, 국간장으로 양념하여 국물
에 넣고 끓인다.

6 마지막에 생강편이나 생강즙, 고춧가루를 조금 넣고 들깻가루를 넣은 다음 한소끔 끓여
담고, 산초가루와 초핏가루를 곁들이면 구수하고 비린내가 나지 않는 진국 추어탕이 완
성된다.

탕국류

추어탕 Ⅱ 서울식 추어탕

서울식 추어탕은 미꾸라지가 그대로 보이게 끓인 것으로, 선호하지 않는 사람도 있지만 두부와 애호박, 표고버섯 등이 들어가 더욱 맛있다고 하는 사람도 있다. 옛 한양에서는 '꼭지딴 추어탕'이 명물이었다. 10여 년 전까지 동대문 밖에 여러 추어탕집이 성업을 하고 있었다.

재료 및 분량

미꾸라지	500g
사골국물	1L
곱창	200g
두부	1모
표고·싸리버섯	5개
호박(小)	1개
대파	3뿌리
다진 마늘	4큰술
고춧가루	1큰술
국간장	2큰술

만드는 방법

재료 손질하기

1 곱창은 소금에 비벼 깨끗이 씻고 기름덩어리를 대충 떼어 버린 후, 사골과 함께 2시간 이상 푹 끓인다.

2 다 끓으면 뼈는 건져 버리고 쪼그라든 곱창은 잘게 썰어 국물에 넣는다. 위에 뜬 기름기는 걷고 국간장과 소금으로 간을 맞춘다.

3 두부는 크기 2×4cm, 두께 1cm로 썰고 표고버섯은 불려 너비 1cm로 썬다. 호박은 도톰하게 반달 모양으로 썰고 마늘은 다져 놓는다.

4 미꾸라지에 소금을 뿌리고 부빈 후 찬물에 씻고 끓는 물에 넣어 익도록 삶아 건져 놓는다.

끓이기

5 삶은 미꾸라지를 솥에 참기름과 마늘을 넣어 볶다가 위에 사골국물을 붓는다.

6 곱창이 들어간 사골국물에 1시간 정도 끓이다가 두부, 표고버섯, 대파, 마늘을 넣고 익은 미꾸라지를 통째로 넣어 맛이 들도록 끓인다.

7 맛이 든 국에 썰어 놓은 호박과 어슷썰기한 파를 넣고 한소끔 더 끓여 그릇에 담고, 고춧가루와 산초가루를 곁들여 낸다.

찌개류 게조치

게딱지에 소를 담아 게다리와 함께 끓는 장국에 넣고 끓이는 탕이다.

재료 및 분량

꽃게 ···················· 2마리
쇠고기(장국용) ·········· 100g
쇠고기(小) ·············· 100g

쇠고기 양념(장국용)
간장 ···················· 1큰술
참기름 ·················· 1작은술
다진 파 ················· 2작은술
다진 마늘 ··············· 1작은술
후춧가루 ··············· 1/4작은술

쇠고기 양념(소)
소금 ···················· 1작은술
참기름 ·················· 1작은술
다진 파 ················· 2작은술
다진 마늘 ··············· 1작은술
후춧가루 ··············· 1/4작은술

숙주 ···················· 100g
녹말가루 ··············· 1½큰술
달걀흰자 ··············· 1/2개
표고버섯 ··············· 2장
마늘 ···················· 1작은술
파 ······················ 20g
생강즙 ·················· 1/2작은술
된장 ···················· 2큰술
고추장 ·················· 2큰술
물 ······················ 6½컵
밀가루 ·················· 적당량

만드는 방법

재료 손질하기

1 꽃게를 솔로 깨끗이 씻어 발의 끝매듭을 잘라 내고 등딱지를 뗀 다음, 양쪽 지느러미를 떼고 속의 게장과 게살만 떼어내고 게껍질을 깨끗이 씻어 물기를 뺀다.

2 쇠고기 100g은 잘게 편으로 썰어서 간장과 기타 양념으로 간을 하고, 나머지 쇠고기 100g은 곱게 다져 소금을 넣고 질어지지 않게 양념한다.

3 숙주는 머리, 꼬리를 떼고 데친 후 잘게 썰고 꼭 짜서 물기를 제거하고 표고버섯은 물에 불려 기둥을 떼고 곱게 다진 후 소금 1/4작은술, 참기름 1/2작은술을 넣어 양념해 둔다.

소 만들고 채우기

4 게살과 다진 쇠고기, **3**의 재료에 녹말가루, 달걀흰자를 넣고 잘 섞어 소를 만든다.

5 냄비에 물, 된장, 고추장을 넣고 끓기 전에 뜨거운 상태에서 장국용 쇠고기를 넣고 끓여 토장국물을 만든다.

6 물기를 뺀 게 껍질의 안쪽에 밀가루를 뿌리고 준비해 놓은 **4**의 소를 소복히 얹는다.

7 **5**의 토장국물이 끓으면 **6**을 넣고 적당히 응고되면 게의 다리 부분을 넣는다. 소가 남으면 숟가락으로 떠서 넣어 익힌다.

8 다진 마늘, 생강즙, 굵게 채 썬 파를 넣고 잠깐 끓이고 국간장으로 간을 한다.

된장찌개 (묽은 된장찌개)

된장찌개는 흔히 먹는 음식으로 어떤 재료를 넣어도 잘 어울린다. 대개 호박, 김치, 두부 등을 넣어 끓인다.

재료 및 분량

된장	3큰술
다진 생강	1작은술
다진 마늘	1작은술
참기름	2작은술
꿀	1작은술
육수(또는 물)	2컵
쇠고기	50g
표고버섯	2개
풋고추	1개
파	2뿌리
두부	1/2모(생략 가능)
김치	조금(생략 가능)

쇠고기 양념

간장	1작은술
다진 파	1작은술
다진 마늘	조금
후춧가루	조금
참기름	1작은술
깨소금	1작은술

만드는 방법

재료 손질하기

1. 된장에 다진 마늘, 다진 생강, 꿀, 참기름을 넣고 잘 개어서 육수나 물을 섞어 놓는다.
2. 쇠고기는 채 썰어서 양념한다.
3. 표고버섯은 물에 불려 물을 짜고 기둥을 떼어 내고 곱게 채 썰어 대충 다진다.
4. 풋고추는 씨를 발라 채로 썰어 네모로 다시 잘게 썬다.

끓이기

5. 뚝배기에 쇠고기를 밑에 깔고 그 위에 표고버섯, 풋고추를 얹고 된장국물을 부어 약한 불에 끓이거나 밥솥이나 찜통에 쪄서 내놓는다.

* 낮은 불에 올려 끓일 때는 두부를 네모로 썰어 넣거나, 애호박을 반달이나 부채꼴로 썰어 넣고, 김치를 송송 썰어 넣어 끓인다. 이렇게 하면 또 다른 된장찌개를 맛볼 수 있다.

음식 이야기

우리나라 사람들은 밥에 국이나 찌개를 함께 곁들여 먹는다. 국은 건더기보다 국물이 많고 찌개는 건더기가 국보다 많이 있도록 만든 것이다. 서민들의 밥상에는 된장찌개나 된장국이 으뜸으로 이용되었다. 예전 궁중이나 서울의 반가에서는 맑은찌개를 즐겨 만들었다. 된장국은 대개 겨울이나 봄에 많이 끓여 먹는데 장국의 맛을 내기 위해 멸치나 쇠고기를 넣어 맛을 들인 후 배추, 시금치 등 잎채소나 시래기 등을 넣고 된장을 풀어서 끓인다.

조선시대에 강화도에서 서민같이 살던 철종은 어느날 갑자기 궁궐에 불려가 임금이 되어 좋은 산해진미로 차린 상을 받았다. 하지만 그는 이전에 먹던 시래기된장국과 막걸리가 생각나서 그것을 구해 오라는 명을 내렸다. 이에 막걸리는 이문(里門) 안에서 구하고, 시래기국은 외가인 강화도에서 구하여 아침저녁으로 수라상에 올렸다고 한다.

찌개류 강된장찌개

강된장찌개는 고추장을 섞은 된장찌개로 여름철에 찬으로 즐겨 먹는다. 이것은 상추쌈을 싸 먹을 때도 이용하는 되직하게 끓인 쌈장 대용의 맛있는 찬이다. 여러 가지 재료를 넣고 되직하게 만들 수도 있고, 쇠고기와 표고버섯만을 넣을 수도 있다.

재료 및 분량

된장	4큰술
고추장	1½작은술(1/2큰술)
참기름	2작은술
꿀	1작은술
쇠고기	70g
표고버섯	4장(15g)
붉은 고추	1개
풋고추	2개
파	1뿌리
육수	1/2컵

쇠고기 양념

간장	1작은술
다진 파	2작은술
다진 마늘	1작은술
설탕	1작은술
후춧가루	조금
참기름	2작은술

만드는 방법

재료 손질하기

1 된장과 적은 양의 고추장을 섞어 참기름과 꿀을 넣어 고루 섞는다.

2 쇠고기는 채로 썰어 쇠고기 양념을 넣고 간이 배도록 고루 양념한다.

3 표고버섯은 물에 불려 물기를 짜고 기둥을 떼어 내고 채 썬다.

4 풋고추와 붉은 고추는 씨를 발라 어슷썰기한다.

끓이기

5 뚝배기 밑에 참기름을 조금 발라 문지른 다음 양념한 쇠고기를 한 켜 놓고 그 위에 된장을 얹고 버섯, 쇠고기, 풋고추 조금, 된장 순서로 담고 육수를 가장자리에 돌려 부어 낮은 불에서 끓인다.

* 밥을 많이 하는 쇠솥이면 밥솥에 넣고 쪄도 된다.

6 맛이 들었을 때 풋고추와 적고추를 위에 얹고 뚝배기 중심에만 숟가락을 넣어 국물과 건더기가 고루 섞이면서 어우러지게 한다.

* 이때 막 휘저어 끓이지 않는다.

 찌개류

굴두부조치

굴두부조치는 아침상이나 죽상에 손쉽게 만들어 올릴 수 있는 맑은
조치이다. 이것은 너무 오래 끓이면 맛이 덜하다.
신선한 굴이 많이 생산되는 때에 굴두부조치를 만들면 싱그러운
굴 냄새를 맡을 수 있어 좋다.

재료 및 분량

생굴	150~200g	실파	3뿌리
소금	조금	물	3컵
두부	200g	참기름	1/2작은술
다홍고추	1개	새우젓	1큰술

만드는 방법

재료 손질하기

1 농도가 옅은 소금물에 굴을 씻어 껍질을 없앤다.

2 두부는 사방 1.5cm 크기로 깍둑썰기한다.

3 다홍고추는 2×0.5cm로, 실파는 2cm로 썬다.

끓이기

4 냄비에 물 3컵, 새우젓국을 넣고 끓으면 두부와 다홍
고추를 넣고 끓인다.

5 굴, 실파를 넣고 거품이 나면 걷어 내고 간을 맞추어
낸다.

찌개류

동태찌개

동태찌개는 겨울철 흔히 해먹는 가정식이다. 무가 흔한 가을부터 추운 겨울 동안 끓여 먹을 수 있는 시원하고 담백한 생선찌개이다.

재료 및 분량

동태(동명태)	1마리	청장	1큰술
무(小)	1개	마늘	2톨
파	3뿌리	설탕	1작은술
		물	1½컵

양념장

고추장 ·········· 2작은술

만드는 방법

재료 손질하기

1. 동태는 비늘을 긁고 머리를 자르고 배를 갈라서 내장은 버리고 5cm로 잘라 냄비에 넣는다.

* 가능하다면 얼지 않은 명태를 택해 조리하면, 살이 부서지지 않아 좋다.

2. 마늘을 곱게 다지고, 파는 채쳐서 넣고 무는 씻어 3~4cm로, 두께 3mm가 되도록 도톰하게 썰어 둔다.

끓이기

3. 냄비 밑에 무를 깔고 명태 토막을 그 위에 담고 파 썬 것을 위에 얹는다.

4. 고추장, 청장, 마늘, 설탕, 물을 섞은 양념장을 명태 위에 얹고 끓여서 맛이 어우러지면 그릇에 담아낸다.

* 얼큰한 맛을 원할 때에는 고춧가루를 1/2작은술 정도 넣어 묽게 끓이기도 한다.

찌개류

돼지고기 김치찌개

돼지고기김치찌개는 김치가 맛있게 익어 신맛이 나는 봄철에 흔히 만들어 먹는 찬이다. 여기에 제육을 넣으면 맛이 더욱 좋다.

재료 및 분량

배추김치	1/4포기	물	2컵
돼지고기	100g		
두부	1/2모	**고기 양념**	
굵은 파	1대	다진 마늘	1큰술
고춧가루	1큰술	다진 생강	1작은술
식용유	1큰술	후춧가루	조금
국간장	2큰술		

만드는 방법

재료 손질하기

1. 잘 익은 배추김치의 속을 대강 털고 3~4cm로 썬다.

2. 돼지고기는 기름기가 살짝 있는 것으로 준비해서 먹기 좋은 크기로 납작하게 썰어 마늘, 생강, 후춧가루로 밑양념한다.

3. 두부는 3×4cm의 네모로 썰고 파는 어슷썰기한다.

끓이기

4. 뜨겁게 달군 냄비에 기름을 두르고 양념한 돼지고기를 볶아 익기 시작하면 김치를 넣고 볶는다.

5. 김치에 기름이 돌고 부드럽게 익으면 물(육수) 2컵을 붓고 고춧가루를 풀어 맛이 어우러지게 끓인다.

6. 국물이 끓고 김치가 말캉하게 익으면 두부와 파를 넣어 더 끓인 후 국간장으로 간을 맞춘다.

* 찌개에는 젓갈이 많이 들어가지 않은 김치를 넣어야 맛이 좋다.

돼지고기김치찌개

찌개류 # 두부찌개

두부찌개는 사시사철 만들어 먹는 흔한 찬으로, 넣는 재료도
계절에 따라 다양하게 변화한다.

재료 및 분량

두부	1모	마늘	2톨
쇠고기	50g	느타리버섯	2개
고추장	1큰술	표고버섯	2개
생강	1/2톨	식용유	1/2작은술
파	2뿌리	물	3컵

만드는 방법

재료 손질하기

1 쇠고기는 잘게 썰고, 느타리와 표고는 두께 1cm, 길이
2~3cm로 썰어 놓는다.

2 마른 표고버섯은 물에 담가 불려서 기둥을 떼고 1cm
너비로 썰어 놓는다.

3 마늘과 생강은 곱게 채 친다.

끓이기

4 냄비나 뚝배기에 고추장을 넣고 준비된 쇠고기, 느타리
버섯, 표고버섯, 마늘, 생강을 넣고 식용유를 조금 넣은
후 잘 섞어서 물을 붓고 끓인다.

5 맛이 나도록 끓인 다음 두부를 3×4cm 혹은 3×2cm,
두께 1cm로 썰어 넣고 채 썬 파를 넣고 더 끓여서 파
가 익을만 할 때 불에서 내린 후 적당한 그릇에 담아
낸다.

* 여름철에는 애호박을 넣어 끓이면 맛이 좋다.

 찌개류 # 명란젓찌개

명란젓찌개는 겨울철 먹기 좋은 찬이다.

재료 및 분량

명란	2개	물	2컵
두부	1/2모	파	1뿌리
쇠고기	50g	새우젓	조금
고춧가루	1작은술		

만드는 방법

재료 손질하기

1 명란은 도마에 놓고 4조각으로 토막 낸다.

2 두부는 두껍지 않게 두께 1cm, 길이 2cm로 썬다.

3 쇠고기는 잘게 다지듯 썬다.

끓이기

4 냄비에 고기, 명란, 두부, 채 친 파를 순서대로 얹고 물
을 넣어 끓인다.

* 고춧가루를 넣길 원하면 맨 위에 아주 조금만 뿌리고, 달걀을
풀어서 넣어도 좋다.

** 물을 많이 넣어 싱겁다면 새우젓국을 조금 넣어 간을 맞춘다.

순두부찌개

순두부찌개는 수분이 많이 남아 보드라운 식감을 가진 순두부를 넣고 끓인 찬이다. 순두부는 너무 잘게 부서지지 않게 큰 덩어리로 끓인다. 조갯살과 고기, 양념, 달걀, 파와 호박 등을 넣고 양념을 넉넉히 넣어 끓인 순두부찌개는 많은 사람들이 좋아하는 음식이다.

재료 및 분량

순두부 ·············· 400~500g
조갯살 ···················· 100g
　(조갯살과 껍질이 붙은
　　　　　　　　조개 1/2씩)
굵은 파 ······················ 1대
다홍고추 ····················· 1개
풋고추 ························ 1개
참기름 ·················· 4작은술
　(또는 돼지비계)
달걀 ························· 4개

양념장

소금 ·················· 1~2작은술
청장 ······················ 1큰술
고춧가루 ·············· 2~3큰술
다진 파 ···················· 2큰술
다진 마늘 ············· 1~2큰술
참기름 ···················· 2큰술

만드는 방법

재료 손질하기

1　개인용 뚝배기 밑에 참기름을 문질러 바르거나 비계를 곱게 깔고, 큰 덩어리의 순두부를 담는다.

2　조갯살은 소금물에 깨끗이 씻고 소쿠리에 건져 물기를 뺀다.

3　파와 고추는 어슷썰기한다.

4　고춧가루에 참기름을 넣어 고루 섞은 후 양념장을 만들어 그중 반은 조갯살을 무치고 나머지는 남겨 둔다.

끓이기

5　뚝배기에 담은 순두부를 불에 올리고 양념한 조갯살을 넣어 남은 양념장을 전체에 섞은 후 고추와 파를 넣고 한 번 더 끓인다.

6　상에 올리기 전에 달걀을 깨뜨려 넣고 익힌다.

생선감정

생선감정은 생선의 살만 떠서 파, 마늘, 생강 양념을 고추장을 넣어 익힌 찌개류이다. 국물을 적게 넣고 끓여 상추쌈에 곁들이거나 밥에 얹어 먹으면 맛이 좋다.

재료 및 분량

		쇠고기 양념	
병어	500g	고추장	2큰술
(또는 웅어나 조기)		된장	1큰술(생략 가능)
쇠고기	50g	다진 파	2작은술
미나리	20g	다진 마늘	1작은술
쑥갓	20g	설탕	2작은술
파	20g	생강즙	1작은술
속뜨물	3컵		

만드는 방법

재료 손질하기

1 병어(또는 웅어나 조기)는 살만 떠서 폭 2cm 정도로 썬다.

끓이기

2 쇠고기는 채 썰어 파, 마늘, 생강즙, 고추장, 설탕으로 무쳐 속뜨물(또는 찬물)을 붓고 끓인다.

3 쇠고기가 익으면 생선을 넣고, 6cm로 썰어 둔 미나리, 쑥갓, 파를 함께 넣어 맛이 어우러지도록 끓인다.

우거지찌개

우거지찌개는 배춧잎이나 무잎이 많이 나는 여름·가을철에 자주 끓인다. 그 외에도 사시사철 끓이는 흔한 찌개로, 섬유소를 많이 섭취할 수 있는 구수한 찌개이다.

재료 및 분량

우거지	1보시기	다진 마늘	2톨
(데쳐서 썬 것)		다진 파	조금
쇠고기	50g	다진 생강	조금
파	2뿌리	풋고추	1개
참기름	1작은술	붉은 고추	1개
된장	2큰술	물	2컵

만드는 방법

재료 손질하기

1 우거지나 시래기를 다듬어 끓는 물에 데치고 찬물에 헹군 후 물기를 꼭 짜고 잘게 썬다.

2 쇠고기는 다지거나 잘게 썬다.

3 파는 가늘고 어슷하게 썰어 둔다.

끓이기

4 냄비에 우거지와 고기를 넣고 다진 마늘과 다진 생강, 다진 파, 된장, 참기름을 넣고 주물러서 간이 배이도록 한 후 풋고추, 붉은 고추를 잘게 썰어 넣고 물을 부어 끓이면서 우거지가 부드럽게 되도록 한다.

콩비지찌개(되비지찌개)

콩비지찌개는 흰콩을 불려 맷돌에 생으로 갈아 돼지고기와 김치를 썰어 넣고 뭉근한 불에서 익힌 음식이다. 이것은 나중에 되직한 양념장을 곁들여 밥과 함께 먹는 구수한 찌개로, 평양도 지방의 향토음식이기도 하다. 일명 되비지찌개라고도 한다.

재료 및 분량

메주콩	1컵
물	3~4컵
돼지갈비	300g
익은 김치(썬 것)	1컵
식용유	1큰술
물	1½컵

돼지갈비 양념

간장	1큰술
다진 마늘	1큰술
생강즙	1작은술
새우젓	1큰술
후춧가루	1/2큰술

양념장

간장	2큰술
다진 파	2큰술
다진 마늘	1작은술
깨소금	1큰술
고춧가루	1큰술
참기름	1큰술

만드는 방법

재료 손질하기

1 메주콩은 6시간 불려 손으로 비벼 콩껍질을 벗겨 씻어내고 블렌더 또는 맷돌에 콩과 동량의 물을 넣어 곱게 간다.

2 돼지갈비에 1.5cm 간격의 칼집을 넣어 찬물에 담갔다가 핏물을 빼고 돼지갈비 양념에 버무려 재어 둔다.

3 김치는 속을 털고 국물을 짠 후 송송 썰어 식용유를 넣고 버무린다.

끓이기

4 냄비에 양념한 돼지갈비를 볶다가 겉이 익으면 김치를 넣어 고루 섞은 뒤 물1½컵을 붓고 충분히 끓인다.

5 국물이 조금 줄면 걸쭉하게 갈아 놓은 콩물을 넣는다. 익으면 위로 올라올 때까지 젓지 말고 끓여 양념장을 곁들인다.

* 콩비지찌개는 국물이 자작하도록 끓여야 맛이 있다.

늙은호박지짐이

늙은호박지짐이는 누렇게 늙은 호박으로 만든 지짐이이다. 푸른빛이 약간 도는 호박과는 아주 다른 맛을 즐길 수 있다.

재료 및 분량

늙은 호박 ···················· 1/2개

호박 밑양념
새우젓 ······················· 1큰술
다진 마늘 ···················· 2작은술
고춧가루 ····················· 1큰술

마른 새우 ···················· 1/2컵
굵은 파 ······················ 2뿌리
돼지고기 ····················· 100g

밑양념
생강 생즙 ···················· 1/2톨
다진 마늘 ···················· 1작은술
후춧가루 ····················· 조금
국국물(또는 물) ··········· 1½컵
붉은 고추 ···················· 1개

만드는 방법

재료 손질하기

1 호박은 쪼개어 씨를 제거하고 껍질을 벗긴 후 타원 모양으로 큼직하게 썰어 놓는다. 여기에 밑양념을 넣고 버무려 20분 정도 둔다.

2 돼지고기는 먹기 좋은 크기로 썰어 생강을 다져 만든 생강즙을 뿌리고 다진 마늘과 후춧가루를 뿌려 밑양념을 해 둔다.

끓이기

3 냄비에 밑양념을 한 호박을 넣고 마른 새우와 밑양념한 돼지고기를 함께 넣고 국국물이나 물을 부어 10분간 끓인다.

4 굵은 파를 어슷썰기하여 위에 얹고 한 소끔 더 끓여 간을 맞춘다.

5 국물과 잘 어우러지면 붉은 고추를 어슷하게 썰거나 짧은 채로 썰어 색색으로 얹고 그릇에 함께 담는다.

약선tip

늙은 호박은 이뇨작용을 활발하게 하여 부종에 효과적이다. 기운을 보하고 비위를 튼튼히 하며 소화를 돕기 위해서는 백출(白朮)을 살짝 끓여 그 물을 넣으면 몸에 좋은 약선음식이 된다.

지짐이류

둥근호박지짐이

둥근호박지짐이는 작고 연한 애호박보다는 그 상태에서 며칠이 지나 좀 더 늙은호박이 된 것으로 지짐이를 만들면
더욱 맛있다. 둥근호박지짐이를 만들 때는 들기름에 먼저 볶아 지짐이를 끓인다.

재료 및 분량

둥근 호박	1~2개
	(600~700g)
양파	1개
굵은 파	1개
다진 마늘	4톨
새우젓	1큰술
고춧가루	2작은술
풋고추	1개
물	1컵
들기름	2큰술

만드는 방법

재료 손질하기

1 둥근 호박은 쪼개고, 씨 부분을 도려내거나 웬만하면 그대로 같이 지진다. 호박은 6쪽
   으로 쪼개고 너무 얇지 않도록 도톰하게 썬다.

2 양파는 껍질을 벗겨 채로 썰고, 굵은 파는 3cm로 채 썬다.

끓이기

3 냄비에 들기름을 두르고 채 썬 양파와 다진 마늘을 넣고 살짝 볶다가 호박을 도톰하게
   썬 것을 넣고 볶는다.

4 호박이 골고루 약간 볶아지면 고춧가루, 새우젓을 넣어 섞고 물을 부어 익힌다. 호박이
   거의 익으면 썰어 둔 파와 잘게 썰어둔 고추를 섞어 넣는다. 국물이 싱겁다고 느낄 때에
   는 새우젓을 조금 넣고 한소끔 끓여 그릇에 담는다.

무지짐이

지짐이류

무지짐이는 가을부터 겨울까지 무가 맛있을 때 마른 북어와 멸치를 넣고 끓인 음식이다. 예부터 서민들이 먹는 찬으로 널리 이용되었다.

재료 및 분량

무(中)	1개	북어	1/2개
파	2뿌리	국간장	3큰술
고추	1개	물	3컵

만드는 방법

재료 손질하기

1 무는 네모나고 조금 두툼하게 썬다. 무 조치를 만들 때에는 얇게 네모로 썰지만, 지짐이를 할 때는 두께 0.5cm로 썬다.

2 북어는 두들겨서 뼈를 빼고 잘게 썰어 놓는다.

끓이기

3 썰어놓은 무와 북어를 냄비에 담고 고추를 잘게 썰어 넣고 물을 붓고 국간장으로 간을 맞추어 끓인다.

4 파를 채 썰어 넣고 잠깐 더 끓여 그릇에 담는다.

* 많은 사람들이 여기에 고춧가루, 마늘 다진 것을 많이 넣어 붉은 무지짐이를 만들기도 한다.

무암치왁저지

무암치왁저지

지짐이류

무암치왁저지는 한희순 선생님이 암치포를 쓰고 대가리가 남으면 꼭 만드시곤 했던 음식이다. 국물이 시원하면서도 구수했던 무 왁저지가 지금도 눈에 선하다.

재료 및 분량

무(小)	1개	깨소금	1작은술
암치포 머리 등	2마리	참기름	1작은술
쇠고기	50g	국간장	2작은술
쇠고기 양념		파	2뿌리
다진 파	2작은술	마늘	2톨
다진 마늘	1작은술	고추	1개
후춧가루	조금	물	2컵

만드는 방법

재료 손질하기

1 민어로 만든 암치를 보푸라기로 만들고 나머지 뼈와 대가리, 꼬리, 지느러미 등이 남으면 잘게 썬다.

2 무는 너무 얇거나 두껍지 않게 두께 5mm 정도로 네모 나게 썰거나, 작은 무의 경우에는 반달 모양으로 썬다.

3 파는 어슷썰기하고, 마늘은 편으로 썬다.

끓이기

4 쇠고기는 납작하고 잘게 썰어 쇠고기 양념 재료로 고루 양념하여 무와 함께 냄비에 담는다.

5 암치 머리와 꼬리 등은 가위를 이용하여 작게 조각 내고, 무와 같이 담아 물을 넣고 끓인다.

6 재료가 냄비에서 끓으면 어슷하게 썬 파와 마늘 편을 넣고, 고추를 잘게 썰어 넣고 더 끓인다.

7 대개는 암치에서 염분이 적당히 우러나면 간이 맞는데, 만약 싱겁다면 새우젓국을 조금 넣어 간을 맞춘다.

8 무가 익어 부드러워지고 국물이 시원하게 맛이 들면 그릇에 담는다.

김치전골

김치전골은 찌개와 달리 여러 가지 채소와 육류를 넣어 맛과 모양이 좋은 음식이다. 여러 가지 재료는 냄비에 색색으로 돌려 담고 즉석에서 육수를 부어 끓이면서 먹는다. 많은 찬을 준비할 필요가 없는 반찬에 속하며, 술안주로 먹기에 좋다.

재료 및 분량

김치	1/2포기
양파	1/2개
당근	1/2개
표고버섯	3장
쇠고기	100g
무	100g
숙주	100g
(또는 팽이버섯)	
달걀	1개
소금	적당량
참기름	적당량
육수	적당량

쇠고기 양념

다진 파	1큰술
다진 마늘	1작은술
후춧가루	적당량
간장	1작은술
참기름	1작은술
설탕	2작은술

만드는 방법

재료 손질하기

1 김치 1/2포기의 속을 털어 내고 국물은 대충 짜서 길이 5cm 정도로 자른다.

2 양파는 길이로 채 썬다. 당근은 길이 5cm의 굵은 채로 썬다.

3 표고는 물에 불려 굵게 채 썬다.

4 쇠고기는 가늘게 채 썰어 양념한다.

5 숙주는 머리, 꼭지를 떼고 끓는 물에 소금을 조금 넣고 데쳐 내어 소금, 참기름으로 무친다.

담기 / 끓이기

6 전골냄비에 쇠고기와 여러 재료들을 서로 마주보게 색색으로 돌려 담고 육수에 간을 하여 더운 장국을 부어 끓이다가 중앙에 달걀을 깨뜨려 놓고 반숙이 되면 보시기에 덜어 먹는다.

낙지전골

사계절 내내 먹는 낙지는 봄에는 볶음을 만들고, 가을에는 전골로 끓여 먹는다. 낙지는 살짝 익혀 먹는 것이 좋으므로
국물이 끓기 시작할 때 낙지를 냄비 중앙에 담아 먹는다.

재료 및 분량

낙지	4마리(500g)
양파	1개
다홍고추	2개
실파	50g
미나리	100g
쑥갓	50g
쇠고기	100g
달걀	2개

쇠고기 양념

간장	1큰술
설탕	1/2큰술
다진 파	2작은술
다진 마늘	1작은술
참기름	1작은술
깨소금	1작은술
후춧가루	조금

낙지 양념

참기름	2큰술
고춧가루	1큰술
간장	2큰술
설탕	1큰술
다진 파	4작은술
다진 마늘	4작은술
다진 생강	2작은술
깨소금	조금

육수

양지머리 국물	2컵
청장	2큰술
후춧가루	조금
설탕	2작은술
소금	적당량

만드는 방법

재료 손질하기

1 낙지에 굵은 소금을 뿌리고 주물러 씻어 4~5cm로 썬다.

2 양파는 길이대로 채 썰고 다홍고추는 갈라서 씨를 뺀 후 채 썰고, 실파는 다듬어 5cm 길이로 썬다.

3 쇠고기는 채로 썰어 쇠고기 양념으로 고루 무친다. 표고버섯도 있으면 불려서 0.7cm로 넓은 채로 썬 후 고기와 함께 양념한다.

4 참기름과 고춧가루를 섞어 고루 으깨고 나머지 양념을 섞어 낙지를 넣어 고루 무친다.

5 달걀 2개로 황백지단을 부쳐 길이 4~5cm, 너비 0.5cm로 썰어 놓는다.

6 쑥갓은 5cm 길이로 잘라 놓고, 미나리는 잎을 떼고 손질하여 길이 5cm로 썬다.

담기 / 끓이기

7 전골냄비를 달구어 기름을 두르고 먼저 양파 1/2분량을 넣어 잠시 볶다가 쇠고기를 넣어 고루 볶는다.

8 양지머리 국물에 청장, 소금, 후춧가루, 설탕 등을 넣어 끓인다.

9 손질해 놓은 양파 1/2개, 실파, 미나리, 황백지단을 색색으로 돌려 담고 낙지를 중앙에 담아 살짝 익혀 먹는다.

* 낙지가 지나치게 익으면 질기고 딱딱해져 맛이 없으므로 익는 즉시 바로 먹는다.

도미면

도미면은 가시를 발라내며 먹을 필요가 없도록 만든 궁중전골이다.
이 음식은 도미의 살을 떠내어 전유어를 부치고 여러 채소와 당면을
조화롭게 전골틀에 담아 육수를 붓고 끓어오르면 고루 덜어서 먹는다.

재료 및 분량

쇠고기	300g	소금	적당량
(사태, 양지머리)		청장	적당량
도미	1마리	호두(속껍질 벗긴 것)	3개
	(700~800g)	밀가루(완자용)	2큰술
쇠고기(다진 것)	50g	식용유(지지는 기름)	조금
두부	50g		
미나리	50g	**쇠고기 완자 양념**	
달걀	5개	소금	1작은술
석이버섯	5장	다진 파	2작은술
표고버섯	3장	다진 마늘	1작은술
다홍고추	1개	참기름	1작은술
당면	30g	후춧가루	조금

만드는 방법

재료 손질하기

1. 쇠고기는 덩어리째 물 10컵을 넣고 끓이다가 고기가 다 익고 맛있는 육수가 우러나면 면포에 걸러서 소금과 청장으로 간을 맞춘다.

2. 다진 쇠고기와 두부는 양념하여 지름 1.0~1.2cm의 완자를 빚어 지진다.

3. 도미는 비늘을 긁고 내장, 아가미, 지느러미를 제거하고 꼬리는 보기 좋게 손질하고 양면의 살을 폭 4cm 정도로 어슷하게 전유어감으로 포를 떠서 소금, 후춧가루를 뿌려 두었다가 지진다.

4. 미나리의 줄기 부분은 미나리초대로 부친다.

5. 달걀은 황백지단을 부친다.

6. 석이버섯은 손질한 후 곱게 다져 석이지단을 지진다. 표고버섯은 불려 놓아 기둥을 뗀다.

7. 당면은 물에 불린다.

8. 사태와 양지머리, 미나리초대, 불린 표고버섯, 황백지단, 다홍고추 등을 길이 4cm, 폭 1.5cm로 일정하게 썰어 놓는다.

담기 / 끓이기

9. 전골냄비에 도미살을 떼어 넣고 남은 머리와 꼬리가 달린 뼈를 중앙에 담는다. 부친 도미 전유어를 그 위에 소담히 담고 8의 재료를 색색으로 고르게 돌려 담고 불린 당면을 한쪽에 담아 간을 맞춘 육수를 붓고 끓어 맛이 어우러지도록 한다.

10. 빚어 놓은 봉오리는 도미 전유어 가장자리에 돌려 담는다. 나머지 재료는 중간중간 더 넣을 수 있도록 다른 그릇에 준비하고 끓이면서 육수도 더 붓고 모든 재료가 맛이 어우러지도록 끓인다.

전골류 두부전골

두부전골은 작고 넓적하게 썬 두부 사이에 양념한 다진 쇠고기를 끼워 넣고, 여러 가지 채소와 양념한 쇠고기를 넣고 끓인 전골음식이다.

재료 및 분량

두부	1모(500g)
소금	1작은술
식용유	2큰술
쇠고기(우둔, 다진 것)	100g
두부	40g

쇠고기 두부 양념

간장	1작은술
소금	1/6작은술
다진 파	1큰술
다진 마늘	2작은술
설탕	1작은술
깨소금	1큰술
참기름	1작은술
쇠고기	100g(채 썰 것)

채 썬 쇠고기 양념

진간장	1작은술
소금	1/8작은술
다진 파	2작은술
다진 마늘	1작은술
후춧가루	1/8작은술
깨소금	1작은술
참기름	1작은술
숙주	100g
무	150g
양파	80g

숙주·무·양파 양념

청장	1/2작은술
소금	1/3작은술
다진 파	2작은술
다진 마늘	1작은술
후춧가루	1/8작은술
깨소금	1작은술
참기름	1작은술
표고버섯	3장
석이버섯	3g
실파	50g
당근	100g
달걀	2개
잣	적당량
미나리	50g
미나리(끈용)	80~100g

만드는 방법

재료 손질하기

1 두부는 길이 3cm, 폭 2.5cm, 두께 7mm로 잘라 두께 절반에 칼집을 넣어 한쪽은 떨어지지 않도록 하고 소금을 조금 뿌렸다가 물기를 거두고 기름에 지진다. 두께를 4~5mm로 얇게 자르고 부쳐서 두 조각을 샌드위치와 같이 겹쳐 미나리로 묶기도 한다.

2 곱게 다진 쇠고기에 물기를 짜서 으깬 두부를 섞고, 쇠고기·두부 양념을 하여 1의 두부 사이에 넣는다.

3 미나리는 잎을 떼어 소금물에 데쳐 내어 두부가 떨어지지 않도록 십자로 묶어 준다. 나머지 양념한 쇠고기는 봉오리를 빚어서 밀가루에 굴려 달걀 물을 적시어 번철에 지진다.

4 쇠고기 100g은 곱게 채 썰어 양념한다.

5 숙주는 머리, 꼬리를 제거하여 끓는 물에 데쳐내고, 무는 채 썰어 끓는 물에 데쳐놓고, 양파도 채 썰어 준비하여 한데 섞어 양념을 넣고 주물러 간을 한다.

6 표고버섯은 불려서 길이 4cm, 폭 1.5cm로 자른다. 석이버섯은 손질하고 다져 흰자위에 섞어 석이지단을 부쳐 표고와 같은 크기로 잘라주고, 당근도 표고와 같은 크기로 썰어 소금물에 살짝 데쳐 놓는다. 달걀은 황백지단을 하여 표고버섯과 같은 크기로 썰어 놓고, 미나리는 손질하여 4cm 길이로 썰어 놓고, 실파도 다듬어 같은 길이로 썰어 놓는다.

담기 / 끓이기

7 전골냄비 밑에 쇠고기 채 썰어 양념한 것 일부와 채 썬 양파를 넣어 얇게 깔아 담고, 두부를 부쳐 고기를 끼워 십자로 묶은 것 몇 개를 한 켜로 담고 그 위에 냄비 가장 자리에 표고, 당근, 석이, 황백지단, 미나리, 실파, 쇠고기 등으로 색 맞추어 돌려 담는다.

8 준비된 두부를 맨 위에 보기 좋게 더 담고 지진 봉오리를 중앙과 가장자리에 채워서 담고 육수를 간 맞추어 냄비에 붓고 끓인다.

* 재료를 담는 배열은 달리해도 된다.

버섯전골

버섯전골은 여러 가지 버섯을 고기장국에 넣어 끓인 전골이다.

재료 및 분량

느타리버섯 ···················· 200g
표고버섯 ························· 4장
새송이버섯 ····················· 100g
팽이버섯 ························ 100g
쇠고기(우둔) ·················· 150g
미나리 ··························· 70g
실파 ····························· 70g

육수

물 ································ 8컵
육수용 양지 ··················· 200g
청장 ···························· 적당량
소금 ···························· 적당량

쇠고기 양념

간장 ···························· 4큰술
설탕 ···························· 2큰술
다진 파 ························· 2큰술
다진 마늘 ······················ 1큰술
참기름 ·························· 1큰술
깨소금 ·························· 1큰술
후춧가루 ······················· 조금

만드는 방법

재료 손질하기

1 버섯이 날것일 때는 뿌리쪽의 흙을 털고 물에 씻어 건져 물기를 없애고 가늘게 가르거나 찢는다. 마른 버섯의 경우에는 충분히 불려서 쓴다. 새송이버섯은 0.5cm 두께로 넓적하게 길이로 썰고 너무 길면 1/2로 자른다.

2 쇠고기(우둔)는 채로 썬다. 쇠고기 양념을 만들어 1/2은 고기에, 나머지 1/2은 버섯에 나누어 넣고 고루 양념한다.

3 실파는 다듬어 5cm로 썰고, 미나리는 잎을 떼고 다듬어 끓는 물에 살짝 데쳐내어 같은 길이로 썬다.

4 양지머리에 물을 넣고 끓여서 육수를 준비한다. 익은 양지머리는 얇게 썰어 건지로 쓴다.

5 육수 또는 끓는 물 3~4컵에 소금과 청장으로 간을 싱겁게 맞추어 장국을 준비한다.

담기 / 끓이기

6 양념한 버섯과 쇠고기, 채소 등을 전골냄비에 색색으로 돌려 담은 후 끓는 장국을 부어 끓인다.

음식 이야기

버섯전골은 여러 가지 다른 버섯과 고기류, 색스러운 채소를 넣고 탐스러운 전골로 끓여 내는 찬류이다. 가장 흔히 이용되는 버섯은 표고, 느타리, 만가닥버섯, 싸리버섯, 새송이 버섯, 양송이버섯, 목이버섯, 팽이버섯 등이다. 그 외에도 초고버섯, 백목이버섯, 뽕나무 버섯, 자연송이버섯 등도 있으나 이런 종류는 흔히 구할 수 없기에 잘 넣지 않는다.

양송이버섯은 우리나라에서 1965년부터 본격적으로 재배되기 시작하여 최근에는 새로 운 품종의 송이 재배가 활발하게 진행되고 있다. 예부터 표고버섯을 상시 먹고 있는 사 람은 건강하고 장수한다는 말도 전해 내려오고 있다.

표고버섯은 참나무류에 기생하는 목재 부후균으로 오늘날에는 인공재배로 품종이 다 양해지고 있다. 표고버섯은 향기 성분, 단백질, 당류, 비타민 등이 다량 함유되어 있고 여러 연구 결과 혈압 강하, 빈혈 치료, 항암 등에 효과가 있는 건강식품으로 평가되고 있다. 한국 전통음식에서 표고버섯은 맛으로나 색으로 들어가지 않는 곳이 없을 정도 로 널리 쓰이고 있다.

전골류

생선전골

전골용으로 적당한 생선으로는 도미, 민어가 있다. 전골에 들어가는 생선은 끓여도 살이 부스러지지 않아야 한다.
낙지나 대합조개, 조개기둥(패주)으로도 전골을 만들 수 있다. 전유어로 만든 생선을 쇠고기와 담고 채소와 같이 끓여도 되고,
생선을 포로 떠서 살에 밑간을 하고 녹말을 뿌린 다음 양념한 쇠고기를 가지런히 얹고 돌돌 말아 달걀물에 굴린 후 전을 부쳐
장국에 넣고 끓이기도 한다.

재료 및 분량

도미(또는 민어살)	300g
쇠고기	150g
무	100g
대파	1개
표고버섯	2개
홍고추	1개
은행	5개
잣	1큰술
밀가루	2큰술
달걀	2개
식용유	조금

쇠고기 양념

간장	2큰술
다진 파	1큰술
다진 마늘	1/2큰술
후춧가루	조금
깨소금	1작은술
참기름	1작은술

장국물

물	2컵
소금	1/2작은술
청장	2작은술

만드는 방법

재료 손질하기

1 큰 조각을 내고 껍질을 벗긴 생선살을 3×4cm 정도의 먹기 편한 크기로 포를 떠서 소금, 후춧가루를 뿌리고 밀가루를 묻힌 후 달걀물을 씌워 전유어로 만든다.

2 쇠고기는 납작하게 썰어 쇠고기 양념에 재어 볶아 둔다.

3 무는 3×4cm 크기로 얄팍하게 썰어 데치고, 물에 불린 표고버섯은 기둥을 떼고 1cm 너비로 썬다. 은행은 볶아서 속껍질을 벗긴다.

4 홍고추는 3~4cm 길이, 0.5cm 너비로 썰어 놓고 대파는 어슷하게 썰어 둔다.

담기 / 끓이기

5 전골냄비에 생선전과 쇠고기 볶은 것을 넣고 무, 표고버섯, 대파 등을 번갈아서 돌려 담은 뒤 장국물을 만들어 부은 후, 한소끔 끓인다.

 음식 이야기

생선전골은 조기, 민어, 도미, 대구 등의 흰살 생선이면서 살코기가 비교적 많은 생선을 이용하여 만든다. 한국인이 가장 좋아하는 생선은 조기이다. 머릿속에 돌 같은 이석(耳石)이 2개 들어 있다 해서 석수어(石首魚)라 이름이 붙고 기운을 북돋운다 해서 조기(助氣)라고도 한다. 조기가 많이 나는 지역은 서남연안 일대와 동해 일부로 중요 어장은 칠산바다와 황해도의 연평도, 평안북도 대화도 근해 등이다.

송이전골

가을에 나는 송이버섯은 그 향을 즐기기 위하여 간을 세게 하지 않고 향채를 많이 쓰지 않는다. 고가의 송이버섯만 사용하기보다는 양송이를 조금 섞어 사용하거나, 조갯살을 조금 섞어 넣으면 송이전골의 맛이 더욱 좋아진다.

재료 및 분량

송이버섯	100g
양송이	100g
쇠고기	100g
조갯살	50g
실파	50g
양파	1/2개(100g)
참기름	1큰술
소금	1작은술
잣가루	1큰술

육수

장국물	3컵
청장	1큰술
소금	조금

쇠고기 양념

간장	1큰술
설탕	1작은술
다진 파	2작은술
다진 마늘	1작은술
참기름	1작은술
깨소금	1작은술
후춧가루	조금

만드는 방법

재료 손질하기

1 송이는 밑동에 묻은 흙을 칼로 살살 다듬어 소금물에 흔들어 씻고, 모양을 살리면서 두께 0.3~0.4cm로 썬다. 긴 것의 경우 반으로 자르고, 짧은 것은 그대로 납작하게 썬다. 양송이는 3~4조각의 편으로 썰어 놓는다.

2 조개는 굵은 것을 골라서 껍질이 있으면 떼고, 내장을 잘라 버리고 씻어 얇게 저민다.

3 쇠고기는 얄팍하게 썰어서 자근자근 칼질 하여 쇠고기 양념에 무쳐 재어 놓는다.

4 실파는 다듬어 5cm로 썰고, 양파는 채로 썬다.

담기 / 끓이기

5 전골냄비에 쇠고기 양념한 것을 먼저 넣어 볶고, 우러나는 국물에 양송이를 살짝 볶는다. 가장자리에 조갯살, 실파, 양파 등을 어우러지게 담는다.

6 물에 청장과 소금을 섞어 장국을 만든 후, 잣가루를 먼저 뿌리고 장국을 부어 한소끔 끓인다.

음식 이야기

송이버섯은 예부터 향과 맛이 뛰어나서 버섯 중 으뜸으로 취급하며 값도 비싸다. 송이버섯은 가파른 비탈길에서 뿌리가 땅에 가깝게 드러나며 그늘진 곳에서 솟아나온다. 다른 나라에도 송이버섯이 있지만 우리나라에서 나는 송이가 향과 품질이 우수하다고 알려졌다. 강원도 양양, 인제, 영주, 삼척 등의 산에서 송이가 많이 나며 경상북도의 봉화, 영주, 울진, 문경, 상주 등에서도 송이를 많이 채취한다. 이것을 손질할 때에는 흙이 묻은 기둥의 끝 부분을 칼로 도려내고 물에 씻지 말고 털어서 젖은 행주로 조심스럽게 닦는다. 송이는 날로 회를 떠 먹기도 하며 국, 구이, 전, 산적, 전골, 찜, 송이밥 등 여러 가지로 만들어 먹기도 한다.

쇠고기전골

쇠고기전골은 여러 가지 전골 중에서 가장 간단하게 만들어 먹는 음식이다. 쇠고기에 무, 숙주, 표고 등의 채소를 넣어 만들며 요즈음에는 당면을 넣어 먹기도 한다.

재료 및 분량

쇠고기	200g
표고버섯	4장
무	100g
당근	50~70g
숙주	100g

숙주나물 양념

소금	조금
참기름	1작은술
후춧가루	조금

실파	30g
양파	100g
잣	적당량
달걀	1개

육수

물(또는 육수)	2컵
청장	적당량
소금	적당량

쇠고기 양념

간장	3큰술
설탕	1큰술
다진 파	1큰술
다진 마늘	1큰술
참기름	1큰술
깨소금	1큰술
후춧가루	조금

만드는 방법

재료 손질하기

1 마른 표고버섯은 불리고, 무와 당근은 5cm의 굵은 채로 썰고, 숙주는 머리와 꼬리를 제거하고 끓는 물에 넣어 살짝 데친 후 참기름·소금·후춧가루를 넣고 무쳐 둔다.

2 양파는 길게 채 썰고, 실파는 5cm로 자른다.

3 쇠고기 중 등심이나 우둔살의 연한 부위를 채로 썰어 쇠고기 양념 재료로 양념하여 육수 또는 끓는 물에 소금과 청장으로 간을 싱겁게 맞추어 장국을 준비한다.

담기 / 끓이기

4 쇠고기와 채소를 전골냄비에 색색으로 돌려 담고, 잣을 고루 뿌린 후 더운 장국을 부어 끓인다. 쇠고기와 채소가 익으면 달걀을 가운데 깨어 넣고 반숙이 되면 꺼내어 상에 올린다.

전골류

어복쟁반

평안도 향토음식인 어복쟁반(御腹錚盤)은 양지머리 편육, 유통, 지라(만하), 우설 등을 파, 버섯, 배, 쑥갓 등과 함께 넓은 놋 쟁반에 돌려 담고 육수를 부어 만든다. 여러 명이 둘러 앉아 국물을 부어 가며 함께 먹는 음식으로, 이제는 남쪽에서도 흔히 해 먹는다. 최근에는 양지머리 편육만을 주로 이용하고 우설이나 유통, 지라 등은 잘 넣지 않는다.

재료 및 분량

쇠고기(양지머리)	900g
우설	600g
유통	600g
지라(익힌 것)	600g
새송이버섯	100g
느타리버섯	100g
배추	1~2잎
미나리	50g
파	250g
배	1/2개
쑥갓	200g
밤	2개
은행	5알
대추	4개
메밀국수	500g
집간장	조금
삶은 달걀	2개

양념장

간장	2큰술
물	1큰술
다진 파	3큰술
다진 마늘	1큰술
후춧가루	조금
고춧가루	1큰술
깨소금	2작은술
참기름	1큰술

만드는 방법

재료 손질하기

1 양지머리는 덩어리째 넉넉한 양의 물(10컵 이상)에 넣고 1시간 정도 삶아 편육으로 만든다. 유통도 양지머리와 같이 삶아 익혀 편육으로 만든다.

2 우설은 바닥을 솔로 박박 문질러 깨끗하게 씻은 후 1시간 정도 삶아 두꺼운 껍질은 벗기고 편육으로 얇게 썬다. 크기가 큰 경우 1/2 정도의 크기로 썰어 놓는다. 지라도 삶아서 얇게 썰어 놓는다.

3 쇠고기를 익힌 육수는 기름을 걷은 후 면포에 걸러 둔다.

4 새송이버섯은 밑동을 자르고 편으로 얇게 썰어 준비한다. 느타리버섯도 밑동을 자르고 잘게 찢어 끓는 물에 넣어 데쳐낸 후 물기를 제거한다.

5 배추와 미나리는 5cm로 썰고, 파는 어슷하게 썰어 두고, 쑥갓은 뿌리를 자르고 잘게 갈라 놓는다.

6 배는 껍질을 제거한 후 편으로 얇게 썰어 준비하고, 밤은 납작하게 썬다. 은행은 투명한 색이 나도록 기름에 볶아 껍질을 벗기고, 대추는 돌려 깎은 후 3등분하여 준비한다.

7 메밀국수는 넉넉한 양의 물에 삶아 건져 두고, 삶은 달걀은 꽃모양 혹은 2등분으로 잘라 둔다.

담기 / 끓이기

8 놋으로 만든 쟁반에 양지머리, 유통, 우설, 지라를 버섯, 파, 쑥갓, 배 등과 번갈아가며 돌려 담고 육수를 붓는다.

9 양념장을 쇠고기 편육 위에 조금씩 얹어 간이 배도록 하고, 고기가 어느 정도 익으면 양념장이 담긴 종지를 쟁반 가운데 얹어 찍어 먹게끔 한다. 메밀국수는 국물에 넣어 말아 먹을 수 있게 준비한다.

전골류

콩팥전골

콩팥전골은 소의 콩팥, 양, 등골, 천엽 등을 손질하여 전으로 부쳐 고기장국에 전골을 끓인 별미이다.

재료 및 분량

콩팥	150g
양	150g
천엽	150g
등골	150g
표고버섯	3개
석이버섯	3개
무(小)	1개
숙주	40g
양파	1개
달걀	3개
쑥갓	1단

육수

물 또는 육수	2컵
청장	적당량
소금	적당량

콩팥 양념

간장	2큰술
깨소금	1큰술
참기름	1큰술
설탕	1큰술
다진 파	2뿌리
다진 마늘	3톨
후춧가루	조금

만드는 방법

재료 손질하기

1 콩팥은 깨끗하게 씻어 얇고 납작하게 썬다.

2 양은 검은 부분을 벗기고 물에 끓여 익으면 납작하게 썰어 둔다.

3 천엽은 잔 칼집을 넣어 전유어로 부쳐 놓는다.

4 등골은 얇은 막을 벗기고 손으로 펴서 넓힌 후 전을 부쳐 놓는다.

5 표고버섯 불린 것과 양파는 채 썬다. 석이버섯은 따뜻한 물에 불리고 손으로 비벼 안쪽의 이끼를 깨끗이 제거한 다음 채 썬다.

6 숙주는 살짝 데치고 무는 길이 4cm, 너비 1.5cm로 썰어 데쳐 놓는다.

담기 / 끓이기

7 썰어 놓은 콩팥은 양념하여 전골냄비에 담는다. 양은 썰어 둔 것을 옆에 담고 천엽, 등골도 같은 크기로 썰어 색을 맞추어 돌려가며 모두 담는다.

8 국물이나 뜨거운 물에 청장과 소금으로 간을 맞추고 전골냄비에 부어 끓인다.

9 모두 끓여 맛이 어우러질 때 가운데 달걀을 깨뜨려 넣고 쑥갓을 옆에 얹어 한소끔 끓으면 상에 올린다.

신선로

신선로는 전골의 일종으로 '열구자탕'이라고도 부른다. 먼저 사태·양지머리·무를 삶아 양념하여 신선로 그릇 밑에 깔고 육회를 섞은 다음, 위에 편육·간전·생선전·천엽전·미나리초대·표고·당근지단을 보기 좋게 둘러 담고, 호두·은행·완자를 고명으로 얹어 육수를 붓고 화통에 숯불을 피워 상 위에 놓고 끓이면서 먹는다.

재료 및 분량

쇠고기 ·················· 150g
(사태 또는 양지머리)
양 ·························· 150g
천엽 ······················ 50g
우둔(육회용) ········· 100g

완자
다진 쇠고기 ············ 50g
두부 ······················ 30g

흰살 생선(전감) ······· 50g
소금 ···················· 적당량
후춧가루 ·············· 적당량
무 ························· 100g
당근 ························· 1개
표고버섯(大) ············ 3장
홍고추 ····················· 1개
양파 ······················ 1/4개
석이버섯 ·················· 5장
미나리 ····················· 50g
달걀 ························· 4개
호두 ························· 3개
은행 ························· 5개
잣 ···················· 1작은술

쇠고기 양념
간장 ···················· 1큰술
설탕 ·················· 1/2큰술
다진 파 ··············· 2작은술
다진 마늘 ············· 1작은술
참기름 ················· 1작은술
깨소금 ················· 1작은술
후춧가루 ·················· 조금

만드는 방법

재료 손질하기

1 사태 또는 양지머리를 덩어리째 찬물에 씻어 건져 물을 넉넉히 넣고 삶는다. 물은 육수로 이용하고, 삶은 사태는 4×1.5cm의 얇은 골패모양으로 썬다.

2 양은 끓는 물에 데쳐 긁고 털어 내는 작업을 반복하여 검은색을 제거한 후, 물을 넉넉히 넣고 1시간 정도 삶는다. 잘 익은 양은 결의 반대 방향으로 얇게 4cm 정도로 썰어 놓는다.

3 육회용 우둔은 채 썰어 쇠고기 양념을 한다. 다진 쇠고기에 물기를 짠 두부와 쇠고기 양념을 넣고, 주물러 직경 1.5cm 완자를 빚은 다음 밀가루, 달걀물을 묻혀 지진다.

4 석이버섯은 따뜻한 물에 불리고 손으로 비벼 안쪽의 이끼를 깨끗이 손질한 다음 곱게 다진다. 달걀 3개는 황백으로 나누어 소금을 조금 넣고 잘 풀어준 후, 흰자는 반으로 나누어 한쪽에는 다진 석이를 섞어서 백색지단, 석이지단, 황색지단을 각각 부친다.

찜·선류

닭찜

닭찜은 우리나라 사람들이 흔히 해 먹는 음식으로, 닭을 먹기 좋게
토막 내어 갖은 양념하고 고명을 고루 넣어 영양의 균형이 훌륭하다.
옛날 반가에서는 닭찜에 마른 황태와 다시마를 넣기도 했다.
또 닭찜을 통으로 쪄서 다른 채소와 더불어 담아내기도 했다.

재료 및 분량

닭	1마리(1kg)	**양념장**	
은행	10개	진간장	3큰술
표고버섯	6장	설탕	2큰술
당근	1개(中, 100g)	다진 마늘	1/2큰술
양파	1개(中, 70g)	다진 파	1큰술
밤	100g	후춧가루	1/2작은술
미나리	1/2단	참기름	1큰술
달걀	1개	소금	적당량
석이버섯	2장		

만드는 방법

재료 손질하기

1 닭은 배를 갈라 내장을 빼고 깨끗이 씻어 4~5cm
   의 먹기 좋은 크기로 큼직하게 토막 낸다.

2 당근은 큼직하게 어슷썰기하여 모서리를 조금 다듬
   고, 표고버섯은 불려 작은 것은 2등분, 큰 것은 4등
   분으로 큼직하게 썰어 놓는다.

3 미나리초대를 만들어 너비 1cm, 길이 3cm로 썰고
   밤은 속껍질을 벗겨 놓는다. 석이버섯은 뜨거운 물
   에 담가 손질하여 물기를 꼭 짜서 곱게 채 썬다.

4 달걀은 황백지단을 부쳐 마름모꼴로 썬다.

5 팬에 기름을 조금 두르고 은행을 볶아 껍질을 벗
   긴다.

끓이기 / 담기

6 닭에 양념장을 1/2 분량만 넣어 잠깐 볶은 후, 물을
   자작하게 붓고 뚜껑을 덮어 중간 불에서 익힌다.

7 닭이 반쯤 익으면 표고버섯, 당근, 양파, 밤을 넣고
   나머지 양념을 넣어 약한 불에서 익힌다.

8 재료가 다 익으면 미나리초대와 은행을 넣고 잠깐
   뜸 들인 다음 그릇에 담고 위에 국물을 조금 부어
   서 알지단, 석이버섯채를 얹어 낸다.

통닭찜

닭찜

부식 **224** 225

주식 — **부식** — 후식

궁중닭찜

궁중닭찜은 닭을 통채로 익혀 뼈와 껍질을 발라내고, 살만 굵직하게 찢어 넣고 여러 가지 고명과 양념으로 맛을 낸 뒤 국물을 촉촉하게 부어 부드럽게 먹는 음식이다.

재료 및 분량

닭	1마리(1.5kg)	물	3큰술
물	10컵	달걀	2개
파	2뿌리		
마늘	3톨	**닭고기 양념**	
생강	1톨	소금	1큰술
양파	1/2개	다진 파	3큰술
표고버섯(中)	4~6개	다진 마늘	1큰술
목이버섯	8g	참기름	1큰술
석이버섯	4장(5g)	깨소금	1큰술
소금, 후추	적당량	후춧가루	조금
밀가루	2큰술	설탕(생략 가능)	1작은술
(또는 녹말가루)			

만드는 방법

재료 손질하기

1 닭은 배를 갈라서 내장과 기름기를 제거하고 말끔히 손질하여 씻은 후 건져 끓는 물에 삶는다. 삶는 도중 파, 마늘, 생강을 크게 저며 넣어 준다.

2 닭이 충분히 무르면 건져서 뼈와 껍질을 발라내고 살만 모아 굵직하게 찢는다. 국물은 식혀서 기름기를 걷고 깨끗한 행주에 밭친다.

3 표고버섯은 물에 불려 기둥을 떼고, 목이버섯은 불리고 흙을 제거하여 한 잎씩 떼어 손질하고 채 썰어 볶는다. 석이버섯도 더운물에 불려 비빈 후 안쪽의 이끼를 없애고 손질하여 채로 썬다.

찌기

4 냄비에 닭 국물 6컵을 담고 끓여 소금·후춧가루로 간을 맞추고, 볶은 표고버섯과 목이버섯을 넣어 끓이다가 물 녹말을 넣어 걸쭉하게 만든다.

5 닭살은 고루 양념하여 걸쭉하게 만든 국물이 끓어오르면 넣고, 달걀은 풀어서 줄알을 친다.

6 채 친 석이버섯을 고루 얹어 그릇에 떠 담는다.

꽃게찜

찜·선류

꽃게찜은 게살을 빼고 다른 재료와 섞어 게딱지에 채운 후 찜통에 쪄서 만든다.

재료 및 분량

꽃게 ····························· 4마리
쇠고기 ························· 100g
　(우둔. 다진 것)
두부 ····························· 100g
표고버섯 ························ 2장
실파 ····························· 2뿌리
실고추 ··························· 조금
달걀 ······························· 1개
밀가루 ························· 1큰술

양념

청장 ····························· 1큰술
다진 마늘 ···················· 1큰술
다진 파 ······················· 2큰술
참기름 ························· 1큰술
깨소금 ······················ 2작은술
소금 ························· 1작은술
후춧가루 ······················ 조금

만드는 방법

재료 손질하기

1. 꽃게는 겉면을 솔로 문지르며 깨끗하게 씻은 후 게딱지를 열고 아가미는 뗀다. 속에 있는 살과 알 등을 발라내어 그릇에 모아 둔다. 다리에 있는 살 역시 발라내어 한데 섞어 둔다.

2. 껍질의 뾰족한 끝을 조금씩 자르고 깨끗하게 씻어 둔다.

3. 두부는 칼등으로 눌러 물기를 제거하고, 으깨어 다진 쇠고기와 섞는다. 표고버섯은 불려 기둥을 떼어 내고 가는 채로 썬다.

양념하기 / 찌기

4. 준비해 놓은 게살, 쇠고기, 두부, 표고버섯을 모두 합하고 달걀 1개를 깨어 풀어서 재료와 섞는다. 양념재료를 넣어 고루 양념하여 소를 준비한다.

5. 깨끗하게 손질한 게딱지에 밀가루를 조금씩 뿌리고 양념한 소를 채워 윗면이 고르게 한 후, 채 썬 실파와 실고추를 얹어 김이 오른 찜통에 10~13분간 찐다.

6. 속까지 익으면 따뜻할 때 접시에 담아낸다.

찜 · 선류 달걀찜

달걀찜은 옛날에 귀한 음식이었으나, 요즈음에는 흔하게 해 먹는 간편한 찜이다.

재료 및 분량

달걀	2개	실파(썬 것)	1큰술
은행	3개(생략 가능)	물(또는 육수)	1/2컵
새우젓	2큰술		

만드는 방법

재료 손질하기

1 달걀은 깨뜨린 후 흰자와 노른자가 잘 섞이도록 젓가락으로 저어 멍울을 풀어 준다.

2 육수나 물을 붓고 더 저은 후, 체에 걸러 알끈을 제거하고 부드럽게 한다. 간은 새우젓국으로 맞춘다.

3 겉껍질을 제거한 은행을 번철에 굴려 속껍질을 벗기고 찜에 넣는다. 겉껍질이 없을 경우 이 과정은 생략 가능하다. 파는 송송 썰어 놓는다.

찌기

4 그릇에 준비된 달걀물을 7~8부 정도 붓고 찜통에서 찌거나 혹은 냄비에 물을 조금 담고 달걀물이 담긴 그릇을 넣어 중탕으로 익힌다.

찜 · 선류 꽈리고추찜

꽈리고추찜은 꽈리고추에 밀가루를 묻혀 찜통에서 찌고 양념장에 무친 찬류이다.

재료 및 분량

꽈리고추	300g	국간장	1큰술
밀가루	1/2컵	물	4큰술
소금	1/2작은술	고춧가루	1큰술
		다진 마늘	1큰술
양념장		깨소금	2큰술
간장	2큰술	참기름	1큰술

만드는 방법

재료 손질하기

1 꽈리고추는 씻어서 꼭지를 뗀 후, 밀가루를 고루 묻힌다.

무치기

2 김이 든 찜통에 보자기를 깔고 밀가루 묻힌 꽈리 고추를 넣어 센 불에 5분간 찐다.

3 찐 고추를 그릇에 담고 식기 전에 양념장을 넣고 위아래로 흔들어 무친다.

4 고추를 접시에 담고 그릇에 남은 양념장을 숟가락으로 떠서 부어 촉촉하게 만들어 상에 낸다.

대하찜 Ⅰ

대하찜은 대하(大蝦)를 온 마리로 쪄내고 위에 여러 색의 고명을 얹어 만든 찜이다. 1인당 한 마리씩을 대접하면 좋다.

재료 및 분량

대하 ·················· 4마리

대하 밑간

소금 ·················· 1작은술
후춧가루 ·················· 조금
청주 ·················· 1큰술

새우살 ·················· 1/2컵
녹말 ·················· 1작은술
표고버섯 ·················· 3개

양념장

간장 ·················· 1작은술
설탕 ·················· 조금
다진 파 ·················· 1작은술
다진 마늘 ·················· 1/2작은술
참기름 ·················· 1작은술
깨소금 ·················· 1작은술
석이버섯 ·················· 3장
달걀 ·················· 1개
미나리 ·················· 30g
다홍고추 ·················· 1개

만드는 방법

재료 손질하기

1 크고 싱싱한 대하를 껍질째 물에 씻고, 등쪽의 두 번째 관절에 대꼬치를 찔러 넣어 내장을 뺀다. 배쪽의 다리는 뜯어 1cm 간격으로 칼집을 넣고, 머리와 꼬리는 붙여 두고 껍질을 제거한 후, 가위로 등쪽을 잘라 새우살을 넓게 펴고 소금과 후춧가루, 청주를 고루 뿌려 밑간을 한다.

2 소담하게 만들기 위해 작은 새우살을 더 다지고 녹말을 넣어 고루 갠 다음, 준비해 둔 새우살 위에 덧붙여 준비한다.

3 표고버섯은 불려 기둥을 잘라 내고 가는 채로 썰고 양념하여 번철에 기름 두르고 살짝 볶아 낸다.

4 석이버섯은 손질하여 가늘게 채 썰어 참기름만 넣어 무치고, 달걀은 황백지단을 얇게 부쳐 채 썬다. 미나리는 손질하고 데쳐 3cm로 자르고 소금, 참기름으로 무치고, 다홍고추는 가늘게 채 썰어 준비한다.

고명 얹기 / 찌기

5 넓은 접시에 대하를 바로 얹어 담고, 김 오른 찜통에 5분 정도 쪄서 거의 익으면 꺼낸다.

6 준비해 놓은 색색의 고명을 대하 위에 얹고 다시 찜통에 올려 조금 더 쪄서 내놓는다.

* 서양 사람들이 싫어하는 검은색 고명은 생략 가능하다.

대하찜 Ⅱ

대하찜은 여러 마리의 대하와 해삼, 대합 등을 크게 썰어 넣고, 쇠고기와 송이버섯을 납작하게 썰어 양념한 후 양념간장에 버무려 잣가루를 충분히 뿌려서 육수를 붓고 만든 찜이다.

재료 및 분량

대하 ································ 10마리
쇠고기 ······························ 100g

쇠고기 양념
간장 ······························ 1큰술
다진 마늘 ························ 1작은술
다진 파 ··························· 3작은술
참기름 ···························· 1작은술
설탕 ······························· 1작은술
깨소금 ···························· 1작은술
후춧가루 ···························· 조금

해삼 ······························· 2마리
대합 ································ 2개
양파 ······ 1/2개(또는 파 2뿌리)
송이버섯 ···························· 2개
잣가루 ···························· 1/3컵

양념간장
진간장 ···························· 1/2컵
후춧가루 ···························· 조금
깨소금 ···························· 1큰술
참기름 ···························· 1큰술
설탕 ······························· 1작은술
다진 파 ··························· 1큰술
다진 마늘 ························ 1작은술

만드는 방법

재료 손질하기

1 대하는 껍질을 벗기고 내장을 뺀 후 2~3토막으로 자른다.

2 해삼은 불린 해삼으로 내장을 깨끗하게 씻고, 큼직하게 썬다.

3 대합은 끓는 물에 넣고 꺼내 입이 벌어지면 살만 발라내어 2~3조각으로 썬다.

4 양파는 크게 썰고, 파는 어슷썰기로 크게 잘라 놓는다.

찌기

5 대하, 해삼, 대합에 파를 넣고 육수를 조금 부어 살짝 익힌다.

6 쇠고기는 납작하게 썰어 쇠고기 양념에 고루 무치고, 송이버섯 역시 납작납작하게 썰어 번철에 자작하게 볶는다.

* 송이버섯 대신 새송이버섯을 이용해도 좋다.

7 대하, 해삼, 조개, 송이버섯, 쇠고기 등에 양념간장에 넣고 버무려 그릇에 담고, 육수를 조금 붓고 잣가루를 뿌린 후 잠시 쪄서 맛을 낸다.

찜·선류

대합찜

대합찜은 대합의 살과 쇠고기, 두부 등을 섞어 양념하여 대합 껍데기에 담아 찜통에 찐 음식이다. 대합구이와는 마지막 단계인 굽고 찌는 과정에서 차이가 난다.

재료 및 분량

대합 ·································· 4개
조갯살 ····························· 50g
쇠고기 ····························· 50g
두부 ································ 50g
달걀 ································· 2개
밀가루 ······························ 조금
식용유 ······························ 조금

쇠고기 양념

소금 ····························· 1작은술
설탕 ····························· 1작은술
다진 마늘 ·························· 1작은술
다진 파 ··························· 2작은술
참기름 ···························· 1작은술
깨소금 ···························· 2작은술
후춧가루 ···························· 조금

초간장

간장 ····························· 2큰술
식초 ····························· 1큰술
물 ······························· 1큰술
잣가루 ···························· 1작은술

만드는 방법

재료 손질하기

1 대합은 겉면을 솔로 문질러 깨끗하게 하고, 연한 소금물에 담가 해감한다.

2 냄비에 물 1/2컵을 넣고 대합을 담아 끓인다. 껍질이 조금 벌어지면 바로 꺼내어 살만 발라내고, 껍질은 깨끗하게 씻어 놓는다.

3 따로 준비한 조갯살을 뜨거운 냄비에 넣고 잠깐 익힌 후 물기를 제거하고 대합살과 합하여 대충 다진다.

4 쇠고기는 살코기를 준비하여 곱게 다지고, 두부는 물기를 제거하고 으깨어 3의 다진 조갯살과 합한 후 쇠고기 양념을 넣고 고루 섞는다.

5 달걀 1개는 황백지단을 부쳐 채로 썬다.

찌기

6 대합 껍데기 안쪽에 식용유를 얇게 바르고, 밀가루를 조금 뿌린 후 4를 채워 평평하게 담은 후 밀가루를 살짝 뿌리고 1개 분량의 달걀물을 씌워 김 오른 찜통에 찐다.

7 10분쯤 쪄서 속까지 익으면 그릇에 담고 황백지단을 얹고 초간장을 곁들여 낸다.

도미찜

도미찜은 수라상이나 연회상에 올리는 음식으로, 조리법이 다양하다. 교자상이나 연회상에 낼 때는 통째로 찜을 하고, 때에 따라 여러 명이 나누어먹기 편리하도록 잘게 토막 내어 찌기도 한다. 도미살만 포를 뜨고 전유어로 지져 찜을 할 수도 있다.

재료 및 분량

도미 ········ 1마리(700~800g)

도미 밑간
소금 ······························ 1작은술
후춧가루 ····················· 1/2작은술
생강즙 ·························· 1작은술
청주 ····························· 2큰술

쇠고기(다진 것) ·········· 100g
두부 ···························· 30g

쇠고기 양념
간장 ························· 1½작은술
다진 파 ····················· 1작은술
다진 마늘 ················· 1/2작은술
후춧가루 ··················· 적당량
깨소금 ······················ 1작은술
참기름 ······················ 1/6작은술

표고버섯 ···················· 3장

표고버섯 양념
소금 ························· 1/8작은술
참기름 ····················· 1/6작은술
석이버섯 ··················· 5~10g

석이버섯 양념
진간장 ····················· 1/8작은술
참기름 ····················· 1/8작은술

미나리 ······················ 50g
소금 ························· 1/8작은술
달걀 ························· 1개
붉은 고추 ················· 1개
식용유 ····················· 1/2작은술

만드는 방법

재료 손질하기

1 도미는 비늘을 긁고 내장을 제거하여 양면에 칼집을 넣는다. 칼집은 한 면에 5군데 정도 깊게 넣는다. 소금, 후춧가루, 생강즙, 청주 등으로 간을 한다.

2 쇠고기는 곱게 다지고 양념하여 반만 살짝 볶아낸다. 나머지 반은 두부를 으깨어 넣고 봉오리를 빚어 팬에 지져 놓는다.

3 표고버섯은 가늘게 채 썰어 양념하여 살짝 볶아낸다.

4 석이버섯은 손질하여 가늘게 채 썰어 진간장, 참기름으로 무쳐 둔다.

5 미나리는 손질하여 끓는 물에 데쳐 4cm로 썬다.

6 달걀은 황백지단을 부쳐 채 썬다.

7 붉은 고추는 씨를 빼고 채 썰어 식용유에 잠깐 볶아낸다.

* 붉은 고추 대신 데친 당근을 사용해도 좋다.

찌기

8 어느 정도 절여져서 도미의 칼집이 벌어지면, 양념한 쇠고기와 채 썬 표고버섯, 석이버섯, 미나리 등을 조금 섞어 벌어진 곳에 넣는다. 내장 뺀 뱃속에도 소를 넣어 김 오른 찜통에 15분간 익힌다.

9 준비한 오색고명을 도미 위에 가지런히 얹어 한 김 식힌 후 접시에 담고 봉오리는 가에 나란히 보기 좋게 담아낸다.

돼지갈비찜

쇠갈비 대신 값싼 돼지갈비를 토막 내어 찜으로 익히면 쉽게 물러 맛있게 먹을 수 있다. 갈비와 양파, 당근, 감자, 버섯 등을 혼합하여 찜을 해도 먹음직스럽다. 최근에는 고춧가루와 고추장을 양념장에 섞어 매운 갈비를 만들어 먹기도 한다.

재료 및 분량

돼지갈비	600g	**돼지갈비 양념**	
물	2컵	간장	6큰술
다홍고추	1개	술	2큰술
풋고추	2개	설탕	3큰술
마른 고추	1개	다진 생강	1큰술
참기름	2큰술	다진 파	4큰술
		다진 마늘	2큰술
		참기름	1큰술
		깨소금	1큰술

만드는 방법

재료 손질하기

1 돼지갈비는 5cm 정도로 토막 내어 찬물에 담가 핏물을 빼고 건져서 물기를 없앤다.

2 1에서 기름 덩어리를 뗀 후 질긴 부분에 칼집을 충충이 내어 놓는다.

3 다홍고추와 풋고추는 갈라서 씨를 털어내고 2cm 폭으로 어슷하게 썰어 둔다.

4 양념재료를 모두 합하여 양념을 만든 후 1/2분량을 돼지갈비에 넣고 고루 버무린다.

찌기

5 마른 고추는 씨를 바르고 1cm 폭으로 썰어 참기름을 두른 팬에 넣고 매운맛이 기름에 우러나도록 한 후, 양념한 갈비를 넣어 볶는다.

6 겉면이 어느 정도 익으면 물 2컵을 부어 중불에 끓인다. 고기가 익으면 나머지 분량의 양념을 넣고 아래위로 고루 섞어 간이 배도록 찐다.

7 국물이 거의 졸면 풋고추, 다홍고추 썬 것을 넣고 조금 더 익혀 그릇에 담는다.

* 양파, 당근, 감자, 표고버섯 등을 조금씩 섞어 찜을 만들어도 좋다. 매운맛을 좋아한다면 양념에 고춧가루 1큰술, 고추장 1큰술을 섞어도 된다.

두골찜(쇠골찜)

두골찜은 소의 연한 두골을 전으로 부쳐 넣고, 국물이 자작해지도록 쪄서 만든다. 어른들의 보양식으로 널리 이용되는 음식이다.

재료 및 분량

두골(쇠골)	1개	**쇠고기 양념**	
쇠고기	100g	진간장	1큰술
표고	3개	다진 파	2작은술
미나리	50g	다진 마늘	1작은술
마른 고추	1개	후춧가루	조금
달걀	2개	깨소금	1작은술
밀가루	2큰술	참기름	1작은술
식용유	적당량		
소금	조금	**장국**	
후춧가루	조금	물	1컵
		소금	1/2작은술
		청장	1큰술

만드는 방법

재료 손질하기

1 두골에 소금을 발라가며 핏기가 있는 막을 벗기고, 도톰하고 먹기 좋은 크기로 저며 소금과 후춧가루를 뿌린다.

2 저민 두골에 밀가루와 달걀물을 입히고 번철에 기름을 두른 후 노릇노릇한 전을 부친다.

3 마른 고추는 씨를 제거하고 1cm로 자르고, 표고버섯은 불려서 채로 썰고, 미나리는 다듬어 초대로 부쳐서 4×1cm로 자른다.

찌기 / 끓이기

4 냄비에 양념한 쇠고기를 깔고, 두골전을 얹은 후 버섯을 얹고 마른 고추도 넣어 국물을 부어 자작하게 끓이다가 미나리초대를 위에 얹는다.

5 초간장을 곁들여 낸다.

 찜·선류

두부선

두부선은 으깬 두부에 닭고기를 섞고 고명을 가늘게 채 썰어 섞어서 섬세하고 보기 좋게 만든다. 두부는 전통적인 방식에 따라 네 토막으로 썰기도 하고, 여러 가지 방법을 응용하여 예쁘게 만들 수도 있다. 술안 주로 이용되는 훌륭한 음식이다.

재료 및 분량

두부	1모(450g)	표고버섯	2장
닭고기(가슴살)	100g	석이버섯	5g
		달걀	1개
닭고기 양념		잣	1큰술
소금	1/2작은술	파(파란 부분)	15g
다진 파	1큰술	실고추	3g
다진 마늘	1작은술	초간장	적당량
후춧가루	1/6작은술		
설탕	1작은술		
참기름	1작은술		

만드는 방법

재료 손질하기

1 두부는 물기 없이 꼭 짜고 으깬 후 체에 내린다.

2 닭고기는 곱게 다져 양념하고 두부와 함께 고루 주 물러서 섞는다.

3 불린 표고버섯과 석이버섯을 손질하여 곱게 채 썬다.

4 달걀은 황백지단을 부쳐 채 썰고, 잣은 고깔을 떼 고 통으로 썰어 비늘잣을 만든다.

5 파는 곱게 채 썰고, 실고추도 짧게 자른다.

찌기

6 네모난 그릇에 보를 깔고 양념한 두부를 2~3cm 두께로 고르게 편 후, 여섯 가지 고명을 고루 뿌리 고 살짝 눌러 찜통에 15분 정도 찐다.

7 다 식으면 모양을 내고 썰어 초간장을 곁들여 낸다.

* 두부의 두께를 반으로 자를 때는 양념한 두부 위에 고명을 아주 조금만 뿌리고 편편히 한다. 그다음에 다시 위에 두부 양념 재료를 얹어 충분히 편 후 찜통에 찐 다음 식혀서 썰 어도 좋다.

떡찜

떡찜은 가래떡에 칼집을 넣고 쇠고기 양념한 것을 더해 맛을 들인 우수한 찜요리이다. 고기를 채운 떡에 사태와 양을 익혀 썰어 넣고
채소를 섞어 맛을 들인 전통 떡찜은, 떡을 미나리로 묶지 않아도 된다.

재료 및 분량

흰 떡 ·············· 500g
사태 ·············· 300g
양 ·············· 300g
물 ·············· 10컵
당근 ·············· 200g
쇠고기(우둔) ·············· 100g
표고버섯 ·············· 3장

쇠고기 양념

간장 ·············· 1큰술
설탕 ·············· 1/2큰술
다진 파 ·············· 2작은 술
다진 마늘 ·············· 1작은술
참기름 ·············· 1작은술
깨소금 ·············· 1작은술
후춧가루 ·············· 조금

양념장

간장 ·············· 6큰술
설탕 ·············· 3큰술
다진 파 ·············· 4큰술
다진 마늘 ·············· 2큰술
참기름 ·············· 2큰술
깨소금 ·············· 2큰술
후춧가루 ·············· 조금
은행 ·············· 3알
잣 ·············· 1작은술
달걀 ·············· 1개

만드는 방법

재료 손질하기

1 양은 검은 막을 떼고, 사태는 덩어리째 씻어 두께가 있는 냄비에 물 10컵을 넣고 부드럽게 삶아 얇은 편으로 썬다.

2 쇠고기는 곱게 다지고, 표고버섯은 불린 후 꼭 짜서 물기를 제거하고 채 썰어 쇠고기 양념으로 고루 섞어 준다.

3 흰 떡은 5cm 길이로 토막 내고, 중간에 십자로 칼집을 넣어 끓는 물에 살짝 데치고 한 김 식힌 후 양념한 쇠고기를 칼집 안에 채운다.

4 무, 당근은 4cm 정도로 토막 내고 모서리를 다듬는다.

5 은행은 번철에 기름을 두르고 볶은 후, 종이나 마른행주로 비벼서 껍질을 벗긴다.

6 달걀은 황백으로 나누어 지단을 부쳐서 마름모꼴이나 골패꼴로 썬다.

양념하기 / 찌기

7 냄비에 삶은 사태와 당근, 무를 넣고 양념장을 만든다. 양념장 1/2 과 육수 2컵을 함께 넣고 중불에 끓인다.

8 쇠고기와 채소에 간이 배면 고기를 채운 떡을 넣는다. 간이 더 필요하면 나머지 양념장을 마저 넣고 고루 섞어 국물이 거의 없어질 때까지 찌고, 거의 다 되었을 때 은행을 넣고 더 끓인다.

9 찜이 다 되면 그릇에 담고 지단과 잣을 고루 얹어낸다.

배추속댓찜

배추속댓찜은 작은 배추의 잎마다 고기와 채소를 고명으로 넣고 찐 것이다. 서양음식 중 양배추를 이용한 찜에 못지않은 훌륭한 우리 전통음식이다.

재료 및 분량

배추속대	5개
(작은 것은 통째로)	
배추(大)	1통
쇠고기	200g
(50g : 국물용,	
150g : 다진 고기)	
무	200g
표고버섯	2장
석이버섯	3장
당근	1/2개

쇠고기 양념

간장	1큰술
설탕	1/2작은술
다진 마늘	1/2큰술
다진 파	1큰술
생강즙	1작은술
달걀	1개
녹말	1큰술
물	3컵
소금	조금

만드는 방법

재료 손질하기

1 배추는 겉잎을 떼고 연한 것만 소금물에 살짝 절여 끓는 물에 뿌리 부분을 잠깐 데쳐 숨을 죽인다.

2 다진 쇠고기 150g은 양념하여 채 썰어 둔 표고버섯, 석이버섯, 당근과 한데 넣어 섞어, 배추속대의 갈피마다 채워 넣고 녹말가루를 조금씩 고루 뿌린다.

3 무는 반달 모양이나 둥근 모양으로 썰어 물을 붓고 끓이다가, 양념한 쇠고기 50g을 넣고 장국같이 끓인다.

끓이기

4 장국이 끓으면 배추의 속이 벌어지지 않도록 냄비에 넣고 맑은 장국으로 푹 익게끔 끓인다.

5 달걀은 지단으로 부쳐 골패 모양으로 썰어 배추 위에 얹는다.

* 달걀을 풀어 배추 위에 고루 펴서 붓고 익혀도 된다.

6 배추는 먹기 좋은 크기로 썰어 그릇에 담아 따뜻할 때 상에 낸다.

부레찜

부레는 민어가 물에 뜰 수 있게 하는 체내 기관이다. 커다란 민어의 부레는 제법 질기고 길다. 부레찜은 부레 안에 양념한 쇠고기와 채 썬 표고버섯을 넣고 녹말을 묻혀 찜통에 찐 음식으로, 찰지고 쫄깃한 맛의 별미이다. 이것은 흔히 어만두와 함께 담으며, 겨자나 초간장에 찍어 먹는다. 부레찜은 한희순 선생님이 자주 만드셨던 궁중음식이다.

재료 및 분량

민어 부레	5개
쇠고기	100g
표고버섯	3개
녹말	1큰술

양념장

간장	2큰술
설탕	2작은술
다진 마늘	1큰술
다진 파	2큰술
참기름	2작은술
깨소금	1큰술
후춧가루	조금

겨자장

겨자즙	1큰술
식초	1큰술
설탕	2작은술

초간장

간장	2큰술
식초	1큰술
물	1큰술
잣가루	1작은술

만드는 방법

재료 손질하기

1 민어 뱃속에서 부레를 꺼낼 때에는 토막으로 자르거나 상처를 내지 않으며 내장을 빼고, 원통 그대로 씻어 소금을 뿌려 둔다.

2 다진 쇠고기와 가늘게 채 썬 표고버섯을 함께 양념하여 소를 준비한다.

찌기

3 부레의 한 면에 바람을 불어 넣고 준비된 소를 부레에 넣고 녹말을 묻혀 찜통에 12분간 찐다.

4 찜통에서 찜을 꺼내 식으면 토막 내어 겨자장이나 초간장을 곁들여 낸다.

음식 이야기

부레찜은 민어 부레에 소를 채워 찐 음식으로 고서에 '어교순대'라는 이름으로 등장한다. 민어의 부레는 비싼 재료로 무거울수록 좋다. 부레찜은 민어가 아닌 다른 생선의 부레로는 만들 수 없다. 민어의 부레는 삶아 먹을 때 쫄깃한 맛이 일품이고 잘게 썰어 볶으면 진주 같은 구슬 모양이 되어 귀하게 여기는 음식이다.

북어찜(황태찜)

북어찜은 황태로 만드는 여러 찬 중에서 가장 평범하고 간단히 만들 수 있는 음식이지만, 정성을 들여 만든 것과 아무렇게나 양념하여 만든 것은 담긴 모양새부터 차이가 나며 맛 또한 다르다.

재료 및 분량

황태	2마리
무	200~300g
물	1/2컵
파채	조금
실고추	조금
잣가루	2작은술
달걀	1개

기름장

간장	1큰술
참기름	1큰술

양념장

진간장	3큰술
설탕	1큰술
	(또는 물엿 2큰술)
다진 파	1큰술
다진 마늘	1큰술
다진 생강	1작은술
참기름	1큰술
후춧가루	1/4작은술
깨소금	2작은술
소금	조금
물	4큰술

만드는 방법

재료 손질하기

1 북어를 손질한다.

 편북어 : 물에 잠깐 적신 다음 물기를 짜고 지느러미를 잘라 내고 껍질에 잔 칼집을 넣어 가시를 제거하고 4~5cm로 자른다. 남은 여분의 물기를 꼭 짠다.

 통북어 : 방망이로 몇 번 두들긴 다음 물에 잠깐 담갔다가 다시 방망이로 두들겨 펴고 지느러미, 머리, 꼬리 등을 떼어 편북어처럼 손질한다.

2 무는 도톰하게 썰어 반달모양 또는 은행잎 모양으로 썰어 냄비 밑에 깐다.

양념하기/찌기

3 손질한 북어에 기름장을 바른 뒤 찜통에 잠깐 찐다.

4 양념장 1/2을 한 번 찐 북어에 고루 바르고 찜통에 얹어 편편하게 쪄지도록 다시 한 번 잠깐 찐다.

5 4의 황태에 남은 분량의 양념장을 조금 더 바르고 남은 양념을 냄비의 무에 넣고 그 위에 찐 황태조각을 얹고 물을 조금 붓는다. 실고추와 썬 파도 얹어 끓인다.

6 무가 익어 간이 잘 배었으면 북어찜도 맛이 든 것이니 그릇에 덜고, 채 썬 황백지단을 얹고 잣가루를 뿌려 마무리한다.

붕어찜

붕어찜은 민물고기인 붕어에 고춧가루와 풋고추를 넣어 매콤한 맛으로 양념한 것이다. 붕어와 함께 데친 무청을 넣으려면 가을철 무청 시래기를 많이 장만해 두어야 한다.

재료 및 분량

붕어(中)	3마리
쇠고기	200g
데친 무청	200g
무	100g(1/2개)
풋고추	2개
홍고추	2개
대파	3뿌리
양파	1개
소금	조금
속쌀뜨물(또는 물)	5~6컵

양념

고추장	1큰술
된장	1작은술
다진 마늘	2큰술
다진 생강	1큰술
청장	1큰술
액젓(또는 새우젓)	1큰술
굵은 고춧가루	1큰술
설탕	2큰술

만드는 방법

재료 손질하기

1 붕어는 눈이 싱싱한 것을 골라 비늘을 긁고 배를 갈라 쓴맛이 우러나지 않도록 내장을 말끔히 제거하고 물에 씻어 둔다.

* 붕어는 되도록 살아 있는 것을 쓰면 좋다.

2 시들지 않은 무청을 준비하여 깨끗이 씻고. 밑둥부터 넣고 삶은 뒤 찬물에 헹구어 물기를 꼭 짠다.

* 신선한 무청이 없을 때에는 말렸다가 삶은 무청 시래기를 다시 물에 담가 냄새를 빼고, 5~6cm 길이로 잘라 준비하고, 무는 4~5cm 크기로 도톰하게 썰어 준비한다.

3 양파는 손질하여 큼직하게 썰고, 대파는 길게 어슷썰기하고, 청고추와 홍고추도 어슷하게 썰고 씨를 털어 둔다.

찌기 / 담기

4 썰어 놓은 무청을 양념에 넣고 주물러 양념이 배도록 한다.

5 큰 냄비에 썰어둔 무를 깔고 양념한 무청을 얹고 위에 붕어를 얹어 담는다.

6 붕어 위에 양파, 대파, 고추를 얹고 쌀뜨물을 자작하게 부어 매콤한 냄새가 나게 끓으면, 그릇에 덜어 담는다.

사태찜

사태찜은 질긴 사태를 연하고 맛있게 만든 음식으로 갈비찜에 버금가는 별미이다.

재료 및 분량

사태	600g
양파	150g
표고버섯	10g
당근	70g
은행	5개
밤	100g
달걀	1개

양념

간장	3큰술
다진 파	2큰술
다진 마늘	1큰술
설탕	2큰술
후춧가루	1/4작은술
참기름	1큰술
깨소금	1큰술
배즙	3큰술
생강즙	1작은술

만드는 방법

재료 손질하기

1 사태는 덩어리째 물에 담가 피를 빼고 깨끗이 씻어 준비한다. 냄비에 물을 자작하게 붓고 준비한 사태를 넣어 양파를 같이 넣은 다음 30분 동안 삶는다. 육수는 거품을 걷고 식혀서 기름을 걷어내고 걸러 맑게 만든다.

2 표고버섯은 물에 불리고 4등분하여 은행잎 모양으로 자르고, 당근은 썰어 모서리를 깎아 밤톨만 하게 만든다.

3 은행은 껍질을 벗기고 번철에 볶아 속껍질도 벗겨 준비하고, 밤도 껍질을 벗겨 준비한다. 달걀은 황백지단으로 부친다.

양념하기 / 찌기

4 삶아낸 사태는 4cm 크기로 썰어 배즙과 양념을 넣어 고르게 버무려 재어 두었다가 국물을 부어 끓인다.

5 사태가 무르고 부드럽게 되었으면 황백지단을 썰어 고명으로 얹어 낸다.

쇠갈비찜

쇠갈비찜은 육류로 만든 찜 중에서 가장 대표적인 음식이다. 무와 표고버섯 등의 채소를 넣고 만들며 고기를 부드럽게 익혀서
고기와 채소가 균형 있게 조화되도록 만든 고기 반찬이다.

재료 및 분량

쇠갈비	400g
무	300g
당근	200g
표고버섯	5장
밤	5개
대추	5개
은행	8개
잣	1큰술
달걀	1개

양념간장

진간장	5큰술
설탕	2큰술
배	1/6개
다진 파	2큰술
다진 마늘	1큰술
깨소금	1큰술
후춧가루	1/2작은술
참기름	1큰술

만드는 방법

재료 손질하기

1 쇠갈비를 5cm 길이로 토막 낸 후 기름을 떼고 찬물에 담가 핏물을 뺀 다음 칼집을 넣어 준비한다.

2 냄비에 쇠갈비가 잠길 만큼의 물을 넣고 끓으면 준비된 갈비를 넣고 잠깐 삶아 건져낸다. 갈비 삶은 육수는 기름을 걷어낸다.

3 무와 당근은 한입 크기로 큼직하게 썰어 모서리를 다듬고, 표고버섯은 불려서 기둥을 제거하고 큼직하게 썬다.

4 밤은 속껍질까지 벗기고, 대추는 깨끗이 씻어 씨를 빼고, 은행은 기름에 살짝 볶아 속껍질을 벗기고, 달걀은 황백지단을 부쳐 마름모꼴로 썬다.

양념하기 / 찌기

5 배는 즙을 내어 양념간장을 만들고, 그 양념장의 1/2 분량을 갈비에 넣어 고루 버무려서 약 30분 정도 재웠다가 냄비에 넣고 무, 당근, 표고버섯도 넣은 후 준비된 갈비 육수를 재료가 잠길 정도로 붓고 중간 불에서 끓인다.

6 국물이 반 정도로 줄면 대추, 은행을 넣고 나머지 분량의 양념간장을 넣어 위아래로 섞어 골고루 간이 들게 하고, 중간중간 양념간장을 끼얹어 윤기가 나게 한다.

7 국물이 자작하게 졸면 그릇에 찜을 담고 위에 지단과 잣을 뿌려 낸다.

숭어찜

찜 · 선류

숭어찜은 4월부터 9월까지 제철인 맛있는 숭어를 이용하여 만든다. 여러 가지 만드는 방법 중에서, 숭어의 뼈를 넣지 않는 방법을 소개하도록 한다.

재료 및 분량

재료	분량
숭어	1마리(600g)
쇠고기	100g
표고버섯	3개
다홍고추	1개
미나리	100g
달걀	2개
소금	조금
후춧가루	조금
밀가루	2큰술
육수	2컵
생강즙	2큰술

쇠고기 양념

재료	분량
간장	2큰술
다진 파	2큰술
다진 마늘	1큰술
설탕	2작은술
후춧가루	1/4작은술
깨소금	2작은술

만드는 방법

재료 손질하기

1 숭어는 신선한 것을 택하여 비늘을 긁어내고, 내장을 뺀 다음 깨끗하게 씻어 양쪽으로 포를 뜨고, 뼈는 국물을 내는 데 쓴다. 살은 적당한 크기로 토막을 내어 소금과 후춧가루를 뿌려 놓았다가 물기를 없애고 밀가루를 뿌린 후 달걀물을 씌워 기름을 두른 번철에 지져 놓는다.

2 쇠고기는 채 썰어 양념해 둔다.

3 불린 표고버섯은 너비 1cm, 길이 4cm로 썰어 볶다가 다진 마늘과 참기름, 간장으로 양념한다.

4 미나리는 다듬어 미나리초대를 만들어 표고버섯과 같은 크기로 썰고, 다홍고추도 같은 크기로 썰어 둔다.

5 달걀 1개는 황백지단을 부쳐 미나리초대와 같은 크기로 썬다.

담기 / 찌기

6 전골냄비에 양념한 쇠고기와 양파를 절반씩 섞어 깔고, 그 위에 생선을 포개 담은 후 준비된 채소를 색색으로 돌려 담고 생강즙을 뿌린 다음 간을 한 육수를 붓고 끓인다.

* 숭어에 달걀물을 씌우지 않고 칼집만 넣어 양념한 쇠고기 위에 얹어 끓여낼 수도 있다.

음식 이야기

숭어는 길이가 80cm 정도 되고 원통형의 몸을 가진 생선으로 등쪽이 평평하며 회청색이고 배쪽은 은백색이다. 숭어알과 민어알은 어란을 만드는 귀한 재료로 이용된다. 예부터 숭어는 '동해의 진미'라 하여 모든 생선 가운데 빼어나다는 뜻의 수어(秀魚)라고도 불렸다. 궁중의 찬품단자에 가장 많이 쓰인 생선이다.

아귀찜

아귀찜은 남쪽 해변 지역에서 흔하게 해 먹던 향토음식으로 얼큰하고 쫄깃한 생선의 맛을 즐길 수 있는 별미이다.

재료 및 분량

아귀	1마리
미더덕	300g
콩나물	300g
미나리	1단
소금	조금
참기름	1큰술

녹말물

녹말	2큰술
물	1컵

양념

진간장	3큰술
고춧가루	4큰술
다진 마늘	2큰술
다진 생강	1큰술
소금	조금
깨소금	2큰술

만드는 방법

재료 손질하기

1 아귀는 싱싱한 것을 택하여 소금을 뿌려 20~30분간 두었다가 가시가 있는 입 부분을 잘라 벌린 뒤 손을 넣고 내장을 꺼내 말끔히 손질한다.

2 아귀의 지느러미는 잘라 내고 소금물에 여러 번 씻어 내장 찌꺼기와 기름을 제거하고 먹기 좋은 크기로 잘라 소쿠리에 겹치지 않도록 놓아 바람이 잘 통하는 곳에 두어 꾸덕꾸덕하게 말린다.

* 이렇게 말려야 익히는 도중 부서지지 않고 쫀득한 맛이 난다.

3 미더덕은 약한 소금물에 흔들어 씻은 후, 꼬챙이로 찔러 구멍을 내어 간이 고루 배도록 손질한다.

4 콩나물은 줄기가 통통하고 길게 자란 것을 택하여 머리와 꼬리를 제거하고 물에 씻어 건진다.

5 미나리는 잎을 떼고 줄기만 길이 5cm로 썬다.

6 양념장 재료를 큰 볼에 담아 고루 섞어 붉은빛이 돌고 맛이 어우러지도록 한다.

찌기

7 냄비에 꾸덕꾸덕하게 말린 아귀를 넣고 잠길 정도로 물을 부어 한소끔 끓인다.

* 물에서 비린내가 나므로 조금 남기고 버린다.

8 7에 6을 끼얹어 잘 섞은 뒤 미더덕과 콩나물, 미나리를 얹고 녹말물을 끼얹은 후 뚜껑을 덮고 끓인다.

9 아귀가 거의 익으면 아래위로 고루 뒤적이다가 국물이 걸쭉해지면 참기름을 두르고 덜어서 그릇에 담아낸다.

어선

어선은 생선살로 여러 가지 재료를 말아 찐 음식이다. 얼리지 않은 민어나 도미를 이용하는 것이 만들기가 편하다. 만약 민어나 도미가 비싸서 쉽게 이용하기 힘들다면 얼린 동태살을 이용해도 된다. 그럴 때는 민어포 대신 황백지단을 크게 부쳐 그 위에 생선편을 가지런히 펴서 녹말을 뿌려 조각이 서로 떨어지지 않도록 하며 달걀과 생선으로 재료를 말아 쪄 낼 수도 있다.

재료 및 분량

흰살 생선 (포를 뜬 것)	500g	**쇠고기 양념**	
소금	조금	진간장	1큰술
후춧가루	조금	설탕	1/2큰술
쇠고기(우둔)	100g	다진 파	1작은술
표고버섯	2장	다진 마늘	1/2작은술
석이버섯	4장	참기름	1작은술
오이	1/2개	깨소금	조금
당근	1/2개	후춧가루	조금
녹말가루	1/3컵		
발효겨자	1/2큰술	**초간장**	
		진간장	2큰술
		물	1큰술
		식초	1큰술
		잣가루	조금

만드는 방법

재료 손질하기

1 생선살은 되도록 넓게 포를 떠서 칼을 눕혀 두드려 두께를 고르게 하여 소금, 후춧가루를 뿌린다.

소 준비하기

2 쇠고기는 채 썰고, 표고버섯은 불린 다음 채 썰어 쇠고기 양념으로 양념하여 볶는다.

3 오이는 돌려 깎아 채 썬 뒤에 팬에 기름을 두르고 소금을 넣어 살짝 볶아 식혀 놓는다.

4 당근은 채 썰어 팬에 기름을 두르고 소금을 넣어 볶아 식혀 놓는다.

소 넣고 찌기

5 도마에 대발을 놓고 면포를 그 위에 펴 놓은 다음 생선포를 서로 붙어 있도록 네모지게 펴 놓는다.

6 준비된 재료를 생선포 위에 가지런히 놓고 김밥 싸듯 말아 놓는다.

7 겉에 녹말을 충분히 뿌려주고, 김이 오른 찜통에 넣고 10분간 쪄 낸다.

8 생선이 익으면 꺼내어 식힌 다음 3cm 정도의 폭으로 썰어 접시에 담고 초간장을 곁들여 낸다.

찜·선류

오이선

오이선은 원래 오이를 가르지 않고 6~7cm 정도로 잘라 소박이를 만들 때와 같이 십자로 칼집을 내어 충분히 절인 후 소를 넣고 반으로 잘라 단촛물을 위에 뿌린 음식이다. 최근에는 오이를 절반으로 갈라 토막을 내어 오이 등에 칼집을 넣고 소를 넣는 작은 오이선을 더욱 선호한다.

재료 및 분량

오이	2개
소금	1큰술
쇠고기(우둔)	50g
표고	1장
달걀	1개
실고추	조금

쇠고기 양념

간장	1작은술
설탕	1/2작은술
다진 파	1작은술
다진 마늘	1/2작은술
참기름	1작은술
깨소금	조금
후춧가루	조금

단촛물

식초	1큰술
물	1큰술
설탕	1큰술
소금	1/3작은술

만드는 방법

재료 손질하기

1 오이는 가늘고 연한 것을 골라 1/2등분하여 4cm 정도로 토막 낸다. 껍질 쪽에 1cm 간격으로 칼집을 4번 넣는다.

2 손질한 오이는 소금물에 담가 절인다.

3 오이가 절여지면 물에 헹구었다가 건져 물기를 빼고 뜨겁게 달군 팬에 기름을 두르고 재빨리 볶아 낸다.

고명 준비하기

4 쇠고기는 곱게 채를 썰고, 표고버섯은 불려서 채를 썰어 각각 쇠고기 양념을 하여 볶아 낸다.

5 달걀로 황백지단을 부쳐 3cm로 곱게 채 썬다.

고명 넣기

6 오이에 넣은 칼집 사이에 각각의 재료를 색색으로 끼워 넣는다.

7 단촛물을 만든다.

8 그릇에 오이를 담고 단촛물을 끼얹는다.

우설찜

우설찜은 우설을 삶아 양념한 뒤 여러 채소와 함께 끓인 음식이다. 부드러운 맛이 특징인 찬이다.

재료 및 분량

우설	400g
(익힌 것 1/2개)	
쇠고기	100g
양파	2개
당근	100g
무	100g
죽순	100g
미나리	100g
표고버섯	3개
국국물	2컵

우설·쇠고기 양념

간장	2큰술
청장	3큰술
다진 파	3큰술
다진 마늘	2큰술
설탕	1큰술
후춧가루	1/2작은술
참기름	1큰술
깨소금	1큰술
생강즙	1작은술

만드는 방법

재료 손질하기

1 우설은 솔로 문지르고 밑을 긁어 씻은 후 물에 삶아 외부의 혀 표피를 벗기고, 0.5cm 두께로 넓적하게 저며 둔다.

2 쇠고기는 채 썰어 양념하고, 표고버섯은 4등분하여 은행잎 모양으로 썬다.

3 양파는 4등분한다. 무와 당근은 길이 4cm, 너비 1.5cm로 납작하게 썰고, 죽순도 당근 길이와 비슷하게 빗살 모양으로 썬다. 미나리는 잎을 제거하고 다듬어서 1/2은 4cm 길이로 썰고, 나머지 1/2은 데쳐 끈으로 이용한다.

양념하기 / 꾸미기

4 저며 놓은 우설은 양념하고, 일부 우설에 양념하여 놓은 쇠고기를 조금 얹고 돌돌 말아 미나리로 한 번 묶어 준다.

5 냄비에 양파와 쇠고기를 일부 깔고 위에 당근, 무, 죽순, 표고버섯을 색색으로 돌려 담는다.

6 가운데에 양념한 우설을 담고 4에서 말아 놓은 우설 편육을 보기 좋게 돌려 담은 후 국국물을 간하여 붓고 끓이다가 마지막에 썰어 둔 미나리를 죽순과 표고버섯 사이에 넣어 다시 한소끔 끓여낸다.

찜·선류

준치찜

준치찜은 봄이 제철인 준치를 찌고 살만 발라낸 음식이다. 준치를 빚어 지지거나 채소와 함께 삶아내어 끓인 음식이다.

재료 및 분량

준치살(1마리)	200g
죽순	100g
당근	150g
양파	100g
표고버섯	40g
석이	10g
미나리	50g
달걀	2개
밀가루	적당량
(또는 녹두녹말)	
국국물	3컵
(준치뼈 삶은 것)	
소금	조금
청장	1큰술

준치 양념

소금	1/2작은술
참기름	2작은술
깨소금	2작은술
생강즙	1작은술
후춧가루	조금

만드는 방법

재료 손질하기

1 준치는 비늘을 긁고 깨끗이 씻어 손질하여 찜통에 쪄서 껍질은 벗기고 살만 발라 소금, 후춧가루, 깨소금, 생강즙, 참기름을 넣고 무친다.

2 죽순은 끓는 물에 데쳐 반으로 갈라 빗살처럼 도톰하게 썬다. 당근은 길이 4cm, 두께 0.3cm로 썰고, 양파는 4등분하여 둔다.

3 표고버섯은 도톰하게 채 썰고, 석이버섯은 이끼를 긁어내고 단단한 돌 부분을 떼어낸 후 잘게 썬다.

4 미나리는 다듬고 데쳐 길이 5cm로 잘라 놓는다.

5 달걀 1개로 지단을 부쳐 놓는다.

완자 빚기 / 찌기

6 양념한 준치살을 밤톨만 하고 갸름하게 빚어 녹말을 씌우고 잠깐 삶아 건져내 식히거나, 준치살을 동글납작하게 빚어 밀가루 묻히고 달걀물을 씌워 번철에 지진다.

7 냄비에 죽순, 당근, 양파, 표고버섯, 미나리, 황백지단 등의 재료를 색색으로 담고, 위에 준치 완자를 중앙과 가장자리에 가지런히 얹은 다음 국국물이나 준치 뼈 삶은 국물에 간을 해서 붓고 한소끔 끓여낸다.

음식 이야기

준치는 봄과 여름에 잡히는 생선으로 양력 4월 20일경 절기 중 곡우가 지나면 전남 바다에서 잡히다가 6월이 되면 북으로 이동하여 서해에서 잡힌다. 잔가시가 많은 이 생선은 "썩어도 준치"라는 속담처럼 맛이 좋기로 유명하며 한자어로는 '진어(眞魚)'라고 한다. 큰 것은 크기가 50cm 정도 되며 은백색 또는 등 쪽에 약간 푸른색을 띠고 납작하며 청어와 비슷한 비늘을 가지고 있다.

준치로 만드는 음식에는 준칫국, 준치만두, 조치, 찜 등이 있다. 가시가 많아 국을 끓일 때 토막을 내기도 한다. 사람들이 가장 선호하는 조리법은 준치의 살만 골라 전유어를 부쳐 맑은 장국에 넣고 끓이는 것이다.

전복찜 I

전복찜은 생 전복에 잘게 썰어 둔 쇠고기와 표고버섯을 넣어 만든 음식이다.
전복이 귀하던 옛날에는 건어물로 만든 전복을 불려서 재료로 사용했으나,
최근에는 쉽게 구할 수 있는 양식 전복을 이용한다.

재료 및 분량

전복(中) ···················· 4개
쇠고기 ······················ 80g
표고버섯 ···················· 4개

양념
간장 ························· 1큰술
설탕 ·······················1작은술
다진 파 ·····················1작은술
다진 마늘 ···················1작은술
참기름 ······················1작은술
후춧가루 ······················ 조금

육수(더운 것) ················ 1컵
청장 ························· 1큰술
은행 ························· 12개
잣 ·························1작은술
달걀 ························· 1개

만드는 방법

재료 손질하기

1   전복은 껍질째 솔로 문질러 이끼 등을 제거하고, 살 위에 소금을 얹어 문지르면서 가장
    자리의 검정 부분을 함께 문질러 깨끗하게 씻어낸다.

2   전복의 껍질이 얇은 부분에 칼을 넣어 살과 내장을 뗀다. 전복 앞면에 칼집을 사선으로
    넣어 보기 좋게 벌어지도록 하고 뒷면은 두세 번 넣는다.

*   많은 양의 전복을 손질할 때에는 1cm 미만 깊이의 번철에 전복을 놓고 가열한 뒤 5분 정도 후에 꺼
    내 살을 뗄 때면 깨끗하게 살만 발라낼 수 있다.

3   쇠고기는 납작하고 잘게 저며 썰고, 표고버섯은 불려서 기둥을 떼고 4조각으로 썰어 양
    념장에 고루 무쳐 둔다.

4   껍질을 제거한 은행을 기름을 두른 번철에 기름을 볶아 마른행주나 키친타월로 비벼 속
    껍질을 없애 비취색의 은행으로 만든다.

5   달걀은 황백지단을 부쳐 완자형으로 썬다.

찌기 / 담기

6   냄비에 양념한 쇠고기와 버섯을 깔고 육수를 부은 다음 청장으로 간을 맞춘 후 위에 전
    복을 나란히 얹어 담는다. 처음에는 센 불로 끓이다가 끓어오르면 불을 약하게 하여 끓
    인다.

7   쇠고기와 전복이 익어 칼집을 낸 자리가 벌어지고 맛이 들면 은행을 넣고 간장을 뿌려
    맛이 고루 배도록 한다.

8   손질한 전복 껍질에 전복과 표고버섯, 쇠고기, 은행 등을 담고 황백지단, 잣을 얹어 낸다.

굴비구이

굴비는 조기를 소금에 절여 말린 것으로 찌거나 구워서 먹는다.
여름철에는 껍질을 벗기고 말린채로 뜯어 마른 찬으로도 먹는다.
굴비를 1년 내 엮어서 그늘진 곳에서 말리는 것을 호남 지방에서는
'굴비오적'이라 한다.

재료 및 분량

굴비	4마리	상추	조금
참기름	1큰술	고추장	조금

만드는 방법

1. 마른 조기는 지느러미를 떼고 비늘을 긁은 후 털어낸다.
2. 굴비의 겉면에 참기름을 발라 잠깐 굽고 뜯어서 먹기
   좋은 크기로 뜯어 접시에 담는다.
3. 상추잎에 굴비를 싸서 먹거나, 고추장에 찍어 먹는다.

음식 이야기

고려의 제16대 임금인 예종 시절, 척신이였던 이자
겸은 그의 딸 순덕을 예종에게 시집보낸 뒤 공신이
된다. 훗날 이자겸은 예종이 죽자 왕의 동생으로 대
를 이으려는 세력을 물리치고 어린 인종을 옹립하
고, 외손자인 17대 인종에게 셋째 딸과 넷째 딸을
시집 보내 세력을 잡았다. 그 후 안하무인이 된 그
는 정주(전라도 영광)로 귀양을 떠난다.
이자겸은 귀양지에서 살며 칠산 앞바다에서 잡은
조기맛에 반해 이것을 소금에 절여 바닷바람에 말
렸다. 그리고 자신이 '비굴하지 않았다.'라는 뜻의
"정주굴비(靜州屈非)"라는 글자를 써서 임금께 진상
하였다. 말린 조기를 먹은 인종은 이것을 별미라 칭
하며 해마다 진상하게 하였다.

김구이

최근에는 김을 구워 팔기 때문에 대부분의 가정에서 김을 구워 먹지
않는다. 집에서 김을 낱장으로 구울 때는 석쇠나 번철을 이용하고,
한꺼번에 여러 장을 구울 때는 오븐을 이용하여 손쉽게 김구이를
만들 수 있다.

재료 및 분량

김	10장	소금	조금
참기름(또는 들기름)	2큰술		

만드는 방법

1. 찢어지거나 구멍이 나지 않은 재래김 혹은 조금 두꺼운
   김을 골라 타가 있는지 살펴본다.
2. 김을 마른 도마나 쟁반 위에 놓고 1장씩 솔로 기름을
   고루 바르고 고운 소금을 조금씩 뿌린다.
3. 김 여러 장을 겹치고 눌러 기름이 고루 배도록 한다.
4. 석쇠 사이에 김을 2장씩 얹어 불 위에서 앞뒤로 굽는다.
   이때 거리를 두고 구우며, 타지 않고 파르스름한 빛이
   나고 빳빳하게 구워지면 가위로 8등분하여 그릇에 담
   는다.

* 여러 장을 한 번에 구울 때는 뜨거운 오븐에 20~50장을 겹쳐
팬에 담아 넣는다. 잠시 후 오븐의 문을 열고 겹쳐 놓은 김을 절
반씩 갈라 앞뒤로 다시 가지런히 담아 처음과 같이 구운 뒤, 다
시 몇 장을 갈라 가지런히 놓아 몇 번만 구우면 1장씩 뒤집을 필
요가 없다.

너비아니구이

너비아니구이는 한국음식의 대표적인 찬류로 쇠고기 등심이나 안심에 간장양념을 하여 구운 것으로 100여 년 전부터 흔히 '불고기'라고 부른다.

재료 및 분량

쇠고기 ·························· 300g

양념장

진간장	3큰술
설탕	1½큰술
꿀	1/2큰술
다진 파	1큰술
다진 마늘	1큰술
깨소금	1큰술
후춧가루	1/2작은술
배즙	3~4큰술
생강즙	1/2큰술
참기름	1큰술
잣가루	1작은술

만드는 방법

재료 손질하기

1 쇠고기는 기름과 힘줄을 제거한 다음에 결의 반대 방향으로 두께 0.4~0.5cm, 가로·세로 5~6cm의 크기로 썰어 잔칼질하여 연하게 한다.

양념하여 굽기

2 배를 강판에 갈아 배즙을 짠 다음, 다른 양념과 함께 양념장을 만들어 쇠고기를 넣고 주물러 30분 정도 재어 둔다.

3 석쇠나 팬에 기름을 바르고 달군 후 처음에는 센 불에 굽다가 불을 낮추어 타지 않게 굽는다.

4 구운 고기는 그릇에 담고 잣가루를 한쪽에 얹는다.

구이·볶음류

대합구이

대합구이는 크고 매끈한 대합의 살을 다져 쇠고기와 섞어 소를 만든 후, 대합 껍데기에 채워 넣고 달걀을 입혀 지진 다음 석쇠에 올려 익힌 것이다. 어느 나라 사람에게나 환영받는 음식이다.

재료 및 분량

대합(中)	6개
조갯살	80g
다진 쇠고기	50g

쇠고기 양념

간장	1큰술
소금	1작은술
설탕	1작은술
다진 파	2작은술
다진 마늘	1작은술
깨소금	1작은술
참기름	1작은술
후춧가루	조금

두부	50g
표고버섯	2장
양파	1/4개
밀가루	3큰술
달걀	2개
식용유	조금
붉은 고추	조금
풋고추(또는 쑥갓)	조금
초간장	조금

만드는 방법

재료 손질하기

1 냄비에 물을 조금 담아 씻은 대합을 넣어 불에 올려 대합의 입이 벌어지면, 즉시 불을 끄고 조갯살을 발라낸다. 껍데기는 깨끗이 손질하여 씻어 놓는다.

2 따로 준비한 조갯살을 냄비에 넣고 잠깐 익혀 물기를 빼고 대합 조갯살과 합하여 같이 다져 놓는다.

3 다진 쇠고기는 쇠고기 양념을 넣고 두부는 물기를 빼고 으깨어 고기와 함께 고루 섞어 둔다.

4 표고버섯은 불려 기둥을 떼어 다지고, 양파는 다져서 볶는다.

지지기 / 굽기

5 준비된 재료를 모두 합하여 소를 만든다.

6 대합 껍데기 안쪽에 기름을 바르고 밀가루를 묻힌 다음 소를 채운다.

7 소를 채운 표면에 또다시 밀가루를 묻힌 후 달걀 물을 입혀 팬에 기름을 두르고 달걀 묻힌 면을 지진다.

8 석쇠에 지진 대합을 바로 올려 담고, 불에 굽는다. 속까지 익으면 국물이 조금씩 나와 익은 냄새가 난다.

9 익은 대합을 접시에 담아 뜨거울 때 그릇에 담아 낸다.

더덕구이

더덕구이는 야생 더덕 혹은 재배한 더덕 중에서 굵은 것을 골라 껍질을 벗겨 가르고 얇게 두들겨 고추장 양념을 발라 구운 음식이다. 이 음식은 향이 풍부하고 씹는 맛이 일품이다.

재료 및 분량

더덕	200g	다진 마늘	1작은술
		깨소금	1큰술

양념장		**유장**	
고추장	2큰술		
설탕	1큰술	간장	1큰술
다진 파	2큰술	참기름	2큰술

만드는 방법

재료 손질하기

1 더덕은 흙을 털고 물에 씻은 후 석쇠에 올려 겉껍질을 살짝 익힌다.

* 이때 껍질을 옆으로 돌리면서 벗기면 잘 벗겨지고 손에 진이 묻어나지 않는다.

2 껍질을 벗긴 더덕은 반으로 갈라 방망이로 자근자근 누르듯 두드려서 넓게 편다.

3 분량의 재료를 모두 섞어 양념장을 만든다.

양념하여 굽기

4 간장과 참기름을 섞어 유장을 만들고 부드럽게 펴 놓은 더덕에 고루 발라 잠깐 굽는다.

5 일단 유장을 발라 구워 낸 더덕 위에 고추장 양념장을 다시 발라서 번철이나 석쇠에 굽는다. 불이 너무 세지 않게 중불에서 기름을 두른 번철이나 석쇠에 구워야 타지 않고 맛이 있다.

6 구운 더덕을 먹기 좋은 크기로 썰어 접시에 담는다.

방자구이

방자구이는 쇠고기 소금구이를 일컫는 말로, 양반의 심부름을 하는 하인 '방자'가 양념 안 한 고기에 소금을 뿌려 아궁이에서 구워 먹은 데서 비롯되었다.

재료 및 분량

쇠고기(등심)	500g	고춧가루	2작은술
소금	적당량	식초	1큰술
후춧가루	조금	설탕	2작은술
파(흰 부분)	100g	깨소금	2작은술
		참기름	2작은술

파 무침 양념장		**소금 양념**	
상추	200g	소금	1큰술
간장	2큰술	참기름	4큰술

만드는 방법

재료 손질하기

1 쇠고기는 한입에 먹기 편하도록 0.5cm로 썰어 냉동실에 살짝 얼린다.

2 파의 흰 부분만 채로 썰어 찬물에 담가 매운맛을 빼내고 싱싱하게 살아나면 물기를 빼고 상추는 손으로 뜯어 먹기 좋은 크기로 만든다.

3 분량의 재료를 섞어 파 무침 양념장을 만든다.

4 분량의 재료를 섞어 소금 양념을 만들고 작은 그릇에 담아 놓는다.

굽기

5 식탁에 석쇠나 달군 팬을 놓고 쇠고기를 얹어 소금과 후춧가루를 뿌려 굽고 소금 양념을 곁들인다.

6 준비해 놓은 파채와 상추 조각을 섞고, 파 무침 양념장을 넣어 주무르지 말고 가볍게 무쳐 그릇에 담는다.

7 소금을 뿌려 구운 쇠고기를 파 무침과 곁들여 먹는다.

닭고기볶음

닭고기볶음은 초가을 감자가 날 때 닭고기를 백숙이나 닭개장이 아닌 국물이 자박자박하게 생기도록 볶아 진한 양념과
감자, 양파 등 채소와 함께 볶아 먹는 찬류이다.

재료 및 분량

닭(中)	1마리(400g)
감자	2개(150g)
양파	1개
풋고추	3개
붉은 고추	2개
참기름	1큰술
소금	조금
후춧가루	조금
물	1컵

닭고기 양념

간장	2큰술
고추장	2큰술
고춧가루	1큰술
생강즙	1작은술
후춧가루	조금
설탕	1~2큰술
다진 파	1큰술
다진 마늘	1큰술
청주	2큰술

만드는 방법

재료 손질하기

1 닭은 속을 깨끗이 씻어 꽁지의 기름 덩어리를 잘라 내고 먹기 좋은 크기로 토막 낸다. 찬물에 담가 핏기를 뺀 후 소금과 후춧가루를 뿌려 밑양념을 한다.

2 감자와 양파는 껍질을 벗기로 4등분하여 모서리를 둥글게 다듬고, 양파는 큼직하게 4등분하고 고추는 어슷썰기를 하여 씨를 털어 낸다.

양념하기 / 볶기

3 뜨겁게 달군 냄비에 식용유를 두르고 토막 낸 닭고기를 밑양념하여 넣고 노릇하게 볶는다.

4 분량의 재료를 모두 섞어 닭고기 양념을 만들고, 그중 1/2을 고기에 넣어 버무린 후, 양파와 감자를 넣고 간이 배도록 불을 조금 줄이고 익히면서 물을 붓고 불의 세기를 높인다.

5 물이 줄어들고 고기가 익으면 나머지 닭고기 양념을 넣고 수저로 저으면서 고추를 넣고 볶는다. 다 되면 참기름을 넣고 버무려 그릇에 담는다.

 음식 이야기

닭고기볶음은 닭고기를 잘게 토막 내어 볶는 음식이다. 최근에는 비슷한 크기의 닭고기를 튀긴 다음 양념장에 버무리면서 뜨겁게 열을 가하여 만드는 닭강정을 즐겨 먹는다. 닭강정은 대략 1960년 후반부터 뷔페에 등장하면서 모임 때 차리는 식탁에 올라가기 시작했다. 이것은 간편하게 먹을 수 있고 간식으로 상품화할 수 있어 오늘날 널리 이용되는 듯하다. 닭강정은 닭고기를 조각 내 밑간을 한 후 밀가루나 밀가루에 쌀가루를 조금 섞어 묻힌 다음 튀긴 후 양념장에 굴려 뜨겁게 간이 배도록 만든 새로운 음식이다.

떡갈비

떡갈비는 뼈를 바른 갈빗살을 다져 양념하여 먹기 좋도록 구워 낸 반가음식이다. 갈비뼈에 다시 살이 붙어 있도록 빚은 다음 구워야
갈비임을 알 수 있기 때문에 익은 뼈를 가운데 끼워 굽는다.

재료 및 분량

갈빗살 ·· 400g
쇠고기 ·· 200g
갈비뼈 ·· 4대
밀가루 ··· 조금
　(또는 녹말가루)
식용유 ··· 조금
잣 ··· 조금

양념장

간장 ··· 3큰술
설탕 ·· 1½큰술
다진 파 ······································· 2큰술
다진 마늘 ··································· 1큰술
참기름 ······································ 1/2큰술
청주 ·· 1큰술
배즙 ·· 2큰술
후춧가루 ····································· 조금

구운 버섯 ··································· 조금
아스파라거스 ···························· 조금

만드는 방법

재료 손질하기

1　갈빗살은 질긴 힘줄, 기름 덩어리를 도려내고 살코기를 발라 곱게 다진다.

2　다진 갈빗살에 양념장을 넣어 주무른 뒤 끈기가 날 때까지 치대어 반죽한다.

3　갈비뼈를 석쇠에 올려 고루 뒤적이면서 중불에 타지 않게 굽는다.

* 많은 양의 뼈를 익힐 때에는 솥에 물을 조금 넣고 끓여서 된다.

양념하기 / 빚기

4　손바닥에 기름을 조금 묻히고 갈비뼈를 문질러 기름이 조금 묻으면 그 위에 밀가루를 가볍게 묻혀서 양념한 갈빗살을 돌려 붙인다.

5　갈비뼈를 손바닥에 놓고 앞뒤로 고루 갈빗살을 붙여 모양을 만들고 한쪽에 칼집을 넣어 냉동고에 잠깐 보관했다가 팬에 식용유를 두르고 약한 불에 서서히 속까지 익도록 굽는다.

6　구운 고기에 고명으로 잣가루을 얹고, 구운 버섯이나 풋고추, 아스파라거스, 부추무침 등을 곁들인다.

구이·볶음류

보리새우볶음

보리새우볶음은 여러 가지 쌈을 먹을 때 조금씩 넣어 먹는 찬이다. 찬국수와 밥, 죽에도 얼마든지 곁들일 수 있다.

재료 및 분량

보리새우	50g
식용유	2큰술
설탕	1작은술
깨소금	2작은술
참기름	1/2큰술
진간장	1~2작은술

만드는 방법

재료 손질하기

1 작은 보리새우는 마른 팬에 볶아 손바닥으로 한두 번 비비고 털어 가시를 없앤다.

볶기

2 팬에 기름을 두르고 약한 불에 볶는다.

3 기름이 고루 스며들면 설탕, 깨소금, 간장을 넣고 섞은 뒤 참기름을 넣고 섞는다.

마늘종볶음

마늘종은 여름철에 나오는 논마늘의 마늘종이 가장 맛이 좋다. 최근에는 수입품이 들어와 1년 내내 마늘종을 먹을 수 있다.
마늘종은 가늘게 썰어 무쳐도 좋고 볶아도 되는데, 너무 많이 볶으면 물렁거려 맛이 없고 변색되기 때문에 살짝만 볶은 다음 식힌다.

재료 및 분량

마늘종 ·························· 200g
다진 쇠고기 ···················· 조금
    (또는 잔멸치 1큰술)
식용유 ······················· 2큰술

쇠고기 양념

소금 ························· 조금
후춧가루 ······················ 조금
다진 마늘 ····················· 조금
참기름 ······················ 조금

볶음 양념

깨소금 ······················ 1큰술
소금 ······················ 1작은술
참기름 ······················ 1큰술
실고추 ······················ 조금

만드는 방법

재료 손질하기

1 마늘종은 씻어 3~4cm로 자르고, 잔멸치는 번철에 식용유를 두르지 않고 잠깐 볶는다.

볶기

2 다진 쇠고기는 양념하여 팬에 볶는다.

3 쇠고기를 볶은 팬에 썰어 놓은 마늘종을 넣고, 물을 조금 붓고 볶다가 익기 시작하면 불을 줄인다.

4 3에 실고추를 넣고 소금, 깨소금, 참기름을 넣어 맛을 낸 후 불을 끈다.

5 잔멸치를 쇠고기 다진 것 대신 넣을 때는 볶은 잔멸치에 양념을 넣고 물을 조금 넣어 소리가 날 때 마늘종을 넣어 볶는다. 잠깐 볶은 후 실고추와 참기름을 조금 더 넣고 불을 끈다.

구절판

구절판은 중심을 둘러싸고 여덟 칸으로 나누어져 있는 목기를 칭하는 명칭이기도 하다. 이러한 목기 가운데 밀전병을
둥글게 부쳐 담고, 가장자리에는 쇠고기와 색색의 채소를 채 썰어 놓고, 황백지단과 전복 등을 담으면 구절판이 완성된다.
주로 주안상에 올리는 화려한 음식이다.

재료 및 분량

밀가루 ····················· 1컵
물 ·························· 1컵
쇠고기 ···················· 100g
표고버섯 ···················· 6장
전복 ········· 3개(또는 죽순 1순)
호박(또는 오이) ········· 1/2개
당근 ······················ 1/4개
석이버섯(또는 해삼) ······ 10g
달걀 ························· 2개

쇠고기 양념

간장 ····················· 1/2큰술
설탕 ····················· 1/2작은술
참기름 ··················· 1/2작은술
후춧가루 ···················· 조금
다진 마늘 ················ 1/3작은술
파 ························ 1작은술

표고버섯 양념

간장 ····················· 1/2큰술
설탕 ····················· 1/2작은술
참기름 ··················· 1/2작은술
후춧가루 ···················· 조금

만드는 방법

재료 손질하기

1 밀가루에 물을 섞어 개어 놓는다.

2 쇠고기는 채 썰어 양념하여 팬에 볶는다.

3 표고버섯은 물에 불려 채 썰어 양념하여 팬에 볶는다.

4 죽순은 채 썰어 소금, 후춧가루를 넣어 볶는다.

5 석이버섯은 뜨거운 물에 불려 채 썰어 약한 불로 팬에 볶는다.

6 호박은 돌려 깎기 하여 소금 간 하여 팬에 볶는다.

7 당근도 채 썰어 소금 간을 맞추고 볶는다.

8 달걀은 황백지단을 부쳐 채 썬다.

부치기

9 팬에 기름을 두르고 1의 반죽으로 밀전병을 부친다.

담기

10 가운데에 둥글게 부친 밀전병을 쌓아 담고, 그 주위에 색색의 채 썰어 익힌 재료를 색색
으로 돌려 담는다.

11 초간장을 곁들여 먹는다.

* 목기나 청자 혹은 백자로 된 무거운 구절판 그릇 대신, 흰 접시에 장만한 재료를 조금씩 돌려 담기도
한다.

대하잣즙무침

대하잣즙무침은 신선한 대하를 쪄서 다른 재료와 같이 잣즙에 버무린 찬으로 대하찜이라고도 일컫는다.
이 음식은 교자상이나 주안상에 내기 좋고, 연령을 막론하고 모두에게 환영받는다.

재료 및 분량

대하 ···················· 5마리
사태 ···················· 100g
죽순 ···················· 100g
오이 ······················· 1개
소금 ······················ 조금
후춧가루 ················· 조금
참기름 ···················· 조금

잣즙

잣가루 ················· 3큰술
소금 ·················· 1작은술
후춧가루 ········· 1/4작은술
참기름 ·············· 1작은술
육수 ·················· 2큰술

만드는 방법

재료 손질하기

1 대하는 씻어 등에서 내장을 뺀 후 소금을 뿌려 찜통에 10분간 찐 다음 껍질을 벗기고 편
   으로 저민 후 큰 새우면 길이를 어슷하게 저며 썬다.

2 사태는 덩어리째 삶아 편육을 만들어 납작하게 저며 썬다.

3 오이는 길이로 반으로 갈라 어슷썰기하여 소금에 살짝 절였다가 꼭 짜서 참기름에 재빨
   리 볶아 넓적하고 큰 그릇에 담아 펴서 식힌다. 죽순은 빗살 모양으로 썰어 참기름에 볶
   아낸다.

무치기

4 분량의 재료로 잣즙을 만든다. 잣을 가루로 만들 때에는 칼날을 이용할 수도 있으나, 치
   즈그라인더를 이용하면 편리하다.

5 차게 식힌 재료를 합하여 소금, 후춧가루로 간을 하고 잣즙을 고루 묻혀 담아낸다.

말린취나물

말린취나물은 봄·여름에 난 취나물을 데쳐서 말려 두었다가 겨울철에 불려
나물로 만든 것이다. 특유의 향취가 나는 별미 나물이다.

재료 및 분량

취(불린 것) ·············· 200g
식용유 ······················ 2큰술
물 ···························· 2큰술
깨소금 ······················ 1작은술

양념
국간장 ······················ 1큰술
다진 파 ····················· 2작은술
다진 마늘 ·················· 1작은술

만드는 방법

재료 손질하기

1 끓는 물에 넣어 불린 취를 찬물에 몇 번 헹구고 물기가 없도록 짠다.

양념하기 / 볶기

2 팬에 식용유를 두르고 달군 다음 양념한 취를 넣고 볶는다. 잠시 후 물을 조금 넣고 뚜껑을 덮고 익혀 부드럽게 한다.

3 깨소금을 넣고 버무린 다음 그릇에 담는다.

* 말린취나물은 고추장이나 식초 등의 조미료를 넣지 않는 편이 향미를 즐기기에 좋다.

고구마순나물

고구마순나물은 고구마 줄기를 일정한 길이로 잘라 끓는 물에 데치고
물기 없이 말려 저장해 두었다가 겨울철에 무치는 것이다.

재료 및 분량

고구마순(불린 것) ······· 200g
식용유 ······················ 2큰술
물 ···························· 2큰술
깨소금 ······················ 조금

양념
국간장 ······················ 1큰술
다진 파 ····················· 2작은술
다진 마늘 ·················· 1작은술
참기름 ······················ 조금

만드는 방법

재료 손질하기

1 마른 고구마 줄기는 뜨거운 물에 담가 불린다.

* 줄기가 질길 경우 껍질을 1~2번 벗긴다.

양념하기 / 볶기

2 불린 고구마 줄기는 5cm로 썰어 양념한다.

3 2를 팬에 볶다가 물을 넣고 뚜껑을 덮고 익혀 부드럽게 되면 깨소금과 참기름을 넣고 맛을 들인다.

숙채류

월과채

월과채(月瓜菜)는 어린 호박을 이르는 말로 애호박으로 만든 찬의 한 종류이다. 다진 고기를 양념하여 볶고 버섯, 달걀 등을 넣고 찰전병을 부쳐 섞어 간 맞도록 양념한 것으로 교자상에 올리거나 안주로 먹기 좋은 음식이다.

재료 및 분량

재료	분량
애호박	1개
느타리버섯	50g
다진 쇠고기	80g
표고버섯	2장
붉은 고추	1/2개
달걀(지단용)	1개

찰전병	
찹쌀가루	1⅓컵
물	1/2컵

소금	조금
식용유	조금

쇠고기·버섯 양념	
간장	1큰술
설탕	1/2큰술
다진 파	2작은술
다진 마늘	1작은술
깨소금	1작은술
참기름	1작은술
후춧가루	조금

만드는 방법

재료 손질하기

1 애호박은 반으로 잘라 반달 모양으로 썰고 소금을 조금 뿌리고 절여 물기를 짠다. 애호박의 속이 많고 씨가 크면 눈썹 모양으로 썰고 소금을 뿌려 절인다.

2 느타리버섯은 끓는 물에 소금을 넣고 데쳐 물기를 빼고 잘게 찢는다. 참기름과 소금으로 양념하여 볶는다.

3 다진 쇠고기는 양념하여 팬에 보슬보슬하게 볶아 그릇에 퍼서 식힌다.

4 표고버섯은 불려 기둥을 떼어내고 물기를 짜고 가늘게 채 썰어 양념하여 볶는다.

5 찹쌀가루는 소금으로 간을 하고 되직하게 반죽하여 직경 2cm 정도로 동글납작하게 빚어 팬에 식용유를 두르고 누르면서 양면을 뻣뻣하고 노릇하게 지져 찰전병을 부친다.

* 손쉽게 만들고자 할 때는 찰전병을 크게 부쳐 길게 썰어 넣기도 하는데, 이렇게 하면 모양이 별로 좋지 않다.

양념하기

6 분량의 재료를 섞어 양념을 만들고 미리 준비한 재료를 양념한다.

7 붉은 고추는 반으로 썰고 어슷하게 채 썰어 살짝 볶고, 달걀은 황백지단을 부쳐 채 썬다.

8 찰전병은 여러 재료와 함께 그릇에 담아 가볍게 섞어 보시기에 담고 맨 위에 황백지단, 고추를 얹어 장식한다.

콩나물잡채

숙채류

콩나물잡채는 콩나물을 여러 가지 재료와 섞어 만든다. 호남 지방의 향토음식이다.

재료 및 분량

콩나물	200g
무	1토막(100g)
당근	50g
고사리	50g
도라지	50g
표고버섯	3개
오이	50g
배	1/2개
잣가루	1큰술
실고추	조금

양념

다진 파	1큰술
다진 마늘	2작은술
깨소금	1큰술
식초	3큰술
설탕	2큰술
고춧가루	1큰술
소금	조금

만드는 방법

재료 손질하기

1 콩나물은 머리와 꼬리를 제거하고 끓는 물에 소금을 넣고 잠깐 삶은 뒤 건진다.

2 무와 당근은 곱게 채 썰고, 도라지는 굵은 것이면 잘게 찢어서 소금을 약간 넣고 주물러 쓴맛을 빼고 찬물에 씻어 꼭 짜 놓는다.

3 고사리는 줄기의 딱딱한 부분은 떼고 길이 5~6cm로 잘라 삶는다. 표고버섯은 불려 기둥을 떼고 채 썰어 살짝 볶는다.

4 오이는 채 썰어 소금을 조금 넣고 숨을 죽인다.

5 배는 껍질을 깎고 납작하게 썰어 놓는다.

버무리기

6 양념 재료를 모두 섞고 콩나물, 무, 당근, 도라지, 고사리, 표고, 오이, 배를 담은 큰 그릇에 넣은 다음 잘 버무린다.

7 소금으로 간을 맞춘 다음 그릇에 담아 실고추를 얹고 잣가루를 뿌린다.

갈치조림

갈치는 기름진 맛이 강한 생선이다. 갈치조림을 만들 때에는 고춧가루를 많이 넣고 무를 두툼하게 썰어 함께 조려야 맛이 있다.

재료 및 분량

갈치	1마리
무	200g
물	1/2컵

조림장

간장	3큰술
다진 파	2큰술
다진 마늘	1큰술
생강	1톨
풋고추·홍고추	각 1개
고춧가루	1/2큰술
(또는 실고추)	
설탕	1큰술
참기름	1작은술
통깨	1작은술
청주	1큰술
후춧가루	조금

만드는 방법

재료 손질하기

1 갈치는 은빛 비늘이 벗겨지지 않은 싱싱한 것으로 골라 지느러미를 떼고 내장을 꺼낸 뒤 씻어 6~7cm 정도로 토막 내고 소금을 조금 뿌려 둔다.

2 무는 폭 3cm, 길이 4cm, 두께 1cm 정도로 네모나게 썰어 둔다.

3 파, 마늘, 생강은 씻어서 다지거나 채로 썰어 고춧가루, 설탕, 참기름, 청주, 후춧가루를 섞어 조림장을 만든다.

조리기

4 냄비에 무를 깔고 갈치를 놓은 다음 물을 밑면에 넣어 양념장의 1/2만 고루 얹어 불에 올린다.

5 양념장이 끓어오르면 불을 줄이고 가끔 장물을 떠서 위에 끼얹으며 간이 고루 배도록 한다.

6 국물이 자작하게 졸면 나머지 양념장과 통깨를 넣어 조리고, 무가 충분히 익고 갈치에 간이 배면 불에서 내려 고기가 부서지지 않도록 숟가락으로 떠서 그릇에 담는다.

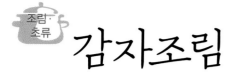

감자조림

감자조림은 감자는 썰어 간장양념으로 조린 찬이다. 감자 외에도 멸치와 풋고추, 양파 등을 섞어 조리면 맛있는 찬이 완성된다.

재료 및 분량

감자	2개(300g)	설탕	2큰술
잔멸치	30~50g	깨소금	1큰술
풋고추	5개	참기름	1큰술
		물	4큰술
조림용 양념장		후춧가루	조금
간장	4큰술		

만드는 방법

재료 손질하기 / 조리기

1 감자는 껍질을 벗기고 2~3cm 정도의 네모꼴로 썬다.

2 잔멸치는 그대로 쓰고, 큰 멸치라면 머리와 내장을 떼고 두 쪽을 낸다.

3 풋고추는 2~3편이 되도록 어슷썰기한다.

4 냄비에 감자와 멸치를 담고 조림용 양념장을 부은 다음 불에 올려 끓인다.

5 감자가 익으면 풋고추를 넣고 위아래로 잘 섞이도록 조린다.

풋고추조림

풋고추는 여름철에 흔한 열매채소로 여러 가지 방법으로 이용할 수 있다. 풋고추를 단독으로 조릴 수도 있고, 멸치나 감자와 같이 이용하거나 속에 다진 쇠고기를 넣어서 조림으로 만들 수 있다.

재료 및 분량

풋고추	1사발	깨소금	1작은술
	(작은 것 30개)	참기름	1작은술
쇠고기(우둔)	70g	후춧가루	조금
실고추	조금		
		조림간장	
쇠고기 양념		간장	2큰술
간장	1큰술	물	2큰술
설탕	1작은술	설탕	1큰술
다진 파	1큰술	참기름	2작은술
다진 마늘	1/2큰술		

만드는 방법

재료 손질하기

1 풋고추는 씻어 꼭지를 뗀 후, 한쪽을 가르고 씨를 빼서 끓는 물에 살짝 데쳐 찬물에 헹군다.

2 쇠고기는 다져서 양념에 고루 무쳐 풋고추 속에 채운다.

조리기

3 냄비에 소를 채운 고추를 담고 조림간장을 부어 불에 올려 조린다.

4 국물이 2큰술 정도로 자작하게 남으면, 실고추를 1cm 정도로 잘라서 넣고 조금 더 조려 그릇에 담는다.

꽈리고추조림

이 방법으로 만든 꽈리고추조림은 저장성이 있어 오래두고 먹을 수 있으며 윤기 있고 색이 진한 밑반찬이다.

재료 및 분량

꽈리고추	300g
진간장	2큰술
국간장	1큰술
식용유	6큰술
조청	7큰술
깨소금	1큰술

만드는 방법

재료 손질하기

1 꽈리고추의 꼭지에서 대만 짧게 자른다.

조리기

2 냄비에 간장, 식용유, 조청을 모두 함께 넣고 불 위에 올려 처음부터 손질한 꽈리고추를 넣고 뒤적이면서 조린다.

3 약 30분 정도 지나면 고추가 쪼그라들면서 색이 진해지고 윤기가 난다. 마지막으로 깨소금 1큰술을 넣는다.

도미조림

도미는 봄이 제철로 비린내가 적고 잔가시가 없는 생선이다. 이런 도미를 간장 양념으로 담백하게 조리면 맛이 훌륭하다.

재료 및 분량

도미	400g
생 표고버섯	2장
무	50g
곤약	30g
당근	1/4개
두부	1/6모
우엉	1/3개(약 7cm)
청피망	1/4개
간장	50cc
미림	270cc
청주	50cc
물	100cc
생강(썰어 둔 것)	조금
캐러멜	조금

만드는 방법

재료 손질하기

1 손질한 도미의 절단한 머리에 뜨거운 물을 끼얹은 후 찬물에 재빨리 식혀 남아 있는 비늘과 피 등의 잡티를 제거한다.

2 무는 껍질을 벗기고 반달 모양으로 썰고, 당근은 껍질을 벗겨 길이 5cm, 두께 3~5mm로 썬다.

3 곤약은 너비 2cm, 길이 5cm로 썰어 끓는 물에 삶는다.

4 우엉은 껍질을 벗겨 세로로 3~4등분하고, 피망은 당근과 같은 크기로 썬다.

조리기

5 밑이 두껍고 깊은 조림용 냄비에 준비해 놓은 무, 당근, 우엉을 깔고 도미를 얹는다.

6 물, 미림, 청주를 붓고 끓인다. 뚜껑은 열지 않는다.

* 이때 뚜껑을 알루미늄 호일로 덮으면 도미의 비린 냄새와 맛을 없앨 수 있다.

7 밑이 눌러 붙지 않도록 냄비를 흔들면서 졸이고 국물에 60cc 정도 남으면 간장, 피망을 넣고 한소끔 더 조린 후 진한 갈색이 되면 불을 끈다.

8 그릇에 보기 좋게 담고 채 썬 생강을 한곳에 얹어 낸다.

🌸 음식 이야기

도미는 일본인들이 가장 좋아하는 생선이다. 일본식 '도미머리조림', '도미머리맑은탕' 같은 음식은 우리가 배우면 좋을 만큼 맛이 훌륭하다. 도미는 통째로 조려서 먹기도 하지만, 뼈가 많은 도미의 머리를 이용하여 맛있는 음식을 만들 수도 있다. 도미의 머리를 이용한 조리 방법을 소개하면 다음과 같다.

우선 도미 머리 3개 분량(300g)을 비늘이 없도록 깨끗이 긁어 토막 낸 뒤 피 등을 제거하고 끓는 물에 데치고 건져 물기를 없앤다. 이것을 냄비에 담아 설탕 4½큰술, 정종 4½큰술을 넣고 끓여 알코올을 제거한 후 간장 6큰술 물 1½컵을 붓고 조리는데 가끔 국물을 떠서 생선에 끼얹어 준다. 생강편을 5~6조각 넣어 같이 조리거나 생강채를 썬 후 물에 씻어 곁들이기도 한다.

두부조림

두부조림을 제사상에 올릴 때에는 크고 얇게 떠서 기름에 지져 올리며, 일상 찬으로 이용할 때에는 지진 두부를 양념장에
조리는 것이 일반적이다.

재료 및 분량

두부(大) ·············· 1개(300g)
소금 ······························· 조금
식용유 ·························· 2큰술

양념장
간장 ······························ 3큰술
물 ································· 1/2컵
설탕 ······························ 1큰술
마늘 ································· 2톨
파 ································· 1뿌리
통깨 ···························· 1작은술
고춧가루 ······················ 1작은술
후춧가루 ··························· 조금
실고추 ····························· 조금

만드는 방법

재료 손질하기

1 두부는 폭 3cm, 길이 4~5cm, 두께 0.5cm 정도로 네모나게 썰어 소금을 조금 뿌린 후
마른행주나 종이를 이용하여 물기를 거둔다.

2 번철에 기름을 두르고 뜨겁게 달구어지면 양면을 노릇하게 지진다.

조리기

3 파, 마늘을 가늘게 채 썰거나 다져서 분량의 재료를 섞어 양념장을 만든다.

4 냄비에 지진 두부를 한 켜 깔고 위에 만들어 놓은 양념장을 끼얹고 실고추도 조금씩 얹
는다.

5 4에 두부를 한 켜 올리고 남은 양념장을 끼얹어 조린다.

6 장물이 끓어오르면 불을 줄이고 가끔 장물을 떠서 위에 얹으며 국물이 거의 없어질 때
까지 조려 그릇에 담는다.

땅콩조림

땅콩조림은 생 땅콩을 속껍질째 끓는 물에 데쳐 떫은 맛을 없애고 간장이나 소금을 넣고 조려서 찬이나 안주로 먹는 음식이다.

재료 및 분량

생 땅콩 ························· 2½컵
진간장 ························· 1/2컵
물엿 ··························· 1½큰술
황설탕 ·························· 1큰술
참기름 ····························· 조금
통깨 ······························· 조금

만드는 방법

재료 손질하기

1 생 땅콩을 물에 넣고 끓으면 물을 따라 버린다.

* 땅콩은 덜 익은 상태로 삶는다.

조리기

2 물을 1/4컵 붓고 간장, 물엿을 넣어 조린다.

3 거의 졸면 황설탕을 넣고 센 불에서 휘저으며 더 졸인 뒤 마지막으로 참기름과 통깨를
넣고 살살 버무린다.

북어조림

북어조림은 노릇노릇한 빛깔과 포슬한 살을 지닌 도톰한 강원도산 북어로 만들어야 맛이 좋다.

재료 및 분량

북어 ···················· 4마리(400g)
풋고추 ·························· 4~6개
다홍고추 ···························· 1개
간장 ····························· 4큰술
물 ····························· 4~6큰술
설탕 ····························· 1큰술
마늘 ······························· 2톨
생강 ······························· 1톨
흰 파 ···························· 1뿌리
통깨 ··························· 1/2큰술
고춧가루 ······················ 1/2큰술
실고추 ····························· 조금

만드는 방법

재료 손질하기

1 북어는 물에 충분히 불려 부드러워지면 건져 물기를 거두고 가운데 뼈를 바르고 지느러미를 떼어 4cm 정도로 토막 낸다.

2 파, 마늘, 생강은 가늘게 채 썰고 나머지 양념 재료를 섞어 양념장을 만든다.

3 풋고추와 다홍고추는 갈라서 씨를 빼고 어슷썰기한다.

조리기

4 냄비의 밑면에 물을 6큰술 정도 붓고, 북어 한 켜를 고르게 펴 담은 후 위에 양념장을 끼얹고 실고추를 올린다.

5 냄비를 불에 올려 끓으면 불을 약하게 해서 고추를 넣고, 가끔 장물을 위에 끼얹어 고루 간이 들게 한다.

6 국물이 거의 없어지고 북어가 부드러워질 때까지 졸인다.

전유어
전야류

느타리버섯전

표고버섯이나 송이버섯처럼 크기가 큰 재료는 모양을 살려 전을 하지만, 느타리버섯의 경우 뜨거운 물에 데친 다음
조금 가늘게 찢어 다른 재료와 섞어 지진다.

재료 및 분량

느타리버섯	300g
풋고추	3개
붉은 고추	3개
양파	1/2개
달걀	5개
밀가루	100g

갖은 양념

소금	1작은술
참기름	1작은술
다진 마늘	1작은술
후춧가루	조금

만드는 방법

재료 손질하기

1 느타리버섯은 밑동을 자르고, 굵은 것은 잘게 찢고 끓는 물에 살짝 데쳐 찬물에 헹구고
물기를 뺀다.

2 고추와 양파는 길이 3cm로 가늘게 채 썬다.

지지기

3 손질한 버섯은 고추, 양파 등과 함께 섞어 갖은 양념으로 간을 하고, 밀가루를 묻힌다.

4 달걀을 잘 풀어 옷을 입히고 번철에 한 숟가락씩 떠서 둥글고 납작하게 지진다.

전유어
전야류

대하전유어(새우전)

재료 및 분량

대하	10마리
달걀	2개
밀가루	1/2컵
흰 후춧가루	조금
식용유	5큰술

만드는 방법

재료 손질하기

1 대하는 껍질째 깨끗이 씻은 다음 머리를 떼고, 꼬리 쪽의 한 마디와 꼬리만 남기고 나머
지 껍질을 벗긴다.

* 이때 내장도 제거한다.

2 대하의 등이나 배 부분에 칼집을 넣어 반으로 편 후, 잔 칼집을 넣어 오그라들지 않게
한다.

3 대하의 물기를 닦아 제거하고 소금, 흰 후춧가루를 뿌린다.

4 달걀은 흰자, 노른자를 함께 풀어 놓는다.

지지기

5 대하에 밀가루를 묻히고 달걀물 푼 것을 씌워 번철에 기름을 두르고 지진다.

등골전

등골은 소의 척추에 들어 있는 부위로 이것을 전유어로 익히면 등골전이 완성된다. 신선로에 꼭 들어가는 맛있고 귀한 전인데, 최근에는 광우병에 대한 두려움으로 인해 넣는 것을 생략하기도 한다.

재료 및 분량

등골	200g
밀가루	1/2컵
달걀	2개
소금	조금
기름	조금

만드는 방법

재료 손질하기

1. 등골은 껍질의 한쪽 끝에 칼끝을 넣어 아주 얇은 막으로 둘러싸인 껍질을 벗긴다.
2. 도마에 올려 골이 생겨 모인 곳(가운데)을 손끝으로 살살 밀고 넓게 펴서 길이 5cm로 자른다.

지지기

3. 손질해 놓은 등골에 밀가루를 묻힌다.
4. 밀가루를 묻힌 등골을 넣고 달걀물을 씌워 번철에서 양면으로 지진다.

민어전

민어는 여름철 7~9월이 산란기로 이때 맛이 가장 좋은 고급 생선이다. 대개 7~8kg 정도의 민어를 전유어감으로 많이 쓴다. 최근에는 비교적 저렴한 광어, 대구, 동태, 가자미, 도미 등으로 전유어를 만든다.

재료 및 분량

민어살	200g
(또는 다른 흰살 생선)	
소금	조금
후춧가루	조금
밀가루	5큰술
달걀	2개
지짐기름	조금

초간장

간장	2큰술
물	1큰술
식초	1큰술
설탕	1작은술

만드는 방법

재료 손질하기

1. 신선한 흰살 생선은 비늘을 긁고 깨끗이 씻어 물기를 제거한 후, 머리를 떼고 껍질을 벗긴 후 앞뒤로 크게 2장으로 포를 뜬다.

* 머리와 뼈, 내장, 껍질은 찌개감으로 사용한다.

2. 포를 뜬 살은 한입에 먹기 알맞도록 다시 얇게 포를 뜬다.
3. 달걀은 깨뜨려 잘 풀어 둔다.

지지기

4. 생선살에 소금과 후춧가루를 조금씩 뿌리고 밀가루를 얇게 묻히고 달걀물에 적신다.
5. 뜨겁게 달군 번철에 기름을 두르고 중불 이하에서 앞뒤로 노릇하게 지진다.
6. 초간장을 곁들여 낸다.

전유어 · 전야류

묵전

재료 및 분량

청포묵 ·············· 1/2모(200g)
도토리묵 ·········· 1/2모(200g)
소금 ························· 조금
녹말가루 ················· 3큰술
식용유 ··················· 적당량

초간장

진간장 ····················· 1큰술
물 ························· 1큰술
식초 ························· 1큰술
잣가루 ····················· 조금

만드는 방법

재료 손질하기

1 청포묵과 도토리묵은 길이 3cm, 폭 4cm, 두께 0.8cm로 도톰하고 네모나게 썰어 소금을 살짝 뿌려 둔다.

지지기

2 손질한 묵에 녹말가루를 묻히고 한 번 털어낸 다음 팬에 지진다.

3 접시에 담아 초간장과 함께 곁들인다.

* 청포묵과 도토리묵은 서로 어슷하게 놓아 바둑판 모양으로 담을 수 있다.

** 묵 한쪽에 국화잎이나 꽃잎을 놓아 지지면 보기 좋다.

부아전

부아전은 소의 허파인 부아를 삶아 얇게 저며 부친 전유어이다. 부아는 탄력이 있는 식재료로 마치 스펀지를 씹는 듯한 식감을 지녔다.

재료 및 분량

부아	200g
소금	1작은술
후춧가루	조금
달걀	2개
밀가루	1/3컵
지짐기름	적당량

초간장

간장	2큰술
식초	1큰술
물	1큰술
잣가루	1/2작은술

만드는 방법

재료 손질하기

1 부아는 덩어리째 씻는다.

2 큰 냄비에 물을 넉넉히 붓고 끓으면 부아를 넣고 속까지 완전히 익도록 중간중간 대꼬치로 찔러가며 삶는다.

3 부아는 한입 크기인 두께 0.6cm 정도로 포를 뜨고, 잔잔한 칼집을 넣고 소금과 후춧가루를 뿌린다.

4 달걀은 깨뜨려 잘 풀어 둔다.

지지기

5 손질하여 썰어 놓은 부아에 밀가루를 얇게 묻히고, 달걀물을 씌워 번철에 기름을 두르고 양면을 노릇하게 지진다.

6 초간장을 곁들여 낸다.

연근전

연근전은 달걀물을 씌워 지지지 않고 밀가루집을 묻혀 양념한 후 지진다.

재료 및 분량

연근(小)	1개
소금	조금
식초	조금

밀가루집

밀가루	1컵
물	1/2컵
참기름	2작은술
간장	2작은술

만드는 방법

재료 손질하기

1 연근은 깨끗하게 씻은 후 껍질을 벗기고, 두께 0.3~0.4cm의 둥근 모양으로 자른다.

2 자른 연근은 소금과 식초를 넣은 물에 담가 데쳐 낸다.

지지기

3 분량의 재료를 섞어 밀가루집을 만든다.

4 데친 연근의 물기를 제거한 후 밀가루집에 담갔다가 팬에 올려 노릇하게 지진다.

두릅적

적류

두릅적은 데친 두릅을 쇠고기와 번갈아 꿰어 익힌 음식이다. 나무에서 딴 도톰한 두릅순이나 땅두릅 역시 같은 방법으로 익힌다.

재료 및 분량

두릅	12~16개
소금	조금
참기름	1/2큰술
후춧가루	조금
쇠고기	100g

쇠고기 양념

소금	1/2작은술
다진 파	1½작은술
다진 마늘	1½작은술
깨소금	2작은술
후춧가루	조금
참기름	1작은술
밀가루	3큰술
달걀	1개
식용유	조금

초간장

진간장	2큰술
식초	1작은술

만드는 방법

재료 손질하기

1 연한 두릅순은 아랫면의 겉껍질은 벗기고 깨끗하게 씻어 팔팔 끓는 물에 살짝 데쳐 숨을 죽인다.

2 두릅순은 반으로 갈라 도마에 놓고 칼등으로 자근자근 두들겨 얇고 편편하게 편다.

3 소금, 참기름, 후춧가루로 가볍게 양념한다.

4 쇠고기는 곱게 다져서 양념하여 치대고 쇠고기를 막대 모양으로 길고 둥글게 빚어 둔다.

* 쇠고기는 두께 0.7cm로 떠서 잔칼질을 하고 길이 6cm의 막대 모양으로 썰어 양념한 후 두릅 사이에 꼬치를 꿰기도 한다. 다진 고기를 양념하여 같이 번갈아 꿴 것이 더 부드럽다.

꿰기 / 익히기

5 먼저 두릅을 꼬치에 꿰고 사이에 길게 빚어 놓은 쇠고기 양념한 것을 꿰고 반복적으로 꿴 후에 밀가루를 묻힌 다음 달걀을 씌워서 기름에 지진다.

* 다진 쇠고기를 꿰어 둔 두릅적 한편에 얇게 펴서 붙여 놓고 밀가루를 씌워 지지기도 한다.

6 초간장을 곁들어 낸다.

적류

떡산적

떡산적은 길게 자른 가래떡, 쇠고기와 움파, 혹은 실파를 꿰어 꼬치에
구운 산적이다. 겨울철 즐겨 먹던 별미로 맛 좋은 간식이다.

재료 및 분량

가래떡(약 20cm)	3개	설탕	1큰술
		다진 파	1큰술
떡 양념		다진 마늘	2작은술
간장	1큰술	후춧가루	조금
참기름	1큰술	깨소금	2작은술
		참기름	2작은술
쇠고기(우둔)	100g		
		실파(또는 움파)	70g
양념		잣가루	적당량
간장	2큰술		

만드는 방법

재료 손질하기

1 적당히 굳은 가래떡을 7cm로 잘라 4등분한 뒤 끓
는 물에 살짝 데친다.

2 가래떡의 물기를 제거하고 간장과 참기름으로 밑간
을 한다.

3 쇠고기는 길이 8cm, 너비 1cm, 두께 0.7cm로 썰어
잔칼질을 한 후 쇠고기 양념을 넣고 주물러 간을
한다.

4 실파의 흰 부분만을 손질하여 씻은 후 7cm로 썬다.

꿰기 / 익히기

5 긴 꼬치에 준비해 둔 가래떡을 먼저 꿰고, 쇠고기와
파를 번갈아 꿴 다음 뜨겁게 달군 팬에 기름을 두
르고 타지 않게 앞뒤로 지진다.

6 떡산적을 그릇에 담고 잣가루를 조금 뿌린다.

사슬적

사슬적은 흰살 생선을 막대 모양으로 썰고 다진 쇠고기를 양념하여 생선과 번갈아 꿰어 앞뒤로 기름에 지진 것이다. 맛이 부드럽고 훌륭한 찬이다.

재료 및 분량

흰살 생선	200g

생선 양념

간장	1/2큰술
소금	1작은술
참기름	2작은술
다진 파	2작은술
다진 마늘	1작은술
후춧가루	조금

다진 쇠고기	100g
두부	50g

쇠고기 양념

간장	1작은술
소금	1작은술
참기름	2작은술
깨소금	2작은술
다진 파	2작은술
다진 마늘	1작은술
후춧가루	조금

잣가루	조금

만드는 방법

재료 손질하기

1 생선은 포를 떠서 길이 6cm, 두께 1cm로 썰어 생선 양념장을 고루 무쳐 양념한다.

2 다진 쇠고기를 한 번 더 곱게 칼로 다져 쇠고기 양념으로 양념한다.

3 두부는 다져 물기를 제거하고 칼등으로 으깨어 양념된 쇠고기에 더하고 도마에 몇 번 내리쳐서 끈기가 생기게 한다.

4 3은 포 뜬 생선과 같은 크기로 빚는다.

5 잣가루를 준비한다.

꿰기 / 익히기

6 꼬치에 양념한 생선과 빚은 쇠고기를 번갈아가며 끼운다.

7 6을 도마 위에 놓고 칼의 옆면으로 1~2번 쳐서 생선과 쇠고기가 밀착되게 한 후, 기름을 두른 번철에 앞뒤로 지져 익힌다.

* 이때 생선과 쇠고기가 붙지 않아 굽기 힘들다면 한면에 다진 쇠고기 양념한 것을 얇게 펴 바르고 부쳐서 지져도 된다.

8 잘 익은 적을 접시에 담고 잣가루를 뿌린다.

섭산적

섭산적은 쇠고기를 곱게 다져 양념하고 넓적하게 반대기를 만들어 구운 것이다. 작은 크기로 썰기도 하고 동그랗게 빚어서 굽기도 한다.

재료 및 분량

다진 쇠고기 ·············· 300g
두부 ·················· 1/2모(150g)

양념

간장 ························ 2큰술
소금 ························ 1작은술
설탕 ························ 1큰술
다진 파 ···················· 2큰술
다진 마늘 ·················· 1큰술
깨소금 ····················· 1큰술
잣가루 ····················· 2작은술

만드는 방법

재료 손질하기

1 다진 쇠고기는 키친타월로 눌러 핏물을 제거하고, 두부는 으깨어 물기를 없앤다.

2 다진 쇠고기와 물기를 제거한 두부를 섞고 양념하여 찰기가 생기도록 몇 번 치대어 두께 0.5cm의 네모 모양으로 빚는다.

3 편편하고 매끈하게 만든 고기 반대기에 가로세로로 잔칼질을 넣어 칼금을 낸다.

지지기

4 달군 석쇠에 올려 앞뒤로 굽거나 기름칠을 한 뜨거운 번철에 앞뒤로 지져 낸다.

5 다 익으면 꺼내어 식힌 뒤 길이 2.5cm, 폭 3cm로 네모나게 썰어 그릇에 담고 잣가루를 뿌린다.

* 조림장을 뭉근하게 끓이다가 반대기로 썰어 둔 섭산적을 넣고 자작하게 끓이면 장산적이 된다.

편육

편육은 고기를 삶아 무거운 돌로 눌러 편편하게 굳힌 음식으로,
그 종류가 다양하다. 흔하게 만드는 편육으로는 양지머리편육,
업진편육, 우설편육, 우신편육, 유통편육, 돼지머리편육, 삼겹살편육,
목등심편육, 우낭편육, 콩팥편육 등이 있다.

육수와 채소를 곁들인 양지머리편육

양지머리편육

재료 및 분량

재료	분량
양지육	1kg

초장

재료	분량
간장	조금
식초	조금
파	조금
잣가루	조금

겨자즙

재료	분량
겨자즙	조금
물	조금
소금	조금
식초	조금
설탕	조금

만드는 방법

재료 손질하기

1 쇠고기는 씻어서 물을 넉넉히 붓고 마늘편, 파, 생강 등을 넣고 삶아 향이 좋아지게 한다.

편육으로 굳히기

2 1시간 이상 삶고 건져 깨끗한 보자기에 싸서 무거운 것으로 눌러 편편하게 만든다.

3 상에 놓을 때는 고기 결의 반대로 얇게 저며 초장이나 겨자즙과 함께 낸다.

* 쇠고기 국물은 장국 육수로 이용한다.

육수와 채소를 곁들인 양지머리편육

재료 및 분량

재료	분량
양지머리편육	200g

육수

재료	분량
간장	1작은술
미림	1큰술
파 썰은 것	1큰술
깻잎(또는 쑥갓)	10잎
겨자즙(또는 초간장)	조금

만드는 방법

재료 손질하기

1 양지머리편육을 얇게 저며 그릇에 돌려 담는다.

2 간이 조금 배도록 양념한 육수를 부어 촉촉이 담근다.

3 파는 둥글게 썰어 조금 위에 뿌린다.

4 깻잎이나 쑥갓을 편육과 함께 싸 먹을 수 있도록 돌려 담는다.

우설편육

재료 및 분량

우설	1개
물	20컵
파	1뿌리
마늘	3톨
통후추	1/2작은술
소금	2큰술

초장이나 겨자즙

간장	4큰술
식초	2큰술
겨자즙	2큰술
설탕	1/2작은술
잣가루	1/2작은술
레몬	1/2개
토마토	2개

만드는 방법

재료 손질하기

1 우설은 솔로 박박 문지르며 씻고 넉넉한 물에 담가 향채(파, 마늘, 통후추, 생강) 등을 함께 넣고 1시간 이상 삶아 건진다.

2 꼬챙이로 눌렀을 때 피가 나오지 않으면 건져내고 조금 식혀 바닥의 두꺼운 껍질을 벗겨낸다.

편육으로 굳히기

3 우설이 편편하게 굳도록 두께를 맞추어 누르고, 굳으면 얇은 편육으로 썰어 초장과 같이 그릇에 담아낸다.

제육편육

제육편육은 삼겹살을 삶아 만든 편육으로 한국인들이 매우 좋아하는 음식이다. 이 음식은 삼겹살을 잘 무르도록 삶고 된장을 넣어 냄새를 가시게 한 후 편편하게 눌러서 만든다.

재료 및 분량

돼지고기(삼겹살)	600g
소금	1작은술
대파	1뿌리
마늘	3톨
생강	2톨
(또는 된장 2큰술)	

새우젓국

새우젓·다진 파·	적당량
다진 마늘·참기름	
배추김치	200g
소금	1작은술
깨소금	1큰술
상추	조금

만드는 방법

재료 손질하기

1 고기는 적당한 덩어리로 잘라 냉수에 담가 핏물을 뺀다.

2 끓는 물에 소금을 약간 넣고 고기를 덩어리째 넣어 삶다가 누린내 제거를 위해 대파, 마늘, 생강 저민 것을 넣고 삶는다.

* 다 익을 무렵 된장을 1숟갈 넣어 삶으면 돼지냄새를 없앨 수 있다.

편육으로 굳히기

3 푹 삶아지면 고기를 건져 찬물에 1~2초 정도 냉각시키고 베보자기에 싸서 무거운 도마나 돌로 2~3시간 눌렀다가 굳으면 결의 반대 방향으로 얇게 썬다.

4 편육을 접시에 돌려 담고 가운데에 상춧잎을 깔고 통배추 김치를 썰어 소담스럽게 담는다.

5 새우젓국과 소금, 깨소금을 곁들인다.

전약 Ⅰ

전약(煎藥)은 우족이나 쇠가죽, 쇠머리의 아교 성분을 녹여내고 약재료인 계피, 생강, 후추, 정향, 대추고, 꿀 등을 넣어 달콤한 맛의 후식으로 먹는 음식이다. 옛날에는 궁중 내의원에서 전약을 만들어 겨울철 보양음식으로 왕에게 올렸다고 한다.

재료 및 분량

우족	1개(1kg)	**고명**	
꿀	5컵	달걀	1개(황백지단)
계피	30g	대추채	조금
생강편	50g	석이채	조금
통후추	1작은술	실백	조금
정향	2작은술		
대추고	1컵(대추 3컵)		
물	6L		

만드는 방법

재료 손질하기

1 우족은 털을 깎고 깨끗하게 씻어 물에 담가 피를 뺀 후 끓는 물에 넣어 한 번 끓여 내어 씻는다.

2 핏물이 빠진 우족은 물 6L에 넣고 계피, 통후추, 정향, 생강편과 함께 3시간 이상 중불에 끓인 후 뼈를 추려내고 나머지 우족의 건더기를 다져 넣는다.

* 이때 향신료는 건져 낸다. 물 대신 우유에 생강, 정향, 계심, 청밀 등을 섞어 끓인 것을 이용하기도 한다.

3 대추는 물을 붓고 푹 고아 체에 밭쳐 대추고를 만든다.

굳히기

4 2와 3, 생강 다진 것, 꿀을 한데 넣고 서서히 끓여 걸쭉하게 졸인다.

5 흰 대접에 찬물을 떨어뜨려 흩어지지 않고 올챙이처럼 굳으면 네모난 쟁반이나 바트에 부어 식힌다.

6 족편과 같이 굳힐때 고명을 얹어 색스럽게 만든다.

7 다 굳으면 도톰하게 썰어 그릇에 담아낸다.

전약 Ⅱ

향이 약간 섞인 물에 우린 것이 아니고 가루를 넣었기 때문에 탁하고 고명이 들어가지 않은 점이 전약 Ⅰ과 다른 점이다.

재료 및 분량

쇠가죽	5근(3kg)	계핏가루	1/2홉
꿀	2대접	정향가루	1/2홉
대추	5홉	후춧가루	1큰술
건강가루	1/2홉	물	2동이

만드는 방법

재료 손질하기

1 쇠가죽은 털을 깎고 깨끗하게 씻어 물에 담가 피를 뺀 후 끓는 물에 넣어 한 번 끓여 내어 씻는다.

2 씨를 뺀 대추를 잘게 다지고 건강가루(마른 생강가루), 계핏가루, 정향가루, 후춧가루를 넣고 끓인다.

굳히기

3 쇠가죽에 물을 넣고 끓여서 1/4 정도로 졸면 대추는 씨를 빼고 잘게 다져서 여러 가지 가루와 함께 섞고 한데 끓인다.

4 편편한 그릇에 담아 두께 2cm 정도의 운두로 굳혀서 썰거나, 형틀에 쏟아 예쁜 모양으로 굳힌다.

두부

두부는 콩 속 단백질이 간수에 의해 응고된 것으로 소화가
잘되고 수없이 많은 음식의 재료로 쓰이며, 그 자체로
순하고 부드러우며 맛있고 영양가가 있는 훌륭한 식품이다.

재료 및 분량

대두 ······························· 1되
간수 ······························· 1½국자

만드는 방법

재료 손질하기

1 대두는 하룻밤 동안 불려 1.5배의 물을 붓고 믹
  서에 간다.

* 옛날에는 맷돌로 콩을 갈아 콩물을 만들었다.

2 콩물을 두꺼운 냄비 또는 솥에 붓고 주걱으로
  저어가며 끓이다가(100℃에서 3~4분) 불을 은
  근하게 줄여 10분 정도 끓인 뒤 불을 끄고 1분
  간 뜸을 들인다.

3 끓인 콩물을 베보자기에 넣어 콩물이 밖으로
  나오도록 힘껏 눌러 짜서 콩물은 솥에 다시 넣
  고, 비지는 따로 쏟아 놓는다.

두부 만들기

4 콩물이 따뜻할 때(75~85℃) 간수를(응고제를
  물에 풀어 녹인 것) 조금씩 나눠 부으면서 주걱
  으로 천천히 저으면 멍울이 생기면서 순두부가
  된다.

* 이때 너무 빨리 저으면 멍울이 제대로 만들어지지 않
  는다.

5 사각 두부판에 베보자기를 깔고 **4**를 담는다.

* 위를 무거운 것으로 눌러 두면 물에 빠지면서 건더기가
  두부로 굳는다. 이것을 썰어 놓으면 네모난 두부가 완
  성된다.

음식 이야기

중국 안휘성 회남시에 있는 유안의 무덤 인근에는 두부의
발상지라는 비석이 있지만 회남왕의 후대인 한(漢)의 위·육
조·수·당나라 문헌에는 두부에 관한 언급을 찾아볼 수 없
다. 우리나라의 고려시대에 해당하는 송나라 때의 문헌《청
이록》에서야 비로소 두부가 등장한다.
우리나라의 고려시대에는 두부문화가 상당히 발달해 있었
다. 대두의 원산지는 동북아시아로 옛 고구려의 영토이다.
이러한 정황으로 보아 진정한 두부의 종주국은 한국이라고
할 수 있다.
예부터 우리 조상들은 두부(豆腐)를 자주 만들어 먹었다.
두부의 '부(腐)'는 썩었다는 뜻이 아니고 '뇌수(腦髓)'처럼
연하고 물렁물렁하다는 의미이다. 두부를 만드는 데 필요한
기초 지식은 다음과 같다.

수침 시간과 비율
여름에는 8시간, 겨울에는 15시간(콩 : 물 = 2 : 3)

가열 시 필요한 물의 양
마른 콩의 8~10배

만드는 순서
• 방법 1 : 세척 및 수침 → 마쇄 → 여과 → 가열 → 응고
           → 성형 → 두부 냉각(콩을 갈고 남은 여과물인
           비지를 이용)
• 방법 2 : 세척 및 수침 → 마쇄 → 가열 → 여과 → 응고
           → 성형 → 두부 냉각(비지를 발효시켜 이용)

응고제의 종류
• 간수(Mgcl$_2$, 6H$_2$O) : 소금 공장에서 소금을 쌓아 둘 때 공
  기와 접하여 생기는 물을 응고제로 이용하는 것이다.
• 염화마그네슘(Mgcl2) : 부드러운 두부를 만들 때 쓰는 응
  고제이다. 콩의 2~3%(10~15g)를 50mL의 물에 타서 조
  금씩 나누어 붓고 서서히 젓는 방법으로 시간이 꽤 소요
  된다.
• 황산칼슘(CaSo$_4$, 2H$_2$O) : 단단한 두부를 만들 때 이용
  하는 방법으로, 물의 양의 2.5%를 사용하거나 원료 콩의
  2% 정도를 사용한다.
• 글루코노-δ-락톤(glucono-δ-lactone, GDL) : 최근에 사
  용하기 시작한 응고제로 85~90℃에서 넣는다.
• 식초(ph 4.5) : 식초를 응고제로 사용하기도 한다.

녹두묵

녹두묵은 녹두를 물과 함께 맷돌에 갈아서 녹두물 속에 녹말이 가라앉으면 그것으로 묵을 쑨 것이다.

재료 및 분량

녹두 ·············· 4컵
물 ················· 10컵
(녹두 : 물 = 1 : 2.5)

만드는 방법

재료 손질하기

1 녹두를 맷돌에 타고 까불러 껍질을 어느 정도 없애고 물에 담가 하룻밤 동안 불려 손으로 문지르며 거피한다.

* 이때 물을 계속 새롭게 바꾸지 말고 이용했던 물을 다시 넣어 사용한다.

2 깨끗하게 거피하고 불린 녹두를 맷돌에 갈거나 블렌더에 갈아 베주머니나 가는 겹채로 걸러 큰 그릇에 담아 가라앉혔다가 윗물을 따르고 가라앉은 녹말로 물을 쓴다.

끓이기

3 크고 두꺼운 냄비나 솥에 물 8컵을 붓고 펄펄 끓으면 가라앉은 녹말에 물 2컵을 타서 풀을 쑤는 것처럼 주걱으로 저으며 녹말물을 부어가며 끓인다.

* 이때 엉긴다고 손을 멈추지 말고 오랫동안 저어가며 끓인다.

굳히기

4 네모난 그릇이나 적당한 용기에 재빨리 부어 펴고 굳힌다.

음식 이야기

녹두묵과 청포묵은 둘 다 녹두의 녹말로 만든다. 녹두묵은 흰색을 띠고 청포묵은 연녹색을 띠거나 치잣물이 들어 미색을 띤다. 최근에는 이러한 묵을 모두 청포묵이라고 표현한다.

녹두녹말가루는 이른 봄 녹두를 맷돌에 거칠게 타고 물에 담가 불려 깨끗하게 거피한 후 맷돌에 물과 같이 갈아서 고운 체로 거른 것이다. 이것을 무명자루에 넣어 물을 짜고 그 물을 넓은 양푼이나 오지그릇에 담아 앙금을 가라앉힌다. 맑은 윗물은 따라 버리고 밑에 가라앉은 앙금은 채반에 백지(문종이)를 깔고 숟가락으로 떠서 편 후 햇볕에 바싹 말려 덩어리지는 것을 부수고 말려 고운가루로 만들어 두고 쓰는 것이다.

최근에는 시중에서 청포묵가루를 판매하기 때문에 녹두녹말가루를 만들지 않고도 손쉽게 묵을 만들 수 있다. 녹두녹말가루는 녹말편, 녹말다식, 어채, 책면, 화채, 어만두, 녹두묵, 청포묵을 만드는 데 이용된다.

청포묵(황포묵)

재료 및 분량

청포묵가루 ················· 1컵
물 ·························· 6컵
(청포묵가루(녹두녹말) : 물 = 1 : 6)

만드는 방법

재료 손질하기

1 청포묵가루 1컵에 물 2컵에 타서 2~3시간 이상 불린다.

2 마른 녹말이 물에서 충분히 불면 물 3½컵을 더 붓고 잘 섞은 후 냄비에 담아 끓인다.

끓이기 / 굳히기

3 2가 풀같이 엉겨 묵이 되면 농도를 보아가며 1/2컵 정도 물을 더 넣어 끓인다.

* 물의 양이 6배가 되지 않아야 적당하기 때문에 1 : 5.5의 비율 안에서 물의 양을 조절하는 것이 좋다.

4 준비해 놓은 치잣물 1~2큰술을 끓는 묵에 넣고 저어 색이 고르게 퍼져 묵이 되도록 하고, 그릇에 쏟아 굳힌다.

* 노란색의 청포묵을 원하면 치잣물을 조금 넣는다.

 음식 이야기

녹두묵을 만들 때 치자로 물을 들여 색이 노랗게 된 것을 황포묵 또는 노랑묵이라고 하고 물을 들이지 않은 것은 청포묵이라 한다. 노랑묵은 완산팔미(完山八味) 중 하나로 전주비빔밥에 꼭 들어가는 필수 재료이다. 수라상에도 올랐다는 탕평채는 녹두묵에 고기볶음, 숙주, 미나리, 물쑥 등을 무쳐 만든 묵무침이다.
녹두는 해열·해독 작용을 하므로 여름철 보양음식으로 좋다. 피부병을 치료하는 데도 도움이 되며 피부 미용에 좋아 예부터 화장품으로 이용되기도 하였다.

어회

흰살 생선에 해당하는 민어, 광어, 도미, 병어, 잉어 등은 활어를 횟감으로 이용한다. 붉은살 생선 중에서는 참치, 방어, 향어 등을 이용하며 살아 있는 고등어나 멸치 등을 이용하기도 한다.

재료 및 분량

민어	400g
(그 밖의 흰살 생선)	
상추	50g
쑥갓	50g
풋고추	1개
다홍고추	1개
참기름	1큰술
후춧가루	조금

초고추장

고추장	4큰술
간장	1작은술
술	2작은술
식초	2큰술
마늘즙	2작은술
생강즙	1작은술
잣가루	2작은술

만드는 방법

재료 손질하기

1 민어는 좋은 것을 골라 비늘을 긁고 내장을 뺀 후, 살만 2장으로 넓게 떠서 마르지 않도록 그릇을 잘 덮어 냉장고에 넣어 둔다.

2 상추와 쑥갓은 씻어서 물기를 빼고, 풋고추와 다홍고추는 어슷하고 둥글게 썬 후 물에 헹구어 씨를 발라내고 상추와 함께 차게 둔다.

3 2장으로 뜬 민어살을 포를 뜨고 이 포를 다시 채 썬 다음 참기름과 후춧가루를 넣고 젓가락으로 무친다.

4 분량의 재료를 모두 합하여 초고추장을 만든다.

담기

5 손질한 상추, 쑥갓을 접시에 깔고 민어회를 담아 잣가루, 홍고추, 풋고추 썬 것을 보기 좋게 담아 초고추장과 함께 낸다. 초고추장 대신 고추냉이초장을 이용하기도 한다.

육회

육회는 가늘게 채 썰고 양념한 쇠고기 위에 잣가루를 뿌리고 배를 곁들이는 음식이다.

재료 및 분량

쇠고기(우둔)	200g

쇠고기 양념

간장	1큰술
다진 마늘	2작은술
생강즙	2작은술
꿀	2작은술

후춧가루	1½작은술
참기름	2작은술
깨소금	2작은술
잣가루	1큰술
배	1개
겨자즙	조금

만드는 방법

재료 손질하기

1 쇠고기는 기름기가 없고 연한 살코기를 골라 물기가 없게 하고, 결의 반대 방향으로 곱게 채 썬다.

2 쇠고기 양념을 고기에 넣고 한참 주물러 간이 배도록 재어 둔다.

담기

3 배는 껍질을 벗기고 채 썰어 그릇에 깐 다음, 무쳐 놓은 회를 담고 잣가루를 뿌린다.

4 겨자즙을 곁들여 낸다.

파강회

파강회는 파의 뿌리를 깨끗이 잘라 데친 후, 편육과 황백지단 등을 같은 크기로 썰어 파와 함께 돌돌 말아 초고추장을 곁들인 음식이다.

재료 및 분량

실파 ·················· 100g
편육 ··················· 70g
달걀 ··················· 1개
석이버섯 ················ 2g
홍고추 ················· 2개

초고추장

고추장 ·············· 2큰술
참기름 ··········· 1/2작은술
간장 ·············· 1작은술
식초 ·············· 1작은술

만드는 방법

재료 손질하기

1 편육은 삶아 헝겊에 싸서 눌러 놓은 후 길이 1cm, 폭 5cm, 두께 0.3cm의 장방형으로 썬다.

2 실파는 뿌리를 자르고 깨끗이 씻어 끓는 물에 소금을 약간 넣고 파랗게 데친 후 물기를 없앤다.

3 달걀에 소금을 약간 넣어 흰자, 노른자가 잘 섞이도록 푼 후 도톰한 지단을 부쳐 편육과 같은 크기로 썰어 둔다.

4 석이버섯은 뜨거운 물에 불린 다음 채를 썰어 팬에 볶는다.

* 큰 석이버섯이 없거나 손질이 어렵다면 넣는 것을 생략해도 된다.

5 홍고추는 고기와 비슷한 크기로 가늘고 짧게 썬다.

강회 만들기

6 데친 실파에 편육, 지단, 석이채, 홍고추를 조금씩 넣고 돌돌 말아 매듭을 지어 묶는다.

7 초고추장을 곁들여 낸다.

해삼·멍게회

바다에서 갓 잡은 해삼과 멍게는 독특한 향과 씹히는 맛이 유별난 식재료이다. 두 재료는 사람에 따라 호불호가 강하게 갈린다.

재료 및 분량

해삼 ················· 3개(200g)
멍게 ················· 4개(500g)

초고추장

고추장 ················· 3큰술
간장 ················· 1큰술
술 ················· 1큰술
식초 ················· 1큰술
설탕 ················· 2작은술
마늘즙 ················· 1작은술
생강즙 ················· 1작은술
풋고추 ················· 2개
다홍고추 ················· 2개
상추·쑥갓잎 ················· 조금

만드는 방법

재료 손질하기

1 해삼은 비교적 단단하고 등의 표면이 뾰족하게 솟아난 것을 골라 배를 가르고 내장을 뺀 후 얇게 저며 썬다.

2 멍게는 붉은 것을 골라 우툴두툴한 부분의 껍질 한쪽을 칼로 도려내어 살만 바르고, 검은색의 내장을 제거한 후 2~3조각으로 나눈다.

3 마늘과 생강은 갈아서 즙을 내고 고추장, 간장, 술, 식초, 설탕을 모두 합해 초고추장을 만든다.

담기

4 상추와 쑥갓은 씻어 물기를 빼고 풋고추와 다홍고추는 어슷하게 둥글게 썰어 씨를 발라 내고 접시에 담는다.

5 손질한 해삼과 멍게는 옆으로 돌려가며 채소 위에 담고 초고추장을 종지에 담아 곁들여 낸다.

홍어회

홍어는 과거 궁에서는 취급하지 않았던 생선이었으나, 호남 지방에서는 예부터 잔치에 꼭 장만해야 하는 생선이었다.
함경도의 회냉면에도 홍어회가 꼭 들어간다.

재료 및 분량

홍어(또는 가오리)	500g
식초(2배 식초)	1/2컵
막걸리	2컵
오이	1개
무	1/2컵
미나리	100g
배	1개

회 양념

고운 고춧가루	3큰술
간장	1~3큰술
고추장	2큰술
다진 파	2큰술
다진 마늘	1큰술
다진 생강	1/2작은술
설탕	3~4큰술
참기름	2큰술
깨소금	2큰술
식초	3큰술

만드는 방법

재료 손질하기

1 홍어는 껍질을 벗겨 길이 5~6cm, 너비 1.5cm로 썰어 식초를 넣고 1~1½시간 동안 담갔다가 짠 후 막걸리로 헹구고 다시 꼭 짠다.

2 오이는 반으로 갈라 6~7cm 길이로 썰고, 소금에 절인 후 물에 헹구어 꼭 짠다.

3 무는 얇게 오이 길이에 맞추어 썰고 절여서 식초와 설탕을 넣어 무쳐 둔다.

4 미나리는 다듬어 5cm 길이로 자르고, 배는 채를 썬다.

무치기 / 담기

5 분량의 재료를 모두 섞어 회 양념을 만든다.

6 손질해 둔 홍어살에 회 양념을 넣고 고루 무친 후, 절인 무와 오이를 넣어 고루 무친다.

7 썰어 놓은 미나리와 배를 넣고 살짝 섞어 그릇에 담아낸다.

북어포무침

포·마른 찬류

북어포무침은 북어를 가늘게 잘라 고춧가루를 넣어 매운맛과 붉은 물을 들이고 조미료를 넣어 무친 마른 찬이다.

재료 및 분량

북어 ·········· 50g
고춧가루 ·········· 1작은술
참기름 ·········· 1큰술
간장 ·········· 2작은술
소금 ·········· 1/2작은술
설탕 ·········· 2~3작은술
다진 마늘 ·········· 1작은술
깨소금 ·········· 1큰술

만드는 방법

재료 손질하기

1 북어는 두들겨 껍질을 벗기고 뼈와 가시를 발라내고 살은 결대로 가늘게 길이 4~5cm로 자른다.

* 시중에 나와 있는 잘게 찢어 놓은 포를 구입하여 써도 된다.

무치기

2 참기름에 고운 고춧가루를 넣고 고루 섞어 기름과 고춧가루가 완전히 섞이면 잘게 찢은 북어포를 넣고 붉은색이 곱게 날 때까지 주물러 무친다.

3 붉게 물든 북어포에 나머지 재료를 넣고 고루 무쳐서 그릇에 담고, 마르지 않도록 뚜껑을 덮었다가 조금씩 덜어 찬으로 이용한다.

중마른새우무침

포·마른 찬류

중간 크기의 마른 새우를 골라 깔깔한 것과 잡티를 없앤 후 양념장에 살짝 볶아 맛을 낸 마른 찬이다.

재료 및 분량

마른 새우(中) ·········· 100g
식용유(튀김용) ·········· 1컵

양념장

고춧가루 ·········· 1큰술
설탕 ·········· 3큰술
간장 ·········· 2큰술
물 ·········· 2~3큰술
참기름 ·········· 5큰술

만드는 방법

재료 손질하기 / 튀기기

1 중간 크기의 마른 새우는 윤기가 나는 것을 준비하여 잡티를 골라내고 넉넉한 기름에 바싹 튀긴다.

2 중불에서 긴 젓가락으로 뒤적거리며 앞뒤로 바삭하게 튀겨 종이타월에 놓고 기름을 뺀다.

* 새우를 튀기지 않을 경우에는 팬에 볶아 수염과 깔깔한 겉을 비벼 털어 깔끔하게 한 후 기름을 넉넉히 넣고 볶는다.

3 냄비에 물을 넣고 약한 불에 끓이다가 간장을 섞고, 여기에 고춧가루를 넣어 끓이다가 매운 냄새가 나면 설탕을 넣어 녹인다. 양념장이 끓으면 참기름을 넣는다.

무치기

4 튀긴 새우에 양념장을 넣고 냄비 끝을 쥐고 살살 까불러가며 섞는다.

* 주걱이나 수저로 뒤적거리면 새우가 부서져 지저분해지므로 주의한다.

포·마른
찬류

육포

육포는 쇠고기 부위 중 기름기가 없는 우둔살을 도톰하게 포로 떠서
간장으로 조미하여 말린 것으로, 장포 또는 약포라고도 한다.
조미장에는 설탕이나 꿀을 넣지만 참기름은 넣지 않아야 오래
저장할 수 있고 맛이 변하지 않는다. 간장으로 조미하면 검은색을 띠며
맛이 변하지 않고, 소금으로 조미하면 조금 선명한 붉은색을 띠며
염포라고도 부른다.

재료 및 분량

쇠고기(우둔)	900g	꿀	1큰술
		생강즙	1큰술
고기 양념		후춧가루	1작은술
청장	1/2컵	참기름	조금
진간장	1/4컵	잣가루	조금
설탕	3큰술		

만드는 방법

재료 준비하기

1 쇠고기는 결의 방향대로 두께 0.4cm의 포감으로
   뜬다.

2 분량의 재료를 섞어 고기 양념을 만든다.

3 포감을 1장씩 양념에 담가 앞뒤로 고루 적시면서
   간이 배게 한 후 주물럭거리며 치댄다.

말리기

4 포감은 채반에 널어 햇빛이 나는 곳에서 뒤집으며
   말린다.

* 요즘에는 건조기에 넣어 말리기도 한다.

5 포감이 거의 마르면 한지를 깔고 차곡차곡 싸서 무
   거운 것으로 눌러 평평하게 한다.

6 먹을 때는 참기름을 발라 구운 후 잣가루를 뿌린다.

* 굽지 않은 육포를 즐길 경우에는 골패쪽이나 마름모꼴로 썰
   어 한쪽 끝에 꿀을 바르고 잣가루를 묻혀 먹는다.

편포

편포는 대추편포, 칠보편보, 대편포로 나누어진다. 이것은 다진 쇠고기를 양념하여 반대기를 크게 빚고 꾸덕꾸덕하게 말린 것으로 폐백음식으로 주로 쓰였다. 최근에는 오븐이나 번철에 구워 청홍실로 장식하기도 한다.

재래편포

재료 및 분량

쇠고기	600g
잣	8큰술

고기 양념

진간장	5큰술
설탕	3큰술
물엿	3큰술
꿀	1큰술
후춧가루	1작은술
생강즙	1/2큰술
참기름	조금

만드는 방법

재료 손질하기

1 쇠고기는 곱게 다져 고기 양념에 재운다.

2 양념한 고기의 반은 대추 모양으로 빚어 한쪽 끝에 잣을 끼우고, 나머지 반은 둥글납작하게 빚어 가운데에 잣 1개를 박고 둘레에 6개를 박는다.

* 잣을 7개 박으면, 보석 7개가 박혔다고 하는 칠보편포가 만들어진다.

말리기

3 채반에 담아 통풍이 잘되고 볕이 잘 드는 곳에 말린다.

4 상에 낼 때는 참기름을 발라 살짝 구워낸다.

개량편포

포쌈

포쌈은 육포를 얇게 만들고 잣을 넣어 송편처럼 반달로 접어 모양을 예쁘게 만든 마른안주감이다. 주로 안주나 폐백음식으로 이용한다.

재료 및 분량

육포(얇은 것) ···················· 5장
잣(실백) ························· 3큰술
꿀 ···························· 조금

만드는 방법

재료 손질하기

1   네모나게 썬 육포에 잣을 넣어 포개고 접어 눌러 두고 반달 모양으로 썬다.

* 조금 얇은 육포의 결을 일직선으로 잘라 말린 육포가 포쌈을 하기 좋다.

2   약간 녹녹한 기가 있는 육포를 6×6cm의 정사각형이나 6×5cm의 사각형과 비슷한 모양
    으로 썬다.

쌈 만들기

3   육포 가운데 실백을 3개 정도 놓고 반으로 접어 포갠다.

4   육포는 꼭 눌러붙게 한 후 모난 곳을 가위로 돌려가며 잘라 내고 반달 모양의 쌈을 만
    든다.

대추편포

칠보편포

포쌈

포·마른 찬류 호두튀김

호두튀김은 마른안주에 곁들이면 좋다. 호두살에 붙은 속껍질은 부분적으로 벗기고, 시판되는 것은 잠깐 우려서 떫은맛을 없애고
물기를 걷은 다음 녹말가루를 묻히고 털어서 튀기면 떫은맛이 나지 않는다.

재료 및 분량

호두살	100g
녹말가루	1큰술
튀김기름	2컵
소금	조금

만드는 방법

재료 손질하기

1 호두살은 되도록 크고 부서지지 않은 것을 골라 반을 갈라서 가운데의 딱딱한 심을 발라낸다.
2 더운물에 호두살을 넣어 약 5분 정도 두어 불면 꼬치로 껍질을 호두알이 부서지지 않게 살살 벗긴다.
3 껍질을 벗긴 호두살에 녹말가루를 고루 묻혀 망이나 고운 체에 담아 여분의 가루를 털어낸다.

튀기기

4 튀김기름을 데워 녹말을 묻힌 호두를 넣고 노릇하게 튀겨 망에 건져낸다.
5 기름이 빠지면 소금을 고루 뿌려 술안주 또는 마른찬으로 만든다.

장아찌류 간장오이장아찌

재료 및 분량

오이	5개

절임용 양념물

간장	1/2컵
설탕	1/2컵
식초	1/2컵
물	1컵

만드는 방법

재료 손질하기

1 오이는 깨끗이 씻은 후 길이를 4등분하고, 굵기는 1/2등분하여 잘라 놓는다.
2 냄비에 분량의 재료를 넣고 끓여 절임용 양념물을 만든다.
3 오이는 항아리나 유리병에 넣고, 떠오르지 않도록 가느다란 나뭇가지를 서로 얽히게 둔 후 돌로 누르고 절임물이 뜨거울 때 붓는다.

장아찌 담그기

4 하루가 지나면 절임물을 따라내고 다시 끓인 다음 식혀 부어 서늘한 곳에 보관한다.
5 먹을 때 장아찌를 꺼내어 별다른 양념을 하지 않고 먹기 좋은 크기로 썰어 그대로 내거나 설탕, 참기름에 무쳐 그릇에 담아낸다.

고추장오이장아찌

고추장오이장아찌는 오이를 고추장에 박아 두었다가 먹는다.

재료 및 분량

오이지 ···································30개
장아찌용 고추장 ······· 적당량
　(항아리에 담긴 것)

무침 양념장(오이지 2개 분량)
설탕 ····································1작은술
참기름 ································2작은술
깨소금 ································1작은술
고춧가루 ······························조금

만드는 방법

재료 손질하기

1　오이지는 물에 한 번 씻은 후 베보자기에 싸고 돌로 눌러 물기를 뺀 후 햇볕에 꼬들꼬들하게 말린다.

장아찌 담그기

2　잘 마른 오이지는 장아찌용 고추장에 넣어 고추장 맛이 배도록 박아 둔다.

3　먹을 때 간이 밴 오이지를 꺼내어 고추장을 훑어내고 둥글고 얇게 썰어, 무침 양념장을 넣고 무친다.

가지장아찌

예부터 우리나라 사람들은 가지로 장아찌를 자주 만들어 먹었다. 최근에는 짠 음식을 기피하는 경향이 있어 비교적 싱거운 맛의 나물이나 냉국 등을 흔히 만들어 먹는다.

재료 및 분량

가지 ····································10개
간장 ······································2컵
다진 마늘 ···························1큰술
다진 파 ·······························1큰술
설탕 ····································5큰술
식초 ····································5큰술
고춧가루 ·····························2큰술
파 ······································10뿌리
마늘 ·······································3톨
마른 고추 ·····························2개
생강 ······································10g

만드는 방법

재료 손질하기

1　어린 가지는 칼집을 넣고 데쳐내어 물기를 제거한다.

2　가지 속에 다진 파, 다진 마늘, 고춧가루를 섞어 넣는다.

장아찌 담그기

3　가지는 항아리에 담고 식초, 설탕을 섞은 간장에 담가두고, 2~3일이 지나면 간장을 따르고 한 번 끓여서 식힌 다음 다시 붓는다.

굴비장아찌

잘 마른 굴비를 판매하던 예전과 달리, 최근에는 물기가 남아 있는 굴비를 판매하는 경우가 많다. 굴비장아찌를 만들 때에는 시판되는 굴비를 좀 더 말려야 하는데, 이때 날파리가 달라붙지 않도록 조심해야 한다.

재료 및 분량

조기 ······················ 5마리

양념장
고추장 ····················· 2컵
물엿 ······················ 1/2컵
진간장 ···················· 1/4컵
다진 마늘 ················· 1큰술

참기름 ···················· 조금
통깨 ······················ 조금

만드는 방법

재료 손질하기

1 조기는 아가미 밑에 손가락을 넣어 내장을 빼고 아가미 속에 털 같이 있는 것 역시 그대로 꺼내 버린 후 물에 깨끗히 씻고 채반에 건져 물기를 제거한다.

2 아가미 속에 소금을 가득 넣고 조기를 펴서 담은 다음 그릇에 조기가 보이지 않을 만큼 소금을 많이 뿌려 절인 후 꺼내어 볕에 말린다.

3 조기가 말라 꾸덕꾸덕해지면 편편하게 놓고, 무거운 것으로 눌러 한참 두었다가 다시 볕에 말려서 찬으로 이용한다.

장아찌 담그기

4 꾸덕꾸덕하게 마른 굴비는 껍질을 벗기고 살만 발라내어 먹기 편한 크기로 찢거나 썰어서 양념장에 섞어 숙성시킨다.

5 먹을 때는 굴비를 길이 1~2cm로 잘게 썬 다음 참기름과 통깨로 양념한다.

김장아찌

김장아찌는 밑반찬으로 즐겨 먹는 찬류이다. 여기에 밤채를 넣으면 더 먹음직스러운 김장아찌가 된다.
밤채가 없을 때에는 통깨를 넣기도 한다.

재료 및 분량

김	20장
밤	4개
생강	1톨
진간장	1/2컵
물엿	1/2컵
고추장	1큰술
통깨	조금

만드는 방법

재료 손질하기

1 김은 가로 3cm, 세로 4cm로 자른다.

2 밤과 생강은 껍질을 벗기고 곱게 채 썬다.

3 냄비에 진간장, 물엿을 넣고 끓인 후 식으면 고추장, 밤, 생강, 통깨를 넣는다.

장아찌 담그기

4 김은 2~3장씩 양념장을 발라 재어 놓는다.

* 이렇게 만든 김장아찌는 만든 날부터 바로 먹을 수 있다. 냉장고에 넣으면 좀 더 오랫동안 보관이 가
  능하다.

삼합장과

삼합장과는 생홍합과 생전복, 불린 해삼을 양념장에 조린 찬류이다.

재료 및 분량

홍합(생 것) ·············· 200g
전복(생 것) ················ 1개
해삼(불린 것) ··············· 2개
쇠고기(우둔) ·············· 100g

쇠고기 양념

간장 ····················· 1큰술
설탕 ···················· 1/2큰술
후춧가루 ··················· 조금

흰 파(15cm) ··············· 1대
마늘 ····················· 2톨
생강 ····················· 1톨

조림장

간장 ····················· 4큰술
물 ······················ 4큰술
설탕 ····················· 2큰술
후춧가루 ··················· 조금
참기름 ··················· 1/2큰술
잣가루 ··················· 1/2큰술

만드는 방법

재료 손질하기

1 쇠고기는 연하고 기름기가 없는 우둔살을 준비하여 납작하게 저며 썰고 쇠고기 양념으로 양념한다.

2 홍합은 크고 신선한 것을 준비하여 털과 얇은 막을 제거하고 끓는 물에 삶아 낸다. 너무 크면 2~3등분한다.

* 재래종 홍합이 크고 맛이 월등히 좋다.

3 전복은 껍질째 솔로 깨끗하게 씻은 후 살 부분의 검은 막을 소금으로 문질러 씻고, 찜통에 살짝 쪄서 내장은 떼어내고 얇게 저민다.

4 불린 해삼은 뱃속에 말라붙은 내장을 빼고 씻어 어슷하게 저며 썬다.

5 흰 파는 다듬어서 길이 3cm로 토막 내고, 마늘과 생강은 얇게 저민다.

조리기

6 냄비에 조림장 재료와 파, 마늘, 생강을 모두 넣고 불에 올려 끓어오르면 양념한 쇠고기를 넣어 익힌다.

7 쇠고기가 익으면 후춧가루를 뿌리고 준비한 해산물을 넣고 고루 간이 배도록 끼얹으며 조린다.

8 국물이 거의 졸면 참기름을 넣고 고루 섞어 그릇에 담고 잣가루를 뿌린다.

오이갑장과

막대 모양으로 썰어 소금에 절였다가 쇠고기, 표고버섯과 함께 볶은 갑장과로 오이 숙장과라고도 한다.
오이의 색이 선명한 녹색으로 씹는 맛도 좋아 흔히 무갑장과와 어울려 담는다.

재료 및 분량

백오이 ·························· 3개

소금물
소금 ·························· 3큰술
물 ·························· 2컵

쇠고기 ·························· 50g
표고버섯 ·························· 2장

쇠고기 양념
간장 ·························· 2작은술
설탕 ·························· 1작은술
다진 파 ·························· 2작은술
다진 마늘 ·························· 1작은술
후춧가루 ·························· 조금

식용유 ·························· 1큰술

마무리 양념
참기름 ·························· 1큰술
깨소금 ·························· 2작은술
실고추 ·························· 조금

만드는 방법

재료 손질하기

1 오이는 겉을 소금으로 문지르고 물로 한 번 씻은 후 길이 4cm로 토막 내고 6~8등분하여 막대 모양으로 썰고, 씨 부분은 도려낸 다음 소금물에 담가 1시간 정도 절인다.

2 절인 오이는 찬물에 헹구고 건져서 면보자기에 싸고 물기를 짜서 제거한다.

3 쇠고기는 얇게 편으로 썬 후 가늘게 채 썰고, 마른 표고버섯도 불려 기둥을 떼고 가는 채로 썰어 쇠고기 양념에 버무린다.

장과 만들기

4 번철에 식용유를 두르고 채 썰어 양념한 쇠고기와 표고버섯을 먼저 넣고 볶다가, 어느 정도 익으면 기름을 조금 더 넣고 물기를 없앤 오이를 넣고 녹색이 선명해지도록 센 불에 잠깐 볶으면서 섞는다.

5 오이가 아삭아삭하게 살짝 익으면 참기름과 깨소금, 실고추를 넣고 잠깐 볶아서 식히고 그릇에 담아낸다.

장아찌류

인삼장아찌

인삼장아찌는 봄에 모종하고 남은 미삼 또는 종삼을 장아찌로 담는 것이 좋다. 인삼을 절였다가 살짝 말려 만들기도 하지만,
가는 인삼을 그대로 이용하는 편이 간편하고 질겨지지 않아 좋다.

재료 및 분량

미삼(또는 종삼) ·········· 400g

인삼 절임물
물 ····························· 1컵
호렴(소금) ················ 1큰술
설탕 ························· 1큰술

절임용 양념장
인삼 절임물 ··············· 1/2컵
간장 ························· 4큰술
물엿 ························· 3큰술
청주 ························· 1큰술

만드는 방법

재료 손질하기

1 인삼은 깨끗하게 씻고 굵은 것은 칼집을 넣어 둔다.

2 분량의 재료를 섞어 인삼 절임물을 만든다.

3 인삼에 절임물을 붓고 1~2시간 두었다가 부드러워지면 채반에 건져 꾸덕꾸덕하게 말린다.

* 이때 절임용 양념장을 만들기 위한 절임물 1/2컵을 따로 받아 둔다.

4 꾸덕꾸덕하게 말린 인삼을 꺼내 먹을 때 편리하도록 4~5개씩 실로 묶어 항아리에 차곡차곡 담는다.

장아찌 담그기

5 절임용 양념장을 냄비에 넣고 끓여서 식힌 다음 인삼 항아리에 붓고 뜨지 않도록 무거운 돌로 눌러 놓는다.

6 먹을 때는 실로 묶은 1꼭지씩 꺼내고 적당히 잘라서 그릇에 담는다.

단맛풋고추장아찌

오랫동안 저장할 수 있는 단맛풋고추장아찌로 간장을 이용하여 검은색을 띤다.

재료 및 분량

풋고추 ·························· 1kg

절임용 양념
간장 ····························· 1컵
까나리액젓 ················· 1컵
2배 식초 ····················· 1컵
설탕 ····························· 1컵
소주 ····························· 1컵

만드는 방법

재료 손질하기

1 고추 꼭지를 제거하지 않은 채 짧게 자르고, 고추에 굵은 바늘로 2~3번 구멍을 내고 병이나 항아리에 차곡차곡 담는다.

장아찌 담그기

2 분량의 재료를 섞어 양념 절임물을 만들어 설탕이 모두 녹으면 고추가 담긴 항아리에 붓고, 풋고추가 모두 잠기고 뜨지 않게 한다.

3 담근지 한 달 정도 지나 숙성되면 오랫동안 두고 먹는다.

장아찌류

풋고추장아찌

풋고추장아찌는 고추 수확이 끝날 무렵 거두어들인 고추와 고춧잎을 소금물에 삭히고 맛있게 양념하여 만든 음식이다.

재료 및 분량

풋고추 ···················· 400g

절임용 소금물
천일염 ···················· 200g
물 ·························· 1L

양념
간장 ························ 1큰술
고춧가루 ···················· 1작은술
　(또는 된장) ················· 1큰술
생강즙 ····················· 1/2작은술
설탕 ························ 1작은술
다진 파 ····················· 1작은술
다진 마늘 ···················· 1/2톨

만드는 방법

재료 손질하기

1 고추는 꼭지가 붙은 채로 항아리에 담고 소금물을 부어 일주일 정도 삭힌다.

* 고추가 뜨는 것을 방지하려면 망사로 된 주머니에 넣어 소금물을 붓는 것이 좋다.

2 고추가 누렇게 삭으면 꺼내어 양념에 무친다.

* 여전히 얼룩덜룩한 푸른색이 남아 있다면 일주일 정도 더 삭혔다가 만든다. 더 오래 두어도 괜찮다.

장아찌 담그기

3 삭힌 고추 10개는 꼭지를 떼고 대충 칼로 썰어 양념에 무쳐서 종지에 담는다.

* 고추를 썰어 넣지 않고 된장을 좀 더 섞어 장아찌로 만들어도 된다.

간장

간장은 단백질, 아미노산, 미량의 당질에 함유된 발효 용액으로 우리 식생활에 중요한 위치를 차지하는 조미료이며 오랫동안 저장이 가능한 식품이다. 우리 고유의 재래식 간장은 발효된 콩의 가공품인 메주와 소금물을 주원료로 하여 50~60일간 소금물에서 우려낸 액체를 그대로 쓰거나 또는 달여서 간장을 만든다. 이것은 청장이라 하여 주로 국을 끓이는 데 많이 쓴다. 이 청장에 다시 메주를 넣고 진하게 만든 겹간장과 진간장, 덧장이라고 일컫는 간장은 찬을 만들 때 많이 쓴다.

재료 및 분량

메주·······································1말
(약 4덩어리, 7~8kg, 잘
말린 것은 6kg까지 무게가
줄기도 함)
물···3말(30L)

소금·······················6kg(20% 용액)
정월 간장일 때 6~6.6kg
정월보다 늦게 담근 간장일 때
20~26%

붉은 건고추···················5~10개
마른 대추·······················5~10개
참숯·······································5개

만드는 방법

재료 준비하기

1 항아리를 잘 씻어 말린 후 소독을 위해 빨갛게 달군 참숯을 바닥에 놓고 종이(신문지)를 넣어 한 번 태운다. 재는 털고 끓는 물을 부어 다시 한 번 소독한다.

2 메주는 잘 떠서 곰팡이가 고루 핀 것을 먼지와 함께 털고 솔로 문질러 흐르는 물에 재빨리 씻은 다음 채반에 펼쳐서 널어 햇볕에 말린다. 말리는 과정에서 유해한 미생물인 아플라톡신(Aflatoxin)의 번식이 억제된다.

3 소쿠리에 베보자기를 깔고 소금을 담아 물을 조금씩 부어가며 소금물을 만든다. 이것을 하룻밤 정도 그대로 두고 가라앉혀 소금 찌꺼기를 가라앉히고 윗물만 따라내어 쓴다.

* 장에는 굵은 소금(천일염)을 넣는다. 가을에 굵은 소금을 미리 구입하여 소금자루 밑에 막대기를 받쳐 놓았다가 간수가 저절로 빠지게 한 다음 이용하면 된다.

장 담그기

4 소독한 항아리에 소금물을 붓고 메주를 넣는다. 소금물의 농도가 적절하면 메주가 떠오른다. 항아리에 메주를 차곡차곡 넣은 후 소금물을 붓기도 한다.

* 재래식 간장은 개량식 간장보다 염도를 조금 높게 한다. 정월장은 20~22%, 이월장은 20~24%, 그 이후에는 22~26% 정도로 하면 된다. 소금물의 농도는 달걀을 띄웠을 때 달걀이 500원짜리 동전 크기만큼 보이면 적당한 것이다.

5 물에 뜬 메주에 굵은 소금을 뿌려 곰팡이가 생기는 것을 막는다. 여기에 씻은 대추와 건고추를 넣은 후 참숯을 불에 달구어 칙 소리가 나도록 소금물 속에 넣고 항아리 뚜껑을 덮은 다음 행주로 항아리를 깨끗이 닦는다.

6 파리 등이 들어가지 않도록 큰 소창이나 망으로 항아리를 덮는다. 최근에는 유리로 된 덮개가 있어 공기가 통하면서도 파리 등을 막을 수 있다.

7 장을 담근 지 3일째 되는 날, 뚜껑을 열고 메주의 상태를 보고 국물을 찍어 먹으면서 간이 부족한지 살피고 부족하면 소금물로 간을 맞춘다.

8 담근 지 40일이 지나면 어레미에 받쳐 간장을 따르고 거품을 걷어낸 후 약 80℃에서 20분간 달인다.

* 이때 남은 메주를 건져 된장을 만든다. 간장을 달일 때 검은콩을 조금 넣으면 색이 검고 맛이 좋아진다. 달이지 않고 거른 간장을 그대로 먹기도 한다.

고추장

찹쌀고추장

찹쌀고추장은 고추장 중에서 가장 많이 담는다. 찹쌀가루를 엿기름과 메줏가루, 고춧가루, 소금과 같이 담아 발효시킨
이 고추장은 조미료 및 찬으로 널리 이용되고 있다.

재료 및 분량

찹쌀	4kg(5되)
메줏가루	1kg(1½되)
고춧가루	10kg(3~4되)

소금물(또는 햇간장)

소금	2.4kg
물	적당량

엿기름가루	2되
(또는 쌀조청)	
소금	700g

만드는 방법

재료 준비하기

1 찹쌀은 깨끗이 씻어 하룻밤 물에 담갔다가 건져 물기를 뺀 후 가루로 만든다.

* 쌀을 불려서 쌀가루를 만들면 찹쌀의 약 1.5배인 6kg의 찹쌀가루가 만들어진다.

2 엿기름은 베보자기 자루에 넣고 약 1L의 물에 담가 주물러서 엿기름물을 받아 둔다.

방법 1 : 고추장 만들기(재래식)

3 찹쌀가루에 끓인 물을 3~4번에 나누어 넣고 치대어 익반죽한 뒤 큼직하게 경단을 빚는
다. 경단 가운데를 얇게 만들어 구멍을 내고 끓는 물에 넣어서 익어 떠오르면 건져서 넓
은 그릇에 넣고 방망이로 계속 저어서 풀며 되직한 찹쌀풀을 만든다. 단맛을 내려면 엿
기름물을 조금씩 넣어 풀어도 좋다.

4 메줏가루를 풀어진 찹쌀풀과 고루 섞어 둔다. 이때 메줏가루에 햇간장이나 소금물을 조
금 넣어 찹쌀풀과 잘 섞이게 해도 된다. 이렇게 섞은 것을 하룻밤 두었다가 다른 재료를
섞는 것이 더 잘 삭는다(덮어 둔다).

5 하룻밤 두었던 고추장 재료(메줏가루 섞은 것)에 고춧가루를 고루 섞은 다음 소금으로
간을 맞춘다.

6 고추장 항아리에 담고 위에 소금을 가지런히 얇게 펴서 뿌리고 입구를 망으로 덮은 후
햇볕을 쬐며 숙성시킨다.

방법 2 : 고추장 만들기(개량식)

3 엿기름가루를 물에 개어 베보자기 자루에 넣어 엿기름물을 만든다. 찹쌀가루에 엿기름물
을 넣고 된죽처럼 되면 한참 두었다가 1시간 동안 끓인다.

4 익힌 찹쌀죽을 식혀서 메줏가루를 넣고 죽같이 섞는다.

5 고춧가루에 **2**를 넣고 고루 풀어 놓는다.

6 되직한 고추장 재료에 조청을 넣고 고루 쪄서 섞는다.

7 소금을 15% 이하로 넣어 간을 맞춘 후 항아리에 담고 5~6개월 정도 숙성시킨다. 담근
고추장 표면에 메줏가루를 살살 뿌려 망이나 소창으로 항아리를 단단히 덮고 햇볕을 쪼
이면서 숙성시킨다.

대추고추장

재료 및 분량

재료	분량
대추고	3컵(650~700g)
물	1컵
메줏가루	2컵
고운 고춧가루	3컵
물엿	1컵
소금	조금

만드는 방법

1 대추는 찬물에 씻어 물에 잠길 정도의 물을 넣고 끓인다.

2 대추가 무르면 어레미에 걸러 씨를 빼고 건더기와 물을 섞어 뻑뻑한 과육이 되도록 블렌더에 한 번 갈아 졸인다.

* 대추 1kg를 끓여서 씨를 빼고 고면 900g(4컵)이 된다.

** 이렇게 만든 것은 '대추고'라 부르며 떡을 만들 때나 죽, 대추차를 만들 때 이용한다.

3 끓여서 만든 대추고에 물 1컵을 붓고 20~30분 끓이고 조금 식힌다.

4 대춧물에 메줏가루, 고춧가루, 소금을 넣고 잘 섞는다.

5 물엿을 넣고 녹이면서 잘 섞어 항아리에 담아 봉하고 서늘한 곳에 두고 먹는다.

배고추장

재료 및 분량

재료	분량
배	5개
메줏가루	2컵
고운 고춧가루	3컵
물엿	2컵
소금	조금

만드는 방법

1 배는 껍질을 벗기고 속을 들어낸 후, 대충 쪼개어 블렌더에 물을 조금 넣고 갈아 준다.

2 1을 냄비에 넣어 30분 정도 끓인 후 식힌다.

3 배를 간 물이 5컵 정도 나오면 메줏가루 2컵, 고춧가루 3컵, 물엿 1컵을 넣고 소금으로 간을 맞추어 고추장을 만든다.

4 작은 항아리나 유리병에 담아 서늘한 곳에 두고 먹는다.

마늘고추장

재료 및 분량

재료	분량
마늘(간 것)	3컵
고춧가루	3컵
메줏가루	2컵
물엿	1컵
소금	3큰술

만드는 방법

1 마늘 3컵에 물 2~3컵을 넣고 30분 정도 끓인다.

* 물 대신 엿기름물을 넣어도 된다.

2 1에 고춧가루, 메줏가루, 소금을 넣고 간을 하여 고추장을 만든다.

음식 이야기

고추장의 기본 맛은 매운맛, 짠맛, 단맛, 새콤한 맛, 감칠맛이다. 일반적으로 고추장은 어떤 곡식을 사용했나에 따라 찹쌀고추장, 보리고추장, 밀고추장 등으로 나뉜다. 과일을 넣어 만든 것으로는 대추고추장, 자두고추장 등이 있고 엿을 넣어 만든 엿고추장(꼬장)도 있다. 특수한 고추장으로는 마늘고추장, 두부고추장, 약고추장 등이 있다.

봄·여름동치미

봄·여름동치미는 김장철 담그는 동치미와 달리 무를 먹기 좋은 크기로 썰어 짧은 기간 안에 먹을 수 있게 담근 것이다.
여기서는 적은 양을 만드는 방법을 소개한다.

재료 및 분량

무(小) ·········· 1개(1kg)
절임용 소금 ······· 3큰술(30g)
오이 ··········· 1개
대파 ·········· 1뿌리
붉은 고추 ········· 1개
마늘 ··········· 1톨
생강 ·········· 1/3톨

소금물
소금 ··········· 90g
물 ············ 3L

만드는 방법

재료 손질하기

1 연한 무를 깨끗이 씻어 길이 4cm, 1.5×1.5cm로 썰어 소금에 잠깐 절인다.

2 오이는 신선한 것을 택하여 겉을 소금으로 문지르고 찬물에 씻어 무와 같은 크기로 썰어 무와 함께 절인다.

3 대파는 다듬어 흰 부분만 길이 4cm로 잘라 굵기를 반으로 쪼개고, 붉은 고추는 3~4cm가 되도록 어슷하게 썰어 놓는다.

4 마늘은 채 썰고, 생강은 다져서 즙을 내 둔다.

담그기

5 절인 무와 오이에 준비한 파, 고추, 마늘, 생강즙을 넣고 섞어 항아리에 담근다. 한나절이 지나면 물을 붓는다.

6 짜지 않은 소금물을 만들어 항아리에 붓고(국물의 최종 농도는 3% 정도) 시원한 곳에서 익힌다.

배추통김치

배추통김치는 우리나라의 가장 대표적인 김치로 배추를 소금에 절였다가 여러 양념에 버무려 항아리에 담가 발효시킨 음식이다.
이 김치에 사용되는 배추에는 토종 경종배추와 속이 노랗고 길이가 짧은 결구배추가 있다. 지역에 따라 특산물을 넣어 별미 김치를
만들기도 한다. 예를 들면 유자가 많이 나는 곳에서는 유자김치를, 꼬막이 많이 나는 곳에서는 꼬막김치를, 전복이 많이 나는
섬에서는 전복김치를, 홍어를 좋아하는 남도에서는 홍어김치를 만든다.

재료 및 분량

배추	5통(10kg)
절임용 소금	1kg
(물 : 소금 = 6 : 1)	
무	1~1½개(1~1.3kg)
미나리	200g
쪽파	7뿌리
갓	200g
청각	100g
생굴	150g
생새우	150g
배	1개
고춧가루	1½~2컵
따뜻한 물	2컵
새우젓국	1/2컵
멸치젓국	3/5컵
마늘	5톨
생강	1톨(30g)
통깨	1/4컵
실고추	조금
설탕	2큰술

찹쌀풀

찹쌀가루	2큰술
물	1½컵

만드는 방법

재료 손질하기

1 배추는 누런 잎을 떼고 작은 것은 2등분, 큰 것은 4등분한다. 절임용 소금은 웃소금용을 조금 남기고 소금물을 만든다. 소금물에 쪼갠 배추를 담갔다가 건진 후, 배추 줄기 쪽에 남은 소금을 조금씩 뿌려 쪼갠 단면이 위로 오도록 차곡차곡 담아 절인다.

2 배추의 아래위를 바꾸어 뒤적이면서 6~8시간 정도 절인 후, 찬물에 3번 정도 헹구어 소쿠리에 건져 물을 뺀다.

* 이때 쪼갠 면이 아래가 되도록 소쿠리에 담아 물이 잘 빠지게 한다.

3 무는 소 재료로 이용할 것이므로 깨끗이 씻어 잔뿌리를 없애고 7cm 정도로 채 썬다. 껍질은 벗기지 않고 그대로 채 썬다(처음에 길이 7cm로 무를 자른 다음 채 썬다).

4 미나리, 갓, 쪽파, 청각 등은 다듬어서 씻고 길이 4~5cm로 썬다.

5 마늘과 생강은 다져 놓는다.

6 생굴은 연한 소금물에서 껍질이 들어가지 않도록 조리로 재빨리 헹구어 물을 빼고, 생새우는 티를 골라내고 씻어 물기를 뺀 후 다지거나 블랜더에 갈아 놓는다.

7 찹쌀가루에 물을 넣어 풀을 쑤고 식힌다.

소 만들기 / 담그기

8 고춧가루는 따뜻한 물에 불린 후 새우젓국, 멸치젓국을 섞어 놓는다.

9 무채에 불린 고춧가루를 넣어 고춧물을 들이고 미나리, 쪽파, 갓, 청각, 다진 마늘, 생강, 통깨 등 양념을 모두 넣고 가볍게 섞어 김치 소를 버무린다. 여기에 찹쌀풀 식힌 것을 넣어 고루 섞는다.

10 물기 빠진 배춧잎 사이사이에 양념을 묻히면서 소를 조금씩 넣고 빠져 나오지 않게 배추의 겉잎으로 감싸듯 처리하여 항아리에 차곡차곡 담는다.

* 이때 너무 많은 양을 담으면 김치가 익어 국물이 밖으로 넘칠 우려가 있으므로 주의한다.

11 위에 우거지로 덮고 굵은 소금을 조금 뿌린 후 돌로 눌러 놓는다.

12 김칫국물을 만들어 배추가 잠기도록 물을 붓고 항아리를 랩으로 봉하여 뚜껑을 덮고 익힌다.

배춧잎말이김치

배춧잎말이김치는 양배추나 배춧잎을 절여 소를 넣고 돌돌 만 음식이다.

재료 및 분량

양배추	1통
(또는 한국 배추)	
무	1/2개
미나리	1/4단(100g)
쪽파	10뿌리
갓	50g
배	1/2개
고춧가루	1/2컵
새우젓국	3큰술
까나리액젓	3큰술
다진 마늘	6톨
다진 생강	1큰술
설탕	1큰술
묽은 찹쌀풀	1/2컵
김칫국물	1컵
(다시마 명태 삶은 것)	

만드는 방법

재료 손질하기

1 배추일 경우에는 반쪽으로 먼저 갈라서 소금물에 절이고 덧소금을 뿌려 잘 절여서 한 잎 한 잎이 떨어지도록 절인다. 절반 정도 절여졌으면 밑동 윗부분의 잎이 고르게 절여지도록 밑동을 잘라 놓는다.

* 양배추의 경우 1통을 4등분하여 소금물에 절이고, 잎이 1장씩 찢어지지 않고 잘 떨어질 때까지 절인다.

2 배춧잎이 1장씩 떨어지도록 절여졌을 때 찬 물에 두세 번 씻어 물기를 빼 놓는다.

3 무는 채로 썰고, 미나리, 쪽파 등은 다듬어서 4cm 길이로 잘라 놓고, 갓도 다듬어 씻어서 같은 길이로 잘라 놓는다. 배도 껍질을 벗기고 같은 길이로 채 썬다.

소 만들기 / 담그기

4 배추김치의 소를 만들 때와 같이 채로 썬 무에 고춧가루를 먼저 넣고 버무려 붉은 물을 들이고, 다른 고명 채소를 모두 넣어 고루 섞어 둔다.

5 젓국과 마늘, 다진 생강, 설탕, 풀물을 넣어 배추 소를 간 맞추어 만든다.

6 물기를 뺀 배춧잎 1장을 놓고, 그 위에 버무린 소를 조금 올려 소가 빠지지 않도록 양옆을 접고 길이대로 돌돌 말아 둔다.

7 이렇게 만든 김치를 차곡차곡 항아리나 병에 담아 김칫국물에 소금을 2작은술만 넣고 김치가 잠기도록 부은 후, 절인 배춧잎으로 위를 덮고 익힌다.

8 그릇에 담을 때는 칼로 절반을 잘라 소가 보이도록 담는다.

김지류

백김치

백김치는 배추를 통째로 절여서 그 사이에 무채, 미나리, 배, 밤, 실고추, 잣, 석이버섯, 표고버섯, 마늘, 생강, 굴, 새우, 낙지 등으로 소를 만들어 켜켜이 넣고 소금물을 부어 맵지 않게 담은 김치이다. 고춧가루를 넣은 통배추김치보다 저장성이 떨어지므로 추운 겨울을 나고 음력 설이 지날 때쯤에는 맛이 떨어진다.

재료 및 분량

배추 ·················· 5통(10kg)

절임용 소금물

소금	4컵
물	5L

무	2개(2kg)
미나리	1단(200g)
낙지	3마리
생굴	300g
배	2개
밤	10개
표고버섯	3개
대파	2뿌리
마늘	3통
생강	2톨
잣	2큰술
실고추	20g
새우젓	1/2컵
소금	1큰술

국물용 소금물

소금	2큰술
물	2L

만드는 방법

재료 손질하기

1 배추는 겉잎을 떼고 반으로 쪼개어 소금물에 4~5시간(배추가 많으면 6~8시간) 절이며, 아래위를 1~2번 바꾸어서 뒤적이며 절인다.

2 무는 곱게 채 썰고 미나리는 잎을 떼고 다듬어 길이 4cm로 썬다.

3 낙지는 먹통과 내장을 떼고 소금으로 주물러서 길이 4cm로 자르고, 생굴은 묽은 소금물에 흔들어 씻어 껍데기가 들어가지 않도록 골라내고 물기가 빠지도록 건져 놓는다.

4 배와 밤은 껍질을 벗기고 채 썬다. 표고버섯은 물에 불린 다음 기둥을 떼어내고 채 썬다.

5 대파는 흰 부분만 채 썰고, 마늘과 생강은 다듬어서 가늘게 채로 썬다.

6 절인 배추는 찬물에 2~3번 씻고 소쿠리를 엎어 물기가 다 빠지도록 해 놓고, 소를 준비한다.

소 만들기 / 담그기

7 큰 그릇에 무채를 담고 실고추를 먼저 넣고 문질러 연한 분홍물을 들인 다음 미나리, 배, 밤, 표고버섯, 대파, 마늘, 생강, 새우젓을 넣고 잘 섞은 후 낙지와 생굴을 넣어 가볍게 섞는다.

8 배춧잎 사이사이 포기김치를 담글 때처럼 소를 넣고 잣을 3~4개씩 박아 겉잎으로 싼다.

9 김치 항아리에 배추를 차곡차곡 담고 떨어진 배춧잎으로 위를 덮은 후, 소를 버무려 놓은 그릇에 소금 2큰술과 물 2L를 넣고 잘 헹구어 항아리에 붓고 뚜껑을 덮어 익힌다.

보쌈김치(보김치)

보쌈김치는 배추, 무에 양념과 함께 낙지, 생굴, 표고버섯, 밤편, 배 등의 여러 가지 고명을 넣고 담근 것을 절여 놓은 배춧잎에
싸서 익힌 것이다. 이 김치는 개성 지방의 향토음식이었다.

재료 및 분량

배추	2통
무	1개
절임용 소금	1½컵
쪽파	150g
미나리	200g
표고버섯	3개
전복	2개
낙지	1마리
생굴	100g
배	1/2개
밤	6개
잣	3큰술
조기젓	2마리
(또는 황석어젓 1/2컵)	
새우젓	1/3컵
대파	1뿌리
마늘	6톨
생강	1톨
고춧가루	1/2컵
통깨	2큰술
실고추	조금
배추 우거지	적당량

만드는 방법

재료 손질하기

1 배추는 푸른 것을 골라 밑동 쪽에 칼집을 넣고 반으로 쪼개어 소금물에 절인다. 절인 속
잎은 무보다 약간 크게 길이 3~4cm로 썰고 겉잎은 떼어내서 따로 줄기 부분을 방망이
로 자근자근 두들겨 놓는다.

2 무는 나박김치 모양으로 나박썰기하여 고춧물을 들여 놓는다.

3 쪽파는 다듬어 4cm 정도로 썰고, 미나리도 잎을 떼고 다듬어서 4cm로 잘라 놓는다.

4 표고버섯은 불려서 마름모꼴로 썬다.

5 전복은 소금으로 문지르고 깨끗이 씻어 살을 껍질에서 떼고 전복 살을 얇게 저며 놓
는다.

6 낙지는 장을 빼내고 소금으로 주물러 깨끗이 씻어 물기를 빼고 4cm 길이로 썰어 놓는다.

7 생굴은 연한 소금물에서 껍데기가 들어가지 않도록 씻어 조리에 건져 물기를 뺀다.

8 배는 껍질을 벗기고 3~4cm 크기로 나박썰기하고, 밤은 속껍질을 벗겨 편으로 썰어 놓
는다.

9 조기젓은 머리와 꼬리를 떼고 포를 떠서 가시를 발라내고 살을 저며 고춧가루로 버무린
다. 황석어젓을 구했으면 다져서 놓고, 새우젓은 건더기를 꼭 짜서 곱게 다지고 국물은
버무릴 때 쓰도록 한다.

10 대파는 흰 부분만 4cm길이로 채 썰고, 실고추는 2cm 길이로 썰어 둔다.

11 마늘과 생강은 절반 분량은 채 썰고 나머지 반은 곱게 다진다.

담그기

12 절인 배추는 겉잎과 속잎을 떼고 속잎은 3~4cm로 썰어 준비된 부재료와 섞어 김치를
담근다. 먼저 배추에 고춧가루를 넣어 가볍게 버무린 후 실고추, 파, 마늘, 생강, 젓갈, 배,
밤, 통깨를 넣어 가볍게 섞고 나머지 재료는 쌀 때 위에 얹는다.

13 보시기에 배춧잎 3장을 넓게 깔고 버무린 재료를 담으면서 사이사이에 낙지, 굴, 표고버
섯, 잣 등을 골고루 담고 꾹꾹 눌러 배춧잎으로 잘 감싼다.

14 둥글게 쌓은 김치는 보시기에서 돌려 빼내어 항아리에 차곡차곡 담고 위에 소금에 버무
린 우거지를 덮은 다음 돌로 눌러 놓는다. 약 이틀 후 김치가 잠기도록 물을 붓는데, 국
물이 싱거우면 새우젓국으로 간을 맞춘다.

부추김치

부추는 예부터 김치의 재료로 흔히 사용되었다. 이것은 지역에 따라 '솔'이나 '정구지'라고도 불렀다. 부추는 봄부터 가을까지 손쉽게 구할 수 있는 재료로, 김치를 담그면 익기 전부터 익은 후까지 오랫동안 두고 먹을 수 있다.

재료 및 분량

부추	2단(1kg)	설탕	2큰술(물엿 1/2컵)
양파	1개		
생강	2톨	찹쌀풀	1컵
고춧가루	1컵(70g)	찹쌀가루	1큰술
멸치젓국	8큰술(1/2컵)	물	1컵
(까나리액젓)			

만드는 방법

재료 손질하기

1 부추는 재래종으로 잎이 통통하고 짧으며 연한 것을 택하고, 누런잎이 없도록 다듬어 물에 씻은 다음 길이 6~7cm로 썰어 놓는다. 여기에 액젓을 뿌려 1시간 동안 절이고 액젓은 따로 분리해 놓는다.

* 영양부추라 불리는 가늘고 짧은 부추와 너무 굵고 긴 중국 부추는 김치를 담기에 적당하지 않다.

2 양파는 가늘게 채 썰고, 생강은 껍질을 벗기고 다져서 즙을 짜 놓는다.

3 멸치젓국은 다져서 거른 맑은 액젓이나 까나리액젓을 준비한다.

4 찹쌀가루에 분량의 물을 넣어 찹쌀풀을 쑨 다음 식혀 놓는다.

담그기

5 부추가 절여지면 분리해 놓은 멸치액젓에 고춧가루를 넣어 불린 다음 생강즙, 찹쌀풀, 설탕을 넣어 걸쭉한 양념젓국을 만든다.

6 썰어 놓은 부추와 양파를 섞고, 양념젓국을 넣어 고루 섞이도록 살살 버무려 항아리에 담는다.

* 여름철에는 김치를 담근 그날 저녁부터 먹을 수 있다.

** 담글 때 넉넉한 국물에 무말랭이를 조금 불려 넣어 양념이 흡수되게 하면 같이 먹을 수 있고, 서로 다른 식감을 즐길 수 있다.

김치류

오이말이김치

오이말이김치는 오이를 길고 얇은 편으로 썰어 절이지 않고, 익힌 무채 김치를 돌돌 말아서 담그는 것으로 샐러드처럼 먹으면 좋다.

재료 및 분량

재료	분량
오이	5개
무채김치	3컵
무	1/2개
미나리	100g
다진 파	2뿌리
다진 마늘	1큰술
생강즙	1/2큰술
고춧가루	4큰술
새우젓국	3큰술
까나리액젓	3큰술
설탕	1큰술
김칫국물	1/2컵
레몬즙	1큰술

만드는 방법

재료 손질하기

1 오이는 겉을 소금으로 문질러 찬물로 썻어내고, 감자 벗기는 필러로 꼭지 끝에서 길게 얇은 오이편이 되도록 썬다.

2 무는 길이 3cm가 되도록 채 썰고, 미나리도 잎을 떼고 다듬어서 길이 3cm로 썬다.

담그기

3 채 썬 무에 고춧가루로 붉은 물을 들이고 준비된 미나리, 다진 파, 마늘, 새우젓국, 액젓, 설탕을 넣고 버무려서 소를 만든다.

4 김치소를 만들어 간이 배도록 꼭꼭 눌러 두고 차분하게 다진 후, 한 숟갈씩 소를 집어 길게 편으로 썰어 놓은 오이로 돌돌 말아 감는다.

5 김칫국물 1/2컵에 레몬즙을 섞고, 말아 놓은 오이말이김치에 촉촉하게 뿌려서 익은 맛이 나도록 한 후, 그릇에 세워서 속이 보이도록 담아서 낸다.

 음식 이야기

오이의 원산지는 인도 북부로 추정되며 우리나라에는 1500년 전 전파된 것으로 여겨진다. 오이는 전체에 잔털이 나 있고 잎이 대체로 삼각형이며 잎 가장자리에 3~5개의 결각을 가지고 있다. 특별한 영양가를 함유하고 있지는 않으나 비타민 A, 비타민 C, 비타민 B_1, 비타민 B_2 등이 풍부하다.

오이소박이

오이는 예부터 널리 이용된 채소로 여러 형태의 김치로 만들어져 왔다.
오이소박이를 담글 때에는 가늘고 연하며 씨가 없는 재래종 오이를 고른다.
오이를 소금에 절일 때는 눌러서 물기를 빼야 아삭아삭하다. 소금물에 절였을 때
뜨거운 물을 한 번 부어 물기를 빼면 익었을 때 뭉그러지지 않는다.

재료 및 분량

오이 ···················· 10개(20kg)

절임용 소금물
소금 ························· 100g
물 ··························· 2컵

대파 ························· 1뿌리
마늘 ···················· 1통(6톨)
생강 ·························· 1톨
고춧가루 ···················· 4큰술
새우젓 ······················ 3큰술
소금 ························· 2큰술
설탕 ······················· 1작은술

소금물
소금 ························· 1큰술
물 ··························· 5큰술

배추 우거지 ················ 적당량
(또는 부추)

만드는 방법

재료 손질하기

1 오이는 소금으로 문지르고 깨끗이 씻어 양끝을 버리고 길이 7cm로 일정하게 자른 다음, 양끝을 1~2cm만 남기고 열십자나 3갈래로 가운데 길게 칼집을 넣어 소금물에 3~4시간 절인다.

* 이렇게 절인 다음 뜨거운 물을 한 번 부어 씻으면 나중에 오이가 아삭아삭해진다.

2 배추 우거지나 신선한 부추를 소박이를 한 후에 위에 덮어 맛이 변하지 않도록 준비한다.

담그기

3 오이 끝에 남은 부분이 쓰지 않다면 오이 조각과 마늘, 대파 흰 부분, 생강 등을 다져 고춧가루와 섞고 새우젓, 소금, 설탕을 함께 넣어 소를 만든다.

* 부추를 썰어 위를 덮거나 밑에 깔아 섞는 경우가 있는데, 이렇게 하면 부추를 오이와 같이 먹을 수는 있으나 지저분해지므로 넣지 않는 것이 좋다.

4 절인 오이는 양끝을 눌러 보아 칼집이 잘 벌어지면 찬물에 헹구고 마른행주로 감싸 물기를 뺀다.

5 준비된 양념소를 오이 속에 채우고 항아리에 차곡차곡 담은 다음, 소를 버무린 그릇을 소금물로 헹구어 항아리에 붓는다.

6 배추 우거지나 부추는 소 양념에 대충 무치고, 오이소박이의 윗부분을 덮고 돌로 눌러 시원한 곳에 보관하여 익힌다.

7 다 익으면 오이를 절반으로 썰어 단면이 보이도록 그릇에 담는다.

장김치

장김치는 배추와 무를 간장에 절여 두었다가 그 국물을 이용하는 김치이다. 소금에 절인 김치보다 싱겁고 검은색을 띠며
여러 가지 고명이 들어가서 빨리 익으므로 오랫동안 저장하기가 힘들다. 주로 설이나 추석에 즐겨 먹는 김치로, 서늘한 날씨에서도
2~3일만 두면 맛있게 익는다. 교자상이나 떡국상에 어울리는 찬이다.

재료 및 분량

배추속대 ·················· 500g
무(小) ·················· 2개(500g)
간장 ························· 1컵
미나리 ······················ 50g
갓 ·························· 50g
굵은 파(흰 부분) ············· 30g
배 ··························· 1개
석이버섯 ····················· 4개
표고버섯 ····················· 2개
밤 ·························· 5개
마늘 ···················· 5톨(20g)
생강 ··················· 1/2톨(10g)
실고추 ······················ 조금
설탕 ······················ 2큰술
물 ·························· 3컵

만드는 방법

재료 손질하기

1 배추속대는 줄기와 잎을 3×3cm로 썰고 간장 1/2컵을 부어 절인다.

2 무는 크기 3×4cm, 두께 0.7cm로 썰어 나머지 간장에 절인다.

3 미나리는 다듬어서 길이 3cm로 썰고, 갓도 비슷한 크기로 썰고, 파의 흰 부분은 채로 썬다.

4 배는 껍질을 벗기고 무와 같은 크기로 썰고, 석이버섯은 물에 불려 이끼를 벗기고 돌을 따고 가는 채로 썬다. 표고버섯도 불려서 채로 썬다.

5 마늘과 생강은 채 썰고, 실고추는 길이 2cm로 자른다.

담그기

6 배추와 무는 썰어서 따로따로 간장에 절인 것을 건져 섞고, 간장 국물은 양이 많아진 것을 한데 섞어 따로 둔다.

7 배추, 무 외의 준비된 모든 재료를 함께 담고 파, 마늘, 실고추에 맛이 들도록 섞는다.

8 절일 때 사용한 간장 국물에 물을 부어 갈색 장물을 만들고 김치 건더기에 자작하게 붓는다.

* 이때 너무 검은색을 띠지 않도록 조정한다.

** 절일 때 나온 김칫국물은 모두 넣지 않아도 된다.

김치류

쪽파김치

쪽파김치는 멸치젓국이나 액젓이 들어가야 제맛이 나서 '쪽파젓김치'라고 부르기도 한다.

재료 및 분량

쪽파	2kg
절임용 소금	150g
갓	500g
멸치액젓	1컵
생멸치젓	1/2컵
풋고추	5개
마늘	2톨
생강	1/2톨
고춧가루	1½~2컵
통깨	3큰술
설탕	1큰술

찹쌀풀

찹쌀가루	3큰술
물	1½컵

만드는 방법

재료 손질하기

1 쪽파는 누런잎을 떼고 다듬어서 뿌리를 자르고 깨끗이 씻고, 소금을 조금 뿌려 충분히 절인 다음 찬물에 씻어 낸다.

2 멸치액젓에 고춧가루를 풀어 불려 놓고, 풋고추는 어슷하게 썰고, 마늘과 생강은 다진다.

담그기

3 양념을 만들 때는 우선 찹쌀풀을 쑤어 식힌 다음 불려 놓은 고춧가루, 다진 마늘, 생강과 함께 섞어 양념을 만든다.

4 숨이 죽은 쪽파에 양념을 넣어 버무린 후, 파의 흰 부분을 위로 하여 5개 정도씩을 1묶음으로 감아 차곡차곡 항아리에 담아 놓는다.

5 윗부분은 파, 절인 배춧잎이나 무청으로 덮어 익힌다.

6 상에 낼 때는 깊이가 얕은 보시기에 파 묶음을 한 번 잘라 가지런히 담고, 김칫국물을 조금 부어 낸다.

김치류

토마토소박이

토마토소박이는 신선하고 무르지 않은 큰 토마토로 담근다. 작은 토마토를 이용한 토마토소박이는 오래전 외국인에게
소개한 바 있는데, 반응도 좋고 맛도 새롭다는 반응이었다. 담근 날부터 조금 익은 것까지 맛있게 먹을 수 있다.

재료 및 분량

토마토(中)	10개
무(小)	1개
미나리	1/2단
대파	2뿌리
(또는 쪽파 4뿌리)	
마늘	2톨
고춧가루	2큰술
새우젓 담근 액젓	3큰술
꽃소금	4큰술
배추 우거지	적당량
(덮을 것)	

만드는 방법

재료 손질하기

1 토마토는 중간 크기나 작은 것을 골라서 씻고, 꼭지를 도려내어 밑면 1cm 정도가 붙어
   있도록 남긴 채 6~8등분으로 칼집을 낸다.

2 칼집 사이에 부슬부슬한 꽃소금을 2~3큰술 고루 뿌려 숨이 죽고 간이 배도록 절인다.

3 미나리잎을 떼어 길이 3~4cm로 자르고, 무와 대파는 가늘게 채 썰고, 마늘은 다져 놓
   는다.

담그기

4 무채에 고춧가루로 붉은 물을 들인 다음 미나리, 파, 다진 마늘, 새우젓, 소금 1큰술을 함
   께 섞어 소를 만든다.

5 토마토의 칼집이 잘 배도록 절여 진 것에 소를 꼭꼭 채워 넣고 병이나 작은 항아리에 차
   곡차곡 담은 다음 절인 배추 우거지로 덮어서 하루나 이틀 정도 숙성시킨다.

6 먹을 때는 칼집 사이를 잘라서 보기 좋게 담는다.

김치류

피망무깍두기

피망무깍두기는 빨간 피망을 블렌더에 넣고 갈아서 만들며 고춧가루는 아주 조금만 섞어 담는다. 어린이나 매운 음식을
잘 못 먹는 외국인이 먹기에 좋은 깍두기이다.

재료 및 분량

무	1개(3kg)
실파	100g
갓	100g
미나리	100g
생굴	300g
다진 마늘	4큰술
다진 생강	2큰술
새우젓	1/2컵
고춧가루	2큰술
붉은 피망	3개
물	2큰술
설탕	2큰술
소금	3큰술

만드는 방법

재료 손질하기

1 무는 보통 깍두기보다 조금 작게 2×2×1.5cm로 깍둑썰기하여 소금과 설탕을 뿌려 절여
   놓는다.

2 붉은 피망은 대충 썰어 고춧가루를 넣고 물을 조금만 넣고 곱게 간다.

3 생굴은 농도가 옅은 소금물에 씻어 껍질이 없도록 씻어 조리로 걸러 물을 제거해 놓는다.

4 미나리는 잎을 떼고 2cm 길이로 자르고, 갓도 다듬어서 2cm 길이로 썬다.

담그기

5 소금과 설탕물은 따로 분리해 놓고, 절인 무에 준비해 놓은 미나리, 갓, 생굴, 양념들과 갈
   아 놓은 피망, 고추를 넣고 가볍게 섞어 양념한다.

6 모든 재료가 섞이면 따로 담아 놓았던 소금, 설탕, 물을 넣고 간을 보아 항아리에 담고 꼭
   꼭 눌러 숙성시킨다.

* 이렇게 만든 것은 담근 그날부터 먹어도 된다. 물론 어느 정도 익은 후에도 맛이 있다.

약선tip
피망은 칼로리가 낮아 비만인 사람에게 적합하며 소화불량 치유에 도움을 준다.

젓갈류

가자미식해

가자미식해는 함경도의 향토식품으로 오랫동안 두고 먹는 저장음식이다. 동해안 남쪽 지방에서는 '밥식해'라 하여 가자미식해와
비슷한 식해를 만든다. 이 음식은 자그마한 참가자미를 꾸덕꾸덕하게 말려 고춧가루나 좁쌀을 섞고 무를 넣어 발효시킨
저장음식이다.

재료 및 분량

참가자미 ················· 5마리
좁쌀 ·················· 2/3컵
무 ···················· 200g
쪽파 ··················· 50g
소금 ·················· 1/2컵
멸치액젓 ··············· 5큰술
엿기름 ················· 1/2컵
따뜻한 물 ················ 2컵
고춧가루 ··············· 2/3컵
다진 마늘 ··············· 2큰술
다진 생강 ·············· 1/2큰술

만드는 방법

재료 손질하기

1 가자미는 노랗고 통통하게 살찐 것을 준비하여 머리와 내장을 제거하고 비늘을 긁어 깨
 끗이 손질한 다음, 소금을 뿌려 하루나 이틀간 절여 두었다가 가볍게 한 번 씻어내고 채
 반에 널어 하루 정도 꾸덕꾸덕하게 말린다.

2 좁쌀은 고슬고슬한 밥을 지어 식힌다.

3 무는 굵직하게 채 썬 다음 소금에 절였다가 물기를 제거하고, 쪽파는 손질하여 길이
 5cm로 썬다.

4 엿기름에 따뜻한 물을 붓고 1시간 동안 두었다가 고운체로 걸러 물을 받아 둔다. 건더기
 를 박박 치대다가 받아둔 물을 재차 붓고 다시 거르기를 3~4회 반복하여 가라앉힌 후
 맑은 엿기름물을 받아 둔다.

담그기

5 꾸덕꾸덕하게 말린 가자미는 2~3cm 폭으로 썬 다음 좁쌀밥, 무채, 쪽파, 엿기름물과 합
 하여 넓은 그릇에 담고 고춧가루로 빨갛게 버무린 후, 다진 마늘, 다진 생강, 액젓을 넣어
 골고루 버무린다.

* 작은 가자미를 말렸을 때는 1/2등분만 하여 담그고 먹을 때 썰기도 한다.

6 항아리에 버무린 식해를 눌러 담고 위를 랩으로 덮어 무거운 돌로 눌러 두면, 일주일 정
 도 지나 물이 생기며 촉촉하게 익는다.

* 추운 겨울에는 이것을 김치 대신 먹을 수도 있다.

** 많은 양의 가자미식해를 담글 때는 절인 가자미를 꾸덕꾸덕하게 말린 후 고춧가루, 액젓, 마늘, 생
 강, 고춧가루를 넣어 잘 버무리고 항아리에 담아 일주일 숙성시킨다. 촉촉하게 조금 삭은 후에 조밥
 을 지어 식혀서 엿기름물과 채 썰어 소금에 절여 물기를 뺀 무채를 넣어 고루 섞는다. 썰어 놓은 쪽
 파도 넣어 섞은 후 항아리에 담고 꼭꼭 눌러 위에 무거운 돌로 눌러 2주간 숙성시킨 후 맛이 들면
 먹는다.

젓갈류

밥식해

여러 식해 중에 으뜸은 '가자미식해'라고 한다. 가자미 대신 생명태를 절여 꾸덕꾸덕하게 말려 사용하면 '명태식해'가 만들어진다.
그 밖에도 비린내가 나지 않는 제철 생선을 이용하여 고춧가루와 양념에 버무려 발효시키면 식해가 만들어진다. 이 음식은 바닷가에
있는 마을에서 16세기 이후부터 만들었다고 전해진다.

재료 및 분량

제철 생선	10마리
(가자미, 명태, 도루묵,	
황석어, 오징어 등)	
무	1개
소금	1/2컵
쪽파	100g
고춧가루	1컵
다진 마늘	5큰술
다진 생강	1큰술
액젓	1/2컵
밥	3컵(쌀 1컵)

만드는 방법

재료 손질하기

1 제철 생선은 한두 가지를 준비하고, 내장을 제거하여 비늘을 긁고 씻은 후 소금에 하루 절였다가 물기를 없애고 2~3cm로 넓적하게 썬다.

2 무는 채 썰어 소금에 잠깐 절였다가 물기를 꼭 짜고, 쪽파는 다듬어 길이 4~5cm로 잘라 놓는다. 밥은 멥쌀로 고슬고슬하게 지어서 식힌다.

버무리기

3 꾸덕꾸덕하게 말려서 썰어 둔 제철 생선에 고춧가루를 넣어 빨갛게 버무린다.

4 파, 마늘, 생강, 액젓(또는 소금)을 넣고 버무려 항아리에 담아 삭혀 두고 먹는다.

젓갈류

간장게장

간장게장은 게를 양념 간장에 담아 맛있게 익힌 것으로, 게살과 간장을 따로 두고 먹을 때 같이 담으면 무르지 않고 신선하다.

재료 및 분량

꽃게	3마리(1kg)

양념간장

진간장	1컵
물	4컵
설탕	4큰술
청주	4큰술
마른 고추	3개
통후추	1큰술
마늘	2톨
생강편	1쪽
감초물	3큰술
다시마	10cm
청량고추	3개

만드는 방법

재료 손질하기

1 게는 껍질째 솔로 문질러 씻은 후 등딱지를 뜯어 낸 다음 안쪽에 붙은 아가미와 지저분한 것들을 제거하고 흐르는 물에 헹구어 물기를 뺀다.

2 마른 고추는 반을 잘라 씨를 털어내고, 마늘은 껍질을 벗겨 둔다. 생강도 껍질을 벗겨 편으로 얇게 썬다.

담그기

3 분량의 간장과 물, 양념 재료, 손질한 마른 고추, 통후추, 마늘, 생강편을 모두 합하여 두꺼운 냄비에 넣고 중불에서 은근히 끓여 우려 낸 양념간장을 만든다.

4 손질한 게를 항아리에 차곡차곡 담아 끓여 식힌 양념간장을 부어 서늘한 곳에 이틀 정도 두었다가 간장만 따라 낸다. 간장은 한 번 끓여 식힌 후 다시 항아리에 붓고 4~5일이 지난 후부터 꺼내 먹는다.

갈치젓

갈치젓은 갈치의 전 부위를 염장하여 숙성시킨 젓갈이다. 갈치젓은 2~3개월간 숙성시켜 갈치의 형태가 남아 있게 만드는 것과,
1년 이상 숙성시켜 진국(액체) 형태로 만드는 것으로 나누어진다. 회갈색의 살점이 있는 것은 양념으로 조미하여 반찬으로
이용하고, 짙은 밤색을 띠는 갈치젓국은 김치 담그는 데 주로 이용한다.

재료 및 분량

갈치	1kg
식염	300g

만드는 방법

재료 손질하기

1 큰 갈치는 내장을 제거하고 3~4토막 내어 물로 신속히 헹구어 준비하고, 작은 갈치는
내장까지 통째로 토막 내어 준비한다.

담그기

2 손질한 갈치의 배 속이나 아가미에 소금을 뿌려 섞고, 항아리에 넣은 다음 윗부분에 두
께 1cm로 소금을 뿌린다. 돌로 눌러 2~3개월 정도 서늘한 곳에 숙성시킨다.

꽃게장

꽃게장은 간장에 담그는 것과 고춧가루 양념에 무쳐 바로 먹은 두 가지 종류가 있다. 붉은 양념에 무친 것은 담근 즉시 먹을 수
있으며, 일반적으로 꽃게장이라 한다.

재료 및 분량

꽃게	3마리
미나리	30g
풋고추	1개

밑간

간장	7큰술
설탕	3큰술
생강즙	3큰술
청주	2큰술

양념

고춧가루	6큰술
다진 파	2큰술
다진 마늘	2큰술
다진 양파	1/2개
물엿	2큰술
깨소금	2큰술

만드는 방법

재료 손질하기

1 꽃게는 살아 있고 다리가 모두 붙어 있는 묵직한 것을 골라 솔로 문질러 닦는다.

2 뚜껑을 먼저 떼고 살은 2~4등분하여 밑간 재료를 섞어 손질한 게살에 뿌리고 1시간 정
도 둔다.

3 미나리는 잎을 떼고 씻어 길이 4cm로 잘라 놓는다.

담그기

4 게살을 절이고 30분 정도가 지나면 간장물에 미나리, 어슷하게 썬 풋고추를 넣고 양념
재료 고춧가루, 다진 파, 다진 마늘, 다진 양파, 물엿, 깨소금 모두를 넣어 걸쭉하게 만들
어 20~30분간 재어 둔다.

5 밑간이 든 꽃게와 양념을 섞어 고루 무친 다음 양념이 뻑뻑하게 무쳐지면 항아리에 담아
뚜껑을 덮고 먹을 만큼만 꺼내 그릇에 담는다.

낙지젓

낙지젓은 비교적 짧은 기간 안에 담가 먹을 수 있는 젓갈이다. 낙지는 너무 굵거나 가는 낙지보다는 중간 크기를 이용하는 것이 좋다.

재료 및 분량

낙지 ····················· 5마리(400g)
절임용 소금 ···················· 40g
쪽파 ························· 3뿌리
풋고추 ························· 1개
붉은 고추 ······················ 2개
고운 고춧가루 ············· 4큰술
맛술 ······················· 2큰술
물엿 ······················· 2큰술
통깨 ······················· 1큰술

만드는 방법

재료 손질하기

1 낙지는 소금을 뿌리고 주물러 빨판의 지저분한 것을 제거하고, 머리 부분의 내장을 빼내고 찬물에 씻은 후 다리는 길이 4~5cm로 썰고, 머리는 채로 썰어 소금을 넣고 절인다.

2 쪽파는 다듬어 길이 4cm로 자르고, 풋고추와 붉은 고추는 어슷하게 썰어 놓는다.

담그기

3 고운 고춧가루에 맛술을 넣어 촉촉하게 한 후, 절인 낙지에 넣고 고루 무쳐 붉은 물을 들이고 쪽파, 고추, 물엿, 통깨를 넣어 양념한다.

4 고루 양념이 묻은 낙지는 작은 항아리나 병에 담아서 냉장고나 서늘한 곳에 두어 숙성시킨다.

* 낙지젓은 너무 오랜 기간이 지나기 전에 먹는 것이 좋다.

젓갈류

새우젓

새우젓은 어느 가정에서나 흔하게 즐겨 먹는 젓갈이다. 시중에서 파는 새우젓의 소금 농도는 30%이다. 집에서 새우젓을 담글 때에는 좋은 소금을 이용하여 소금의 농도를 낮출 수도 있다. 새우의 살이 통통하게 오르는 6월에 담그면 좋다.

재료 및 분량

생새우 ·················· 1kg
연한 소금물 ·········· 적당량
자염(또는 천일염) ······ 150g

만드는 방법

재료 손질하기

1 펄펄 뛰는 싱싱한 여름 새우를 골라 연한 소금물에 살살 씻고 소쿠리에 건져 물기를 뺀다.

담그기

2 무기질이 풍부한 자염을 구하여 씻어 놓은 새우와 섞어 병이나 작은 항아리에 담고 꼭꼭 눌러서 웃소금을 조금 더 뿌린 후 뚜껑을 덮고 밀봉한 후 냉장고 채소칸에 2개월 정도 삭힌다.

* 가정에서 새우젓을 담그면 시중에서 파는 것보다 짜지 않아 좋다.

젓갈류 어리굴젓

어리굴젓은 10월에서 3월 사이에 너무 크지 않은 통통한 굴을 골라서 담아야 좋다. 너무 오래 저장하면 물러지고 물만 남으므로
조금씩 만들어 먹는 편이 좋다.

재료 및 분량

생굴 ·················· 400g
소금물(씻을 때) ········ 적당량
소금 ···················· 2큰술

찹쌀(찰밥) ············· 3큰술
고운 고춧가루 ·········· 3큰술
통깨 ····················· 조금

만드는 방법

재료 손질하기

1 생굴은 껍데기를 제거하고 소금물에 살살 씻어 조리로 건진 다음 소금을 뿌려 절인다.
   이때 절여지며 생긴 국물은 체에 밭쳐 그릇에 받아 둔다.

담그기

2 질게 지은 찰밥과 굴을 씻을 때 나온 국물, 고춧가루를 섞어 블렌더에 넣고 갈아 준다.

3 고춧물이 든 걸쭉한 죽을 쏟아 내어 씻은 굴과 섞어 항아리에 담고, 뚜껑을 꼭 덮어 실온
   에 이틀 정도 익혔다가 냉장고에 보관하여 먹는다.

4 먹을 때는 그릇에 덜어 위에 통깨를 뿌린다.

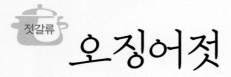

오징어젓

젓갈류

오징어젓은 오징어의 내장, 뼈, 먹통을 제거한 것을 소금물로 씻어 잘게 채로 썬 다음 20~25%의 소금을 혼합하고
양념하여 먹는다. 오징어는 껍질이 검은색을 띠며 투명한 것이 신선하다.

주식 ― **부식** ― 후식

재료 및 분량

오징어	3마리
연한 소금물	적당량
절임용 소금	60g
고운 고춧가루	6큰술
다진 마늘	2큰술
다진 생강	1/2큰술
집간장	2큰술
멸치액젓	2큰술
올리고당	1큰술

만드는 방법

재료 손질하기

1 싱싱한 오징어는 몸통을 반으로 갈라 내장을 빼고 연한 소금물로 깨끗이 씻은 후 물기를 제거한다.

2 물기를 뺀 오징어에 소금을 뿌리고 서늘한 곳에 3~4시간 절인 다음 0.6×6cm 길이로 채 썰어 조리나 채반에 얹고 소금기를 제거한다.

담그기

3 채 썬 오징어에 고운 고춧가루를 넣어 버무린 후, 다진 마늘과 다진 생강을 더 넣어 버무리고 소금기가 너무 빠졌다고 생각되면 간장이나 액젓을 조금 더 넣어 간을 한다.

4 양념에 버무린 오징어는 항아리에 담고 서늘한 곳에 일주일 정도 숙성시킨다.

* 냉장고에 보관하면 오랫동안 찬으로 먹을 수 있다.

 젓갈류

조개젓

조개젓은 조개 맛이 좋은 초여름에 바지락처럼 작고 통통하며 싱싱한 조갯살에 소금을 뿌려 담근다. 이것은 냉장고에 넣고
3주 정도 지나면 삭아서 감칠맛이 나는 찬이 된다.

재료 및 분량

조갯살(바지락 조갯살) ······ 1kg
연한 소금물 ······················ 3컵
　(씻을 때)
자염(소금) ··········· 100~150g

만드는 방법

재료 손질하기

1 조갯살은 연한 소금물에서 살살 흔들어 씻고 체로 건져 물을 제거한다. 이때 체에서 떨어지는 물은 따로 받아 둔다.

담그기

2 씻어 놓은 조갯살에 소금과 받아 놓은 소금물을 고루 넣어 버무리고, 작은 항아리나 병에 담아 뚜껑을 덮고 냉장고에 넣어 숙성시킨다.

3 먹을 때는 식초, 다진 풋고추, 다진 붉은 고추, 참기름을 넣고 무쳐 찬으로 이용한다.

전복젓

전복젓은 제주도의 향토음식으로 살아 있는 전복으로 담그는 젓갈이다. 살과 내장을 함께 담그거나 따로 담그며,
전복 대신에 오분자기를 이용하기도 한다. 젓갈에 내장을 섞을 때는 전복살의 1/4 정도만 넣는다.

재료 및 분량

전복살 ·················· 200g
소금 ······················ 10g

만드는 방법

재료 손질하기

1 전복은 껍질에 붙은 전복살의 표면을 소금으로 문질러 푸른색을 씻어 내고, 작은 칼을
   전복살과 껍질 사이에 밀어 넣어 전복살을 떼어낸 뒤 내장과 분리하여 깨끗이 손질한다.

담그기

2 전복살은 두께 0.3cm로 얇게 편으로 썬 뒤 다시 길이로 넓게 채 썬다.

3 전복살에 소금을 넣어 버무린 다음 항아리에 넣고 5~6일간 숙성시킨다. 내장을 넣고 싶
   으면 1개 분량만 분리하지 않고 같이 넣어 버무린다.

조기젓

조기젓은 석가탄신일 이후 담가서 가을에 먹기 알맞다. 김장에 이용하는 흔한 젓갈이었으나, 최근에는 귀하게 여겨져 황석어젓을
대용으로 많이 쓴다. 보통 20~30cm의 조기로는 굴비를 만들고, 10~15cm의 비교적 작은 조기는 젓갈로 담는다.

재료 및 분량

생조기 ············ 30마리(6kg)
천일염 ·················· 1~1.2kg

소금물

호렴 ······················ 250g
물 ························· 2.5L

만드는 방법

재료 손질하기

1 조기는 통째로 소금물에 씻어 채반이나 소쿠리에 건져 물을 빼 놓는다.

담그기

2 물기를 제거한 조기는 아가미와 입을 벌려 소금을 채운 후, 항아리에 넣고 소금을 켜켜이
   담는다.

3 웃소금을 두께 1cm로 덮고 무거운 돌로 눌러 뜨지 않게 한다.

4 소금물을 끓여 식힌 후, 조기가 겨우 물에 잠기도록 항아리에 붓고 밀봉하여 서늘한 곳
   에서 숙성시킨다.

두텁떡(봉우리떡)

두텁떡은 정성이 많이 가는 봉우리떡과 켜가 있도록 찌는 두텁편, 손으로 빚어서 둥글게 만드는 두텁경단으로 구분할 수 있다.
여러 두텁떡 중에서 으뜸으로 치는 봉우리떡은 그 맛이 매우 훌륭하다.

재료 및 분량

쌀가루
찹쌀가루	10컵
진간장	2큰술
꿀	1/2컵
설탕	1/2컵

고물
거피팥	10컵
진간장	6큰술
꿀	1/2컵
황설탕	1컵
백설탕	1/2컵
계핏가루	2작은술
후춧가루	1작은술

소
밤	10개
대추	15개
잣	3큰술
유자청	3큰술
(건더기 다진 것)	
꿀	2큰술
계핏가루	1/2작은술
볶은 팥고물	2~3컵

만드는 방법

재료 손질하기

1. 찹쌀은 충분히 불려서 빻은 후 진간장, 꿀, 설탕을 넣고 비벼서 다시 체에 내려 떡가루를 만든다.

2. 거피팥은 하루 정도 물에 담가 불려서 껍질이 없도록 말끔히 손질하여 건진 후, 시루에 푹 쪄서 뜨거울 때 방망이로 으깨어 여러 가지 재료를 넣어 고루 섞는다.

3. 2를 두터운 솥이나 번철에 보슬보슬할 때까지 볶아 어레미에 내려 고물을 만든다.

4. 밤은 속껍질을 벗겨 사방 0.5cm의 6조각으로 썰고 대추도 씨를 발라 대충 다지고 유자청도 다져서 팥고물 계핏가루, 꿀을 넣고 잘 섞고 뭉쳐 직경 2cm의 둥근 소를 만든다.

안쳐서 찌기

5. 시루에 준비된 팥고물을 한 켜 깔고, 위에 1의 떡가루를 한 수저씩 떠 놓고 서로 닿지 않게 한다.

6. 쌀가루 중앙에 밤과 잣 뭉친 것을 놓고, 다시 1의 떡가루를 얹어 소가 보이지 않게 소복이 덮은 후 팥고물을 뿌린다. 다음 켜는 움푹 패인 곳에 떡가루를 놓고 속과 팥고물을 뿌린다.

7. 6과 같은 방법으로 서너 켜를 안쳐, 시루를 얹어 시루본을 붙인 후 김이 오르기 시작하면 30분 정도 찐다.

8. 대꼬치로 찔러 보아 흰 가루가 묻어나지 않으면, 불에서 내려 한 김 식힌 후 보자기째 들어내어 찐 떡을 하나씩 그릇에 수저로 담는다.

두텁경단

봉우리떡

백설기

백설기는 아이의 백일에 으레 만드는 것으로, 이웃과 나누어 먹으면서 아이의 백일을 알리는 떡이다.

재료 및 분량

10인분 기준		장식고명	
멥쌀가루	10컵	대추	10개
물	5~8큰술	쑥갓잎	5~10잎
설탕	2/3컵	(또는 국화잎)	
		잣	1/2컵

만드는 방법

재료 손질하기

1 멥쌀은 5시간 정도 물에 담가 불린 뒤 소쿠리에 건져 물기를 빼고 방앗간에 가서 소금을 넣고 빻아 가루로 만든다.

2 쌀가루에 물을 조금씩 뿌려서 촉촉하게 만들고 손으로 잘 비벼 섞은 후, 체에 2번 정도 내려 분량의 설탕을 넣고 고루 섞는다.

3 대추씨를 빼고 대추과육을 돌돌 말아 꼭 붙게 한 후 얇게 썰어 대추꽃을 만들어 놓는다. 잣, 국화잎 혹은 쑥갓잎도 씻어 준비해 둔다.

안쳐서 찌기

4 찜통에 젖은 베보자기를 깔고 쌀가루를 올린 다음 윗면을 판판하게 한다.

* 밀대로 누르지 않는다.

5 둥근 판이나 네모난 판에 안치고, 원하는 크기로 칼금을 긋는다.

6 3에 잣을 꽃모양으로 얹은 것과 대추꽃과 잎으로 모양 있도록 고명을 놓아 찐다.

7 김이 오르면 20분 정도 찌고 5분간 뜸을 들인다. 대꼬치로 찔러 보아 흰가루가 묻어나지 않으면 익은 것이니 불을 끄고 큰 접시에 쏟아 한 김 식힌 후 베보자기를 깔고 그릇에 담아낸다.

수수경단

옛날에는 붉은색이 잡귀를 쫓아 준다고 하여 아이들 생일에 수수경단을 꼭 해 먹었다.

재료 및 분량

수숫가루	4컵	고물	
찹쌀가루	1/2컵	붉은팥	2컵
끓는 물	3/4컵	소금	1/2작은술
소금	조금	설탕	2~3큰술

만드는 방법

재료 준비하기

1 수수를 뜨거운 물에 담갔다가 박박 문질러 씻은 후 물을 여러 번 갈아가며 2~3시간 불려 떫은맛을 우리고, 방앗간에서 가루로 빻는다.

2 팥에 물을 넉넉히 붓고 삶아 식은 후에 물과 함께 블렌더에 넣어 곱게 간다.

3 2를 쏟아서 앙금이 가라앉으면 웃물을 따라버리고 앙금만 베주머니에 넣고 꼭 짠다. 소금으로 간을 하여 팬에 고슬고슬하게 볶다가 물기가 많이 없어지면 설탕을 넣고 섞은 다음 바로 불에서 내려 식힌다.

경단 만들기

4 끓는 물 3/4컵에 소금을 넣어 녹이고 이 물을 수숫가루에 붓고 치댄다. 여기에 찹쌀가루를 조금 넣어 차지도록 치댄다.

5 큼직하고 납작한 반대기를 빚어 끓는 물에 삶아 익으면, 건져 물기를 빼고 그릇에 담아 방망이로 꽈리가 나도록 젓는다.

6 수수 삶은 반대기를 도마에 올려 막대기처럼 길쭉한 모양을 만들고, 일정한 크기로 썰고 둥글게 매만져 접시에 담아 팥고물을 묻혀낸다.

떡류

삼색경단

삼색경단은 찹쌀가루를 익반죽하고 둥글게 만들어 끓는 물에 익히고 여러 가지 고물을 묻힌 떡이다. 최근에는 경단에 소를 넣어 맛을 향상시키고 있다.

재료 및 분량

찹쌀	5컵
(찹쌀가루 10컵)	
끓는 물	8큰술
꿀	조금

천연색가루(푸른색)

푸른콩가루	1/2컵
소금	1/4작은술
설탕	1큰술

천연색가루(노란색)

노란콩가루	1/2컵
소금	1/4작은술
설탕	1큰술

천연색가루(검은색)

흑임자가루	1/2컵
소금	1/4작은술
설탕	1큰술

천연색가루(갈색)

거피팥	1/2컵
소금	1/4작은술

천연색가루(붉은색)

붉은팥	1/2컵
소금	1/4작은술

삼색고물

카스테라가루	1컵
파래가루	1컵
참깻가루	1컵

만드는 방법

재료 준비하기

1 충분히 불린 찹쌀에 소금으로 간을 한 후 빻은 가루를 체에 내려 뜨거운 물을 넣고 익반죽한다.

2 반죽은 조금씩 떼어 지름 2cm로 둥글게 빚어 끓는 물에 소금을 약간 넣고 경단을 삶는다.

3 경단이 동동 뜨면 건져서 찬물에 재빨리 헹군다.

* 간혹 경단의 속이 잘 익지 않을 때가 있으므로, 둥글게 빚은 경단의 가운데를 손가락으로 살짝 눌러 속까지 잘 익게 한다.

4 경단에 꿀을 바르고 색색으로 고물을 입혀 그릇에 담는다.

고물 만들기

5 푸른콩과 노란콩은 썩은 것은 골라내고 물에 씻고 삶아 채반에 넣어 하루 정도 바싹 말려 소금으로 간을 하고 방앗간에서 빻아 고운 체로 내려 콩가루로 만든다.

* 떡 재료상이나 후식 재료상회에서 파는 익은 콩가루를 이용해도 된다.

6 흑임자가루는 검은깨를 돌 없이 이어 물기를 빼고 깨알이 통통할 때까지 잘 볶고 밀러에 넣어 간 후 소금을 조금 넣고 설탕을 섞는다.

7 팥은 씻어 물을 넉넉히 붓고 삶아 어레미 위에 물을 부어가며 주걱으로 으깨어 앙금을 낸다.

* 요즈음에는 팥을 블렌더에 물과 함께 넣고 갈아 체에 한번 걸러서 가라앉은 앙금을 베주머니에 넣어 짠 후 소금으로 간을 하고, 편에 고슬고슬하게 볶은 다음 식힌다.

8 카스텔라고물은 색이 있는 부분을 떼어내고 어레미에 갈아 가루로 만든다.

9 파래가루는 말린 파래를 준비하며 블렌더에 넣고 잠깐 갈아 가루를 낸다.

10 참깻가루는 흑임자가루를 낼 때와 같이 볶아 가루를 만드는 밀러에 넣고 잠깐만 돌려 고운 깻가루로 만든다.

송편

재료 및 분량

흰색 멥쌀가루 ·················· 2컵	붉은 색소 ·················· 1작은술
(소금을 넣고 빻은 것)	끓는 물 ·················· 3~4큰술
끓는 물 ·················· 3~4큰술	

녹색

소

멥쌀가루 ·················· 2컵	거피팥고물 ·················· 1/2컵
쑥가루 ·················· 1~2작은술	(소금 간이 된 것)
끓는 물 ·················· 3~4큰술	계핏가루 ·················· 조금
	꿀 ·················· 조금

노란색

	밤 ·················· 조금
멥쌀가루 ·················· 2컵	풋콩 ·················· 1/2컵
호박가루 ·················· 1~2작은술	(마른 콩일 때 1/5컵)
끓는 물 ·················· 3~4큰술	소금 ·················· 1/5작은술
	깨소금 ·················· 1/2컵
	설탕 ·················· 1큰술

붉은색

쌀가루 ·················· 2컵	솔잎 ·················· 조금
	참기름 ·················· 조금

만드는 방법

쌀가루 만들기

1 쌀을 깨끗이 씻어 일어 5시간 이상 불린 후 물기를 빼고 소금을 넣어 가루로 곱게 빻아 중간체에 내린다.

녹색 송편 : 쌀을 빻을 때 데친 쑥을 넣고 함께 빻는다. 쑥은 잎을 떼어 끓는 물에 소금이나 소다를 약간 넣고 데쳐서 찬물에 헹구어 물기를 없애고 사용한다. 불린 쌀 무게의 10% 만큼의 데친 쑥을 넣는다.

노란색 송편 : 불린 쌀 무게의 20% 만큼의 찐 단호박을 넣고 함께 빻는다.

소 만들기

2 거피팥고물 : 거피팥을 충분히 불려 껍질을 거피하여 일어 물기를 뺀 후, 찜통에 면보를 깔고 푹 무르게 한다. 익은 팥을 큰 그릇에 쏟아 소금 간을 하여 방망이로 대강 으깨고 어레미에 내려 고물을 만든다. 고물을 계핏가루를 넣어 골고루 섞고 꿀을 넣어 반죽하여 소를 빚는다.

3 밤은 껍질을 벗겨 잘게 썬다.

4 풋콩은 약간의 소금 간을 하고 마른 콩은 불려서 삶아 소금 간을 한다.

5 깨소금에 설탕(꿀)을 넣어 버무린다.

빚기 / 찌기

6 꽃송편은 모양을 낼 때 붉은색 송편은 송기(쌀 1컵 + 불린 송기 20g)를 넣고 빻아 익반죽하고, 노란색 송편은 호박가루를 섞고 익반죽하여 색을 내기도 한다. 빚은 송편에 색색으로 꽃모양을 만들어 장식한다.

7 찜통에 솔잎을 깔고 송편이 서로 닿지 않게 놓고, 솔잎으로 덮은 후 송편 → 솔잎 순으로 안친다. 송편 위로 골고루 김이 오르면 20분 정도 찐다. 송편이 다 쪄지면 찬물에 급히 씻어 솔잎을 떼고 소쿠리에 건져 물기를 제거한 후 참기름을 바른다.

찹쌀부꾸미

찹쌀부꾸미는 흰색가루, 치자를 들인 찹쌀가루, 쑥색이나 파래가루 섞은 찹쌀가루 등으로 색색으로 만들어 부꾸미로 지져
팥소를 넣고 반달형으로 접어 국화꽃이나 잎새로 고명을 올려 모양 있고 맛있게 지진 떡류이다.

재료 및 분량

찹쌀가루	4컵
치잣물	1/2큰술
쑥가루	1큰술
(또는 파래가루)	
끓인 물	7½큰술
설탕	5큰술
식용유	적당량

고명

대추	5~6개
쑥갓잎	조금

소

붉은팥	1컵
설탕	4큰술
꿀	1큰술
계핏가루	조금
소금	1/2작은술

만드는 방법

재료 손질하기

1 찹쌀가루는 둘로 나누어 치잣물과 끓는 물 3⅓큰술을 넣어 치대고, 다른 한쪽에 파래가루와 물 4큰술을 넣어 치댄 후 랩에 싸서 둔다.

* 찹쌀가루는 방앗간에서 빻은 습기 있는 것이나 봉지에 파는 습기가 없고 보송보송한 것이나 모두 사용할 수 있다.

** 부꾸미를 3가지 색으로 만들 때는 끓는 물을 2큰술, 3큰술로 줄여서 넣는다.

2 팥은 물에 씻어 삶아 푹 익힌 후 알알이 뭉그러질 정도로 익었을 때, 채에 밭쳐 물기를 빼고 그릇에 담아 절구공이로 대강 빻는다. 여기에 설탕, 꿀, 계핏가루, 소금을 넣고 섞어 팥소를 만든다.

3 대추는 씨를 빼고 살을 돌돌 말아 얇게 썰어 대추꽃을 만들고, 국화잎이나 쑥갓잎은 씻어 물을 없애고 고명으로 이용한다.

지지기

4 1을 밤톨만큼 떼어 동글납작하게 만든다.

5 번철에 기름을 넉넉히 두루고 반죽을 놓아 숟가락으로 지그시 눌러 지진다. 윗면이 익으면 2를 넣고 반으로 접어 숟가락으로 가른 꼭꼭 눌러 붙이고 반달 모양으로 만든다.

6 위에 대추꽃이나 국화잎을 위에 놓아 뜨거울 때 꿀을 바르고 설탕을 뿌린다.

화전

화전은 찹쌀가루를 익반죽하고 둥글게 빚어 기름에 지진 떡으로 지질 때 한쪽에 진달래꽃, 대추, 쑥갓, 감국잎, 국화꽃 등을 얹고 부쳐 꿀이나 설탕을 뿌린 것이다. 예부터 꽃놀이를 즐기면서 해 먹던 예쁜 떡이다.

재료 및 분량

찹쌀가루	4컵
소금	1작은술
더운물	1/2컵
식용유	조금
꿀(또는 설탕)	조금

고명

대추	적당량
쑥갓	적당량
진달래꽃	적당량
국화꽃(소국)	적당량

만드는 방법

재료 준비하기

1 찹쌀은 물에 충분히 담가 불려 가루로 빻아 고운 체에 내린다.

2 찹쌀가루에 소금을 넣어 간을 한 더운물을 넣고, 익반죽한다.

3 2를 고루 치대어 직경 5cm 정도로 둥글납작하게 빚는다.

4 대추는 꽃을 만들고 쑥갓은 잎만 떼어 준비한다.

지지기

5 팬에 기름을 두르고 찹쌀 빚은 것을 올려 지진다.

6 찹쌀 반죽이 익어서 맑은 색을 띠면 뒤집어서 대추와 쑥갓으로 꽃 모양을 만들어 꺼낸다.

7 꿀 또는 설탕을 뿌려 그릇에 담아낸다.

진달래화전

진달래화전은 여러 가지 화전 중에서 봄에 진달래가 필 무렵 만드는 것이다. 진달래꽃은 따서 술을 빼고 화전을 부친다. 꽃을 얹을 면을 먼저 지지고 뒤집어서 그 위에 꽃잎을 얹고 꽃을 다시 지지지 않아야 곱게 만들 수 있다.

재료 및 분량

가루

찹쌀가루	4컵
소금	1작은술
더운물	1/2컵

지짐 기름	적당량
진달래꽃	10개
대추	4개
쑥갓	20g
꿀	1/2컵

만드는 방법

재료 준비하기

1 찹쌀은 물에 충분히 담가 불려서 가루로 빻고 고운 체에 내린다.

2 찹쌀가루는 소금을 넣은 더운물로 익반죽하여 고루 치대고 직경 5~6cm로 둥글납작하게 빚는다.

3 고명으로 쓸 진달래는 꽃술을 떼고 물에 씻어 물기를 닦고, 대추는 씨를 빼서 가늘게 썰고, 쑥갓은 잎을 잘게 뜯어 놓는다.

지지기

4 번철을 달구어 기름을 두르고 찹쌀 빚은 것이 서로 붙지 않게 떼어 놓고 숟가락으로 누르면서 지진다.

5 익어서 맑은 색이 나면 뒤집어서 위에 진달래꽃, 대추나 쑥갓잎 혹은 감국잎으로 모양을 만들고 잘 익히고 꺼내서 꿀을 고루 묻혀 그릇에 담아낸다.

귤란

귤껍질은 감기에 효과가 있는 재료로, 귤의 껍질과 과육을 곱게 갈아 설탕과 꿀로 조려서 잣가루를 고루 묻혀 만든 숙실과이다.
제주도산 감귤로 귤란을 만들어 후식으로 이용하면, 감기에도 좋고 맛도 있는 귤란을 만들 수 있다.

재료 및 분량

귤껍질	300g
	(귤 25개 분량 /
	겉껍질 160g)
귤알맹이	50개 분량
설탕	1½~2컵
소금	1작은술
꿀	1~2큰술
녹말	1큰술
잣가루	조금

만드는 방법

재료 손질하기

1 귤의 껍질에서 속껍질을 분리하여 버리고 겉껍질(160g)에 물 1컵을 넣고 끓여 부드럽게 한다.

2 귤 알맹이는 3등분하여 씨를 빼고 귤껍질 끓인 것과 함께 블렌더로 갈아 둔다.

끓이기

3 냄비에 2에서 준비한 귤껍질과 설탕을 넣어 끓이고 거의 졸면 꿀 1~2큰술을 넣고 더 졸인다.

4 졸인 재료에 녹말물을 넣어 고루 저어 끓인 후 군도록 식힌다.

모양내기

5 끓여 식힌 반죽이 젤리처럼 쫀득해지면 작은 밤톨 크기로 떠서 둥글게 만든다.

6 잣가루에 굴려 겉에 잣가루가 묻도록 하거나 설탕을 조금 묻혀 그릇에 담는다.

생강란

생강란은 생강을 곱게 다져서 설탕과 꿀로 조린 후 생강 모양으로 빚어 잣가루를 고루 묻힌 숙실과이다. 생강의 매운맛이
단맛과 잣의 고소한 맛과 잘 어울리는 후식으로 '강란'이라고도 부른다.

재료 및 분량

생강(껍질 깐 것) ········· 200g
설탕 ···································· 80g
물 ······································ 2½컵
꿀 ······································ 2큰술
잣가루 ······························ 1/2컵

만드는 방법

재료 손질하기

1 생강은 되도록 큰 것을 골라 껍질을 벗기고 얇게 저며서 블렌더에 물을 조금 부은 다음
곱게 간다.

2 갈아 놓은 생강의 건더기를 냄비에 담고, 생강물은 그대로 두어서 녹말 앙금을 가라앉
힌다.

3 건더기에 물과 설탕을 넣고 불에 올려 끓이면서 서서히 조린다.

4 생강이 거의 졸아 물기가 줄어들면 꿀을 넣어 잠시 조리다가 생강물에 가라앉은 녹말
을 넣고 고루 섞어 엉기게 한다.

5 잣은 도마 위에 종이를 깔고 곱게 다져 가루로 만든다.

빚기

6 조린 생강을 손에서 생강 모양으로 빚어서 잣가루를 고루 묻혀 그릇에 담는다.

율란

율란은 밤을 물에 삶고 껍질을 벗긴 다음 채에 내려서 보드랍게 만든 것을 꿀로 버무려 밤톨처럼 빚은 과자이다. 율란은 한쪽에 계핏가루를 묻혀 밤 모양으로 만들면 예쁘다.

재료 및 분량

밤	20개	계핏가루	조금
물	1½컵	잣가루	조금
꿀	3큰술		

만드는 방법

고물 만들기

1. 밤은 삶아서 충분히 익으면 물을 따라 버리고, 껍질을 까서 더울 때 체에 밭쳐 보슬보슬한 고물을 만든다.

모양내기

2. 밤고물에 꿀, 계핏가루를 넣고 고루 섞어 한데 뭉쳐지게 반죽하고, 밤톨처럼 빚어 한쪽 끝에 계핏가루를 묻히거나 잣가루를 고루 묻혀 그릇에 담는다.

* 율란은 조란과 함께 담는다.

조란

조란은 대추를 쪄서 부드럽게 한 후 씨를 빼고 과육만 곱게 다져 꿀로 버무려 다시 대추 모양으로 빚은 숙실과이다.

재료 및 분량

대추	20개	계핏가루	조금
꿀	2큰술	잣	1큰술

만드는 방법

재료 손질하기

1. 대추는 젖은 행주로 닦고, 찜통에 행주를 깔고 쪄서 작은 칼로 씨를 바르고 곱게 다진다.

조리기

2. 다진 대추에 꿀과 계핏가루를 넣어 약한 불에서 나무 주걱으로 저으면서 조려서 식힌다.

3. 조린 대추는 원래 모양으로 빚어 꼭지 부분에 잣을 박아 낸다.

율란   조란

금귤정과

금귤정과는 자그마한 금귤을 설탕과 물엿을 넣고 끓인 시럽에 담가 단물이 스며들게 만든 정과이다. 완성된 금귤정과는 금귤의
모양을 그대로 유지하거나 때에 따라 조금 쭈그러들기도 한다.

재료 및 분량

금귤	500g
물엿	1½컵
설탕	1/2컵
꿀	1/2컵

만드는 방법

재료 손질하기

1 금귤은 깨끗이 씻어 물기를 없애고 껍질 쪽에 6~10개의 침구멍을 낸다.

끓이기

2 바닥이 두꺼운 냄비에 물엿과 설탕을 넣고 처음에는 약한 불로 끓이고 나중에는 센 불
에 끓여 시럽을 만들고, 나중에 꿀을 조금 더 넣는다.

3 먼저 끓인 시럽에 금귤을 넣고 상온에 식을 때까지 둔 후, 다른 정과와 함께 담는다.

당근정과

당근정과는 둥글게 혹은 여러 모양으로 썰어 여러 정과를 담을 때 꽃으로 얹으면 색이 다양해지고 맛도 좋다.

재료 및 분량

당근	3개
물엿	2컵
설탕	2컵

만드는 방법

재료 손질하기

1 바닥이 두꺼운 그릇에 물을 약간 넣고 물엿, 설탕을 1:1로 넣어 약한 불에 끓이기 시작
한다.

2 당근은 위아래 굵기가 비슷한 것을 골라 깨끗이 손질하고 5각형으로 칼집을 내어 돌려
깎으면 입체적인 꽃 모양이 완성된다.

끓이기

3 끓인 시럽을 불에서 내리고, 당근꽃을 시럽에 담가 하룻밤 재우고 체에 밭쳐 둔다.

도라지정과

도라지정과는 인삼정과와 만드는 방법이 같고 모양도 비슷한 후식이다.

재료 및 분량

통도라지	200g
물	2컵
소금	1/2작은술
설탕	100g
물엿	3컵
꿀	2큰술

만드는 방법

재료 손질하기

1 도라지는 손질하여 잔털을 제거하고 깨끗이 씻은 후 껍질을 벗기고 끓는 물에 소금을 넣고 데쳐 찬물에 헹군다.

끓이기

2 냄비에 도라지와 설탕, 소금을 넣고 도라지가 잠길 정도로 물을 부어 중불에 끓인다.

3 끓기 시작하면 물엿을 넣고 투명해질 때까지 서서히 조린다.

4 물기가 거의 없어지면 꿀을 넣고 맛이 배면 망에 밭쳐 여분의 단물을 제거한다.

무정과

무정과는 만들기 쉬우며 여러 모양을 낼 수 있다. 모양도 좋지만 맛도 훌륭해서 의외로 많은 사람들이 즐겨 먹는 후식이다.

재료 및 분량

무	1/2토막
설탕	2/3컵
물엿	2컵
물	조금

만드는 방법

재료 손질하기

1 무는 껍질을 벗겨 물에 속이 익을 정도로 푹 삶는다.

2 물엿과 설탕을 끓인 후 무를 넣고 강한 불에 끓이다가 불을 약하게 하여 서서히 졸여서 시럽을 만든다.

3 시럽이 거의 졸면 꿀을 넣고 무를 하나씩 건져서 식힌다.

모양내기

4 무는 둥글게 편으로 썰어 정과를 만들어 장미 모양을 만들거나, 길게 썰어 칼집을 내고 국화꽃 모양으로 만든다.

* 건정과를 만들 경우에는 깨끗한 종이 위에 설탕을 묻힌 무정과를 말린다.

연근정과

한과류

연근정과는 연근의 껍질을 벗기고 둥글게 편으로 썰어 물에
익힌 후, 설탕과 물엿을 넣고 졸여 만든 한과의 한 종류이다.

재료 및 분량

연근	200g	소금	1작은술
물	2컵	쿨엿	1컵
식초	1큰술	꿀	2큰술
설탕	100g		

만드는 방법

재료 손질하기

1 연근은 가는 것을 골라 껍질을 벗겨 0.5cm로 썰고 끓
   는물에 소금, 식초를 넣고 살짝 데쳐서 찬물에 헹구고
   건진다.

조리기

2 냄비에 도라지와 설탕, 소금을 넣고 연근이 잠길 정도로
   물을 부어 중불에 조린다.

3 끓기 시작하면 물엿을 넣고 투명해질 때까지 속뚜껑을
   덮고 서서히 조린다.

4 물기가 거의 없어지면 꿀을 넣고 꿀맛이 배면 망에 밭
   쳐 여분의 단물을 제거한다.

인삼정과

한과류

약이 되는 인삼(수삼)은 정과를 만들어 한뿌리씩 속이 비치는
종이에 싸서 두고 조금씩 먹으면 건강에 좋다.

재료 및 분량

인삼	100g	설탕	40g
물	1½컵	물	1컵
소금	조금	꿀	2큰술

만드는 방법

재료 손질하기

1 인삼은 손질한 후 2~4등분하여 끓는 물에 소금을 넣
   고 데쳐 찬물에 헹군다.

조리기

2 냄비에 인삼과 설탕, 소금을 넣고 인삼이 잠길 정도의
   물을 부어 중불에 끓인다.

3 끓기 시작하면 물엿을 넣고 투명해질 때까지 서서히 조
   린다.

4 물기가 거의 없어지면 꿀을 넣어 꿀맛이 배이면 망에 밭
   쳐 여분의 단물을 제거한다.

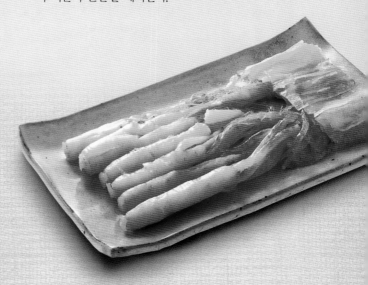

쌀강정

쌀강정은 쌀을 물에 불려 익힌 후 말려서 튀긴 밥알을 설탕과 시럽에 묻혀서 서로 붙도록 굳힌 후 네모나게 썬 것이다.
이것은 오미자, 유자, 파래 등으로 색과 향에 변화를 주는 우리나라 전통 한과이다.

재료 및 분량

멥쌀 ···································· 4컵
물 ······································ 20컵

소금물
물 ·· 5컵
소금 ······································· 1큰술

말린 쌀 ······························· 3컵
(튀기면 15컵)

흰색
흑미, 해바라기씨 ········· 1작은술

푸른색
파래김 ······························· 1/2큰술

분홍색
오미자청 ···························· 2큰술

노란색
유자(다진 것) ··············· 2큰술

현미
인삼, 대추(다진 것) ······· 2큰술

시럽
설탕 ·· 1컵
물엿 ·· 1컵
물 ·· 3큰술

만드는 방법

재료 준비하기

1 쌀은 깨끗이 씻어 5시간 이상 불린 후 끓기 시작하면 심이 없어질 때까지 15분 정도 끓인다.

2 익힌 쌀은 소쿠리에 쏟아 맑은 물이 나올 때까지 헹군다.

3 마지막 헹군 물에 소금을 풀고 3~4분간 담가 간이 배도록 한다.

4 쌀은 물기를 빼서 망사에 얇게 편 후 말린다. 말리는 도중 밥알이 뭉치지 않도록 비벼 주고 바싹 마르면 밀대로 밀어 하나하나 떨어지도록 해 둔다.

* 멥쌀 4컵을 말리면 밥알 3컵이 나온다.

5 바싹 말린 밥알을 망에 넣고 200℃의 기름에 튀겨 기름기를 없앤다.

6 해바라기씨, 흑미, 파래, 다진 유자, 오미자 등을 준비한다.

강정 만들기

7 설탕, 물엿, 물이 녹을 때까지 끓여서 시럽을 만든다.

* 이렇게 만든 시럽은 끓는 물에 시럽 그릇을 담그고 중탕하여 굳지 않게 사용한다.

8 시럽을 약한 불에 끓이면서 튀긴 쌀을 넣어 골고루 버무려 시럽과 튀긴 쌀이 잘 어우러지면 엿강정 틀에 밀대로 밀어 어느 정도 식힌 후 썬다.

* 튀긴 쌀 5컵에는 시럽 1/2컵을 넣으면 알맞다.

깨강정

깨강정은 볶은 깨를 엿으로 버무려 굳힌 후 네모나게 썰어
만들거나 얇게 밀어, 둥글게 만 것이다. 깨강정을 굳힐 때 대추나
잣, 호두 등을 더하기도 한다.

재료 및 분량

흰깨	1컵	둘엿	1/2컵
검정깨	1컵	물	1/3컵
설탕	1/2컵	식용유	적당량

만드는 방법

재료 손질하기

1 흰깨와 검정깨를 각각 밀고 물에 씻어 볶는다.

2 냄비에 물엿과 설탕물을 한데 넣고 약한 불에 올려 젓
지 말고 섞으면서 끓인다.

* 도중에 숟가락으로 떠서 찬물에 떨어뜨렸을 때 흩어지지 않고
엉겨서 굳힐 정도까지 끓인다.

3 흰깨와 검정깨에 각각 더운 물엿과 설탕물을 넣고 재빨
리 버무린다.

강정 만들기

4 도마와 밀대에 참기름을 넉넉히 바르고 쏟은 다음, 밀
대로 두께 0.7cm 정도로 딜어 딱딱하게 굳기 전에 2×
3cm의 네모 모양으로 썬다.

5 밀대를 이용하여 0.3~0.4cm 두께로 더 얇게 민 후 겹
쳐서 굳기 전에 돌돌 말아 너비 0.7cm로 썰어 동그랗게
만든다.

* 같은 방법으로 들깨를 볶아서 만들면 들깨엿강정이 된다.

콩엿강정

콩엿강정은 흰콩과 검은콩을 조금 섞어 엿으로 버무린 후,
밤톨보다 조금 작게 떼어 둥글납작하게 빚은 것이다. 검은콩 대신
볶은 땅콩을 조금 섞어 같은 방법으로 만들어도 된다.

재료 및 분량

흰콩(볶은 것)	1½컵	물엿	1/2컵
검은콩(볶은 것)	1/2컵	물	1/2컵
설탕	1/2컵	식용유	적당량

만드는 방법

재료 손질하기

1 흰콩과 검은콩은 씻어서 번철에 볶는다.

2 냄비에 설탕, 물엿, 물을 한데 담고 약한 불에 끓여 시럽
을 만든다.

* 이때 마구 저으면 설탕으로 되돌아가기 때문에 냄비를 가만히
흔들어 저으면서 끓인다. 찬물에 떨어뜨려 엉길 정도로만 끓
인다.

3 볶은 콩에 더운 설탕물(시럽)을 넣고 재빨리 버무린다.

4 참기름을 바른 도마와 밀대를 이용하여 식기 전에 두께
1cm 정도로 민다.

5 딱딱하게 굳기 전에 칼로 2×3cm의 네모꼴로 썬다.

6 둥글납작하게 만들고 직경 3cm의 원기둥으로 뭉쳐서
굳기 전에 두께 1cm로 썰어서 굳힌다.

대추초
한과류

대추초는 대추의 씨를 빼고 대신 잣을 채워 꿀에 조린 숙실과로, 잣과 대추와 꿀이 어울려 맛이 좋다. 대추초에 끼운 잣은 빠지기가 쉬우므로 먼저 대추를 조리고 잣은 나중에 채워서 먹기도 한다.

재료 및 분량

대추	20개	잣	2큰술
꿀	3큰술	계핏가루	조금

만드는 방법

재료 손질하기

1. 대추는 씨를 발라낸다.

* 너무 마른 대추는 씻어서 청주를 고루 뿌려 뚜껑을 덮고 3시간 정도 두면 부풀어서 주름이 펴져 만지기 쉽다.

2. 대추씨를 뺀 자리에 꿀을 바르고 고깔을 뗀 잣을 3~4개 정도 채워 원래의 대추 모양으로 아물린다. 꼭지 부분에 잣이 반쯤 오게 박는다.

조리기

3. 준비된 대추와 꿀, 물 함께 담아 약한 불에 놓고 저으면서 조리고, 후에 계핏가루를 뿌린다.

밤초
한과류

밤초는 밤의 껍질을 벗겨 설탕물과 꿀에 조린 숙실과이다. 햇밤으로 만들면 묵은 밤보다는 덜 부서져서 좋다. 노란색 밤초를 원하면 치자 우린 물을 조금 넣고 조린다.

재료 및 분량

밤(껍질 깐 것)	20개	물	1½컵
설탕	60g	물	3큰술
소금	조금	계핏가루	조금

만드는 방법

재료 손질하기

1. 밤은 껍질과 속껍질을 깨끗이 벗겨 물에 담근다.

2. 날밤은 끓는 물에 데쳐서 냄비에 담고 밤이 잠길 정도의 물을 붓고 설탕을 넣어 센 불에 끓인다.

조리기

3. 끓인 후 불을 줄이고 졸여서 설탕물이 2큰술 정도 남으면 꿀을 넣어 좀 더 조리다가 계핏가루를 넣어 그릇에 담고 잣가루를 뿌린다.

* 밤초는 대추초와 함께 담는다.

밤초

대추초

송화다식

한과류

송화다식은 봄철 소나무에서 나는 송홧가루를 모아 꿀을 넣고 만든 후식이다. 이것을 입에 넣으면 사르르 녹는다. 송화다식은 송홧가루로만 만들 수도 있고, 콩가루나 녹말가루를 섞어 만들기도 한다.

재료 및 분량

송홧가루 ·············· 1/2컵(25g)
꿀 ························· 2~2½큰술

만드는 방법

반죽하기 / 박아 내기

1 송홧가루에 꿀을 넣고 고루 섞어 한 덩어리가 되도록 반죽한다.
2 다식판에 기름을 엷게 바르고 송화 반죽을 밤톨만큼 떼어 꼭꼭 눌러 박아 낸다.

흑임자다식

흑임자다식은 검은깨를 볶아 가루를 내고 물을 섞어 만든다. 잘 만든 흑임자다식은 진한 검은색을 띠며 고소하고 입에서 부드럽게 넘어간다. 만드는 과정에서 한 가지라도 과정을 생략하게 되면 희끗하고 덜 고운 다식이 만들어진다. 이것을 흰깨로 만들면 임자다식, 깨다식이라고 부른다.

재료 및 분량

흑임자가루 ·········· 1/2컵(45g)
시럽 ······················ 1½큰술

만드는 방법

재료 준비하기

1 흑임자를 씻고 일어서 물기 없이 말려 깨알이 통통해질 때까지 살짝 볶는다.
2 볶은 깨를 절구에 찧어 고운 체에 내린다.

박아 내기

3 흑임자가루를 찜통에 살짝 쪄서 절구에 넣고, 기름이 생길 때까지 곱게 찧은 다음 시럽을 넣는다. 찧은 흑임자를 밤톨만큼 떼어 다식판에 기름을 엷게 바르고 랩을 깐 후 박아 낸다.

송화다식

흑임자다식

한과류 콩다식

콩다식은 노란콩과 파란콩으로 콩가루를 만든 후 꿀이나 시럽을 넣고 반죽하여 다식판에 박아 낸 후식이다.

재료 및 분량

푸른 콩가루	1/2컵(35g)
시럽	1½큰술
소금	조금

만드는 방법

반죽하기 / 박아 내기

1 콩가루에 분량의 시럽을 넣어 되직하게 반죽한다.

2 반죽을 밤톨만큼 떼어 다식판에 기름을 엷게 바르고 박아 낸다.

유자청

유자청은 유자를 설탕이나 꿀에 재어 두었다가 물에 타서 마시는 음료이다.
또한 유자의 속에 밤채, 대추채, 석이채, 설탕을 버무려 꼭꼭 채워서 시럽에
저장했다가 썰어 먹는 훌륭한 후식이기도 하다.

재료 및 분량

유자	2개
밤채	1컵
대추	1/2컵
석이채	1/2큰술
설탕	4큰술
소금	조금
잣	조금

설탕시럽

설탕	2컵
물	2컵
꿀	1큰술

만드는 방법

1 유자는 흠집이 없고 싱싱한 것을 골라 약한 소금물에 데쳐서 찬물에 헹군다.

2 유자는 6등분 정도로 썰어 밑 부분이 떨어지지 않도록 칼집을 넣고서 속을 파낸다. 속은 3~4등분하여 씨를 뺀다.

3 밤채, 대추채, 석이채, 유자속을 한데 섞어 설탕을 뿌려 둔다.

4 **3**을 뭉쳐 유자 크기 정도로 만들고, 유자 껍질 속에 넣고 오므려 모양이 흐트러지지 않도록 무명실로 동여맨다.

5 유자청을 병에 넣고 설탕시럽을 부어 뜨지 않도록 둔다.

6 한 달 후 꺼내어 등분 대로 썰어 그릇에 담고 잣을 몇 개 띄우고 시럽(유자절인국물 : 물 = 1 : 3)을 부어 시원하게 먹는다.

원소병

원소는 '정월 보름 저녁'이라는 뜻이다. 원소병은 찹쌀가루를 반죽하여 둥근 달처럼 색색의 경단으로 빚어 꿀물에 띄운 음료이다.

재료 및 분량

찹쌀가루 ···················· 1.5컵

천연색소
단호박가루 ···················· 조금
쑥가루 ······················· 조금
백련초가루 ···················· 조금

더운물 ······················· 6큰술
대추 ························· 3개
유자(다진 것) ················ 2큰술
꿀 ··························· 2큰술
계핏가루 ···················· 조금
녹말가루 ···················· 2큰술
잣 ·························· 1작은술

설탕물
설탕 ························· 1컵
물 ··························· 4컵

만드는 방법

1 찹쌀가루는 전체를 3등분하여 각각 뜨거운 물 2큰술, 천연색소를 조금씩 타서 넣고 치대어 말랑말랑하게 익반죽한다.

2 대추는 씨를 빼고 곱게 다지고, 유자 다진 것과 계핏가루, 꿀을 넣어 버무린다.

3 찹쌀가루 반죽을 대추알만큼 떼어 직경 2cm로 둥글게 빚어서 가운데에 소를 넣고 경단을 빚는다.

4 경단에 녹말을 고루 묻혀 끓는 물에 넣고 익어서 뜨면 건져 찬물에 헹군 후 다음 다시 건진다.

5 설탕물을 넣은 화채 그릇에 삼색경단과 잣을 띄운다.

재외공관 조리사 교육 작품

도미구이

양갈비구이

전채 모둠(밀쌈, 새우, 전복)

제육편육

후 기

꿈 많던 어린 시절 "여자는 음식을 맛있게 잘 만드는 것을 첫째로 배워야 된다."는 아버님의 수없이 반복되는 말씀이 오늘의 나를 여기까지 오게 만들었다.

춤을 잘 추는 예쁜 여학생, 그림을 잘 그리는 화가의 꿈도 있었다. 고등학교에서는 학생회 간부 노릇을 오랫동안 하니 "정치가가 되려는가?"라는 질문을 많이 받았으나 부모님의 완고하신 생각과 가정과에 가야 등록금을 대 주신다는 말씀, 우리 집안에는 교편을 잡은 언니들이 있으니 선생이나 해야 된다는 분위기 때문에 이리저리 밀려 대학 강단에서 정년퇴임을 한지 벌써 10여 년이 넘었다.

5년이란 대학의 조교생활과 시간강사 고등학교 교사 생활을 거쳐 대학 강단에서 젊은 학생들과 연구에 몰두하는 생활을 즐겼다. 구불구불 높고 낮은 산 사이 아름다운 대자연 속을 높은 산 너머 하늘에서 내려다 보면 지난 날 나의 공부 인생살이를 다시 한 번 돌이켜 보게 된다.

어려웠던 시절의 도전과 대학생활 세계를 찾아 하고 싶은 공부와 권유받았던 연구생활로 인하여 한국음식, 단체급식과 서양조리, 식품과 사회 구조의 발전 등 계속적인 대학생활과 강의는 내 생활의 많은 부분을 차지한다.

직업 외교관의 아내로 젊은 시절 몇 번 좌절되었던 외국 유학의 꿈도 이루고 정치적으로 어려웠던 시절의 대학생활에서 학생처장이라는 보직과 공무원의 내조자로서 동반생활을 하며 남편의 도움으로 30여 년을 교육에 몸담고 살았다.

한희순 선생님과 김병설 선생님의 외국 음식지도는 부모님이 나에게 바라던 그 자체였기 때문에 부모님은 실험실에서 실험관을 들고 늦게까지 있기를 원하는 내 생각에 동의해 주지 않으셨다.

대학원 시절 논문지도 교수님이셨던 이기열 선생님이 우리나라 대학교육에 단체급식 부분이 열악하다 하시며 뉴욕에 가서 단체급식을 배우고 오라는 권유로 2년간 그에 필요한 과목을 이수하였고 비싼 등록금을 내고 영국의 퀸엘리자베스대학(Queen Eligabeth collage)과 프랑스 파리 르 코르동 블루(Le cordon bleu)에서 열심히 서양음식을 배우고 리츠 에스코피에 에콜(Ritz Escoffier Ecole)에서 공부하였다.

지금 전 세계는 통신의 발달과 정보 교환의 신속한 변화로 각 나라마다 문화의 우수성을 알리고 경제적인 향상을 도모하고자 눈부신 경쟁을 하고 있다. 우리나라에서도 한국음식의 세계화라는 바람이 일어나 많은 셰프와 요리연구가들이 우리 음식을 연구하는 현상을 많이 나타나고 있다.

나의 모교인 숙명여자대학교의 한국음식연구원에서 10여 년간 전통음식을 지도하고 1회부터 5회까지 스타셰프 교육 프로그램에서 우리 음식의 세계화를 지도하며 얻은 것을 정리하여 묶어 보았다.

우리나라의 우수한 전통음식을 제대로 배우고 음식문화의 바른 계승으로 우리 음식이 세계인에게 칭송받길 바라는 마음이야말로 이 책을 엮으면서의 간절한 바람이다.

여기에서 우리가 배운 레시피 외에도 고서인 《음식디미방》, 《규합총서》, 《시의전서》, 《부인필지》 등 레시피가 편역된 저서가 출간되었기 때문에 우리 음식을 연구하는 사람들이라면 이와 같은 책을 참고로 하여 우리 전통음식을 발전시키기를 바라는 마음이 간절하다.

참고문헌

_____(1600년대 말엽 이후). 주방문.

_____(19세기 말엽). 시의전서.

_____(조선 후기). 음식방문.

강인희(1987). 한국의 맛. 대한교과서주식회사.

김매순(1819). 열양세시기.

농림축산식품부, 외교통상부, 농수산식품유통공사(2011). 재외공관 오만찬 가이드북.

문수재, 손경희(2000). 식생활과 문화. 선광출판사.

방신영(1957). 우리나라 음식 만드는법. 장충도서출판사.

빙허각 이씨(1809). 규합총서.

손종연(2009). 한국 식문화사. 도서출판사 신도.

숙명여대 전통음식연구원(2008. 2). 농림부 전통음식과 전통주 개발을 통한 조사연구.

육득공(1757-1800). 경도잡지.

윤서석(1999). 우리나라 식생활 문화의 역사. 신광출판사.

이규태(2000). 한국인의 밥상문화 2. 신원문화사.

이경희(1981). 자연식 요법과 무병 장수. 동아도서.

이성우(1981). 한국식경대전. 향문사.

이성우(1984). 한국식품사회사. 교문사.

이효지(2005). 한국음식의 맛과 멋. 신광출판사.

일레인 매킨토시 저, 김형곤 역(1999). 미국의 음식문화. 역민사.

임영상, 최영수, 노명환(1997). 음식으로 본 서양문화. 대한교과서.

전순의(2004). 산가요록. 농촌진흥청.

전희정(2011). 한국음식용어사전. 교문사.

전희정, 이효지, 한영실(2000). 한국의 전통음식. 문화관광부.

정부인 안동장씨 장계향(1670년경). 음식디미방.

조자호(1999). 조선요리법. 광한서점.

조후종(2001). 우리음식이야기. 한림출판사.

한복진(1998). 우리음식 백가지 1. 현암사.

한복진(1998). 우리음식 백가지 2. 현암사.

한희순, 황혜성, 이혜경(1957). 이조궁정요리통고. 학총사.

향원익청. 한겨레, 2014. 2. 26, 35면.

홍석모(1849). 동국세시기.

홍선표(1940). 조선요리학. 조광사.

홍진숙 외 6인(2005). 식품재료학. 교문사.

황혜성, 한복려, 한복진(1990). 한국의 전통음식. 교문사.

Irma S. Rombauer and Marion Rombauer Becker. (1975). **Joy of cooking**. The Bobbs-Merrill Company.

Letitia Baldrige. (1978). **The Amy Vanderbilt Complete Book of Etiquette**. Garden City.

The American Culinary Federation. (2005). **On cooking Textbook of culinary Fundamentals**. Prentice hall. 2005.

찾아보기

전희정

숙명여자대학교 가정학과 졸업
숙명여자대학교 대학원 가정학 전공(석사)
런던대학교 퀸엘리자베스대학(Diploma in H.E.)
뉴욕대학교(NYU) 대학원 수학
한양대학교 대학원 식품영양학 전공(박사)
프랑스 파리 르 코르동 블루 아카데미 드 퀴진(Diplôme)
리츠 에스코피에 프랑스 요리학교 수학

전 숙명여자대학교 식품영양학과 교수
숙명여자대학교 학생처장, 가정대학 학장 역임
한국식품조리과학회 회장 역임
현재 숙명여자대학교 한국음식연구원 자문교수

저서
《5개 국어(한·영·프·중·일)로 보는 한국음식 용어사전》(2011)
개정판 《맛있는 서양조리》(2010)
《전통저장음식》(2009)
《기능사를 위한 제과제빵 이론 & 실기》(2002)
《단체급식종사원의 작업매뉴얼》(2002)

한국의 전통음식과 세계화

2014년 11월 5일 초판 인쇄 | 2014년 11월 12일 초판 발행

지은이 전희정 | **펴낸이** 류제동 | **펴낸곳 교문사**

전무이사 양계성 | **편집부장** 모은영 | **책임진행** 이정화 | **디자인** 신나리 | **본문편집** 우은영 | **사진** 여상현
제작 김선형 | **홍보** 김미선 | **영업** 이진석·정용섭·송기윤
출력·인쇄 삼신문화사 | **제본** 한진제본

주소 경기도 파주시 문발로 116(교하읍 문발리 출판문화정보산업단지 536-2) | **전화** 031-955-6111(代) | **팩스** 031-955-0955
등록 1960. 10. 28. 제406-2006-000035호 | **홈페이지** www.kyomunsa.co.kr | **E-mail** webmaster@kyomunsa.co.kr

ISBN 978-89-363-1419-4(93590) | **값** 33,000원   * 저자와의 협의하에 인지를 생략합니다.   * 잘못된 책은 바꿔 드립니다.